# 青藏高原地质资料开发应用

颜世强　庞振山　丁克永等　著

科　学　出　版　社

北　京

## 内 容 简 介

本书通过建立青藏高原地质资料信息数据库、地质文献数据库和地学剖面数据库，研究了地质资料开发利用的基本理论与方法，划分了产品体系，建立了产品开发模式和结构；系统收集整理了近百年来形成的与研究区有关的保存在全国地质资料馆及西藏、青海、新疆、云南、四川、甘肃等六省（区）的 17 707 档成果地质资料，收集 4 万多中英文科技文献，建立了青藏高原地质资料信息数据库，开展了地质资料开发利用试点，分区域地质调查，区域物化探地质调查，水文地质、环境地质调查，地质科学研究、矿产勘查等对地质资料进行专业评述；开发了 8 个系列的地质资料图集和 4 个涵盖不同重点成矿区不同服务层次不同专业的地质资料综合集成产品；形成了《青藏高原及邻区地质文摘（2000~2007）》等地质资料信息产品，同时开展了广泛的社会化服务。

本书可供地质资料开发研究人员、地质勘探工作者以及其他从事相关领域研究的人员阅读参考。

**图书在版编目（CIP）数据**

青藏高原地质资料开发应用/颜世强等著 . —北京：科学出版社，2013.6
ISBN 978-7-03-037892-7

Ⅰ . ①青… Ⅱ . ①颜… Ⅲ . ①青藏高原–地质数据–专用数据库
Ⅳ . ①P562. 7

中国版本图书馆 CIP 数据核字（2013）第 132332 号

责任编辑：刘 超／责任校对：郑金红
责任印制：徐晓晨／封面设计：耕者工作室

*科 学 出 版 社* 出版
北京东黄城根北街 16 号
邮政编码：100717
http://www.sciencep.com

**北京京华虎彩印刷有限公司** 印刷
科学出版社发行 各地新华书店经销

\*

2013 年 6 月第 一 版 开本：787×1092 1/16
2017 年 4 月第二次印刷 印张：14 1/2
字数：300 000

**定价：160. 00 元**
（如有印装质量问题，我社负责调换）

# 《青藏高原地质资料开发应用》
## 编写组成员

颜世强　庞振山　丁克永　章　浩　单昌昊

茹湘兰　于志刚　刘增铁　许长坤　魏建新

肖　芹　门雁冰　张梅芬　田新忠　姚晓洁

赵小平　连　健　许百泉　吴小平　王黔驹

高爱红　王方国　万勇泉　张红英　韩　媛

# 序

  青藏高原是地球上最年轻的高原，号称"地球第三极"，全球三大成矿域之一的特提斯–喜马拉雅成矿域横贯东西，是全球最佳的天然实验室，也是国际地学界高度关注和激烈竞争的热点和前沿，如今也是全球地质工作最活跃的区域之一。青藏高原有记载的现代意义上的地质调查研究始于1807年。自此以后，特别是1999年新一轮"国土资源大调查"开展以来，我国在青藏高原开展了大量的地质工作，实现了中比例尺地质调查全覆盖，在基础地质调查、矿产勘查和地质科学研究等诸多方面取得了突破性进展，形成了海量的基础地质资料。"新一轮国土资源大调查"为国家西部大开发战略实施、生态环境保护、重大工程建设等提供了可靠的地质依据，将有力地促进农牧民更加富裕、社会更加和谐，边疆更加稳定。但是受多种因素影响，青藏高原地质资料分散保管在全国地质资料馆、相关省（市、区）地质资料馆、有关科研院所及地勘单位、矿山企业，有的甚至保存在个人手中，没有实现统一管理，更不能实现共享，严重影响了地质资料为青藏高原经济社会发展服务。颜世强等年轻的科技工作者基于此开展了深入研究，编撰了《青藏高原地质资料开发应用》一书，在其即将付梓之际，我有幸先睹了手稿，倍感欣慰！

  地质资料是地质工作者认识地球所取得的重要知识性财富，是地质工作取得的对地质现象的认知、描述、总结及实物等信息，有可被重复利用（再认识、再研究）、不断开发，能够长期提供服务的功能。地质资料也是地质工作服务社会的重要基础信息和主要载体，是国土资源调查、规划、管理、保护、合理利用和国家重大工程建设的重要基础信息资源，能直接服务于经济社会发展，促进地质科技的不断创新，减少重复投资，并且惠及社会。因此，国家高度重视地质资料的开发利用工作，《国务院关于加强地质工作的决定》和《全国地质勘查规划》均将"地质资料开发利用"列为工作重点予以部署。但是，地质资料开发利用是项全新的工作，其理论、方法、技术均需要探讨、研究。一是青藏高原成果信息开放的理念问题，须以公众需求为导向，从"档案式管理"向"主动服务公众"转变；二是青藏高原成果信息开放的技术问题，须以分类数据库的信息储存为基础，从专业"节点"向"两个更加"延拓；三是青藏高原成果信息开放的终极效益问题，须有针对性地"激活"数据，从"知识形态载体"向"定向加工创新"升级。本书作者顺应地质工作潮流，准确选题，深入研究，及时提出地质资料开发应用的理论方法，研究产品的模式、结构和开发程序等，并试点开发系列服务产品，在满足了方方面面需求的同时，验证了理论方法的实用性和可行性，其潜在的经济乃至学术效益必将增大。

资料信息也是生产力。各类数据资料、地质图件、科研报告、国内外出版物等具有极高的利用价值。如何盘活、加工、利用，包括馆藏性、查找性、指导性乃至检索工具，都需要扎扎实实的工作，开展技术路径上的创新。本书建立了地质资料开发利用与服务理论与方法体系，构建产品体系和产品开发模式；系统收集整理了近百年来形成的与研究区有关的 17 707 档成果地质资料、四万多篇中英文科技文献，建立了系列青藏高原地质资料信息数据库，摸清了青藏高原地质工作历史，开展综合评述；试点编制了系列地质资料服务产品，初步建立了以青藏高原为例的地质资料开发利用与服务体系，为全国地质资料服务产品开发提供样板；还按照"边研究、边服务、边完善"的原则，及时发布了阶段性成果，开展了广泛的服务。作为专题性的成果资料研究，本书资料丰富，条理清晰，具有独特的创新视角，在地质资料开发利用理论方法、服务产品开发及专题服务等方面突显其创新性，对青藏高原地质成果的深加工，极大提升了其内在的使用价值和经济效益的最大化，对于促进地质工作服务于国家经济社会发展、提高青藏高原地质综合研究水平、促进西部大开发具有重要意义，其地质资料开发利用理论方法、模式为地质资料服务产品开发提供了有益参考，为地质资料信息服务集群化产业化工作的开展积累了经验，也将为"找矿突破战略行动"直接提供正能量。

总之，该书材料丰富，分析科学，研究深入，成果利用价值较大，足见作者用心之切，用功之深，可圈可点。谨在此向作者表示敬意！期望地质资料及文献工作者既当忠实的保管人，又做出色的研究者。是所至盼，予为斯序。

国务院参事

张洪涛

2013 年 3 月

# 前　　言

　　馆藏机构开展的地质资料开发利用是以提供方便、快捷、高效服务为目的，以地质资料用户需求为导向，以已经取得的地质资料信息为基础，运用新理论、新技术、新方法、新手段，对其进行聚类、挖掘、集成，为政府、企业、社会公众及地质科研等用户，提供特定区域内关于地质、矿产、环境、工程和地质科研的有价值的信息的工作。做好这项工作对于提升各级地质资料馆藏机构社会化服务水平，促进地质工作成果服务经济社会发展，推进地质资料信息服务集群化产业化具有重要意义。基于此，中国地质调查局部署开展了青藏高原地质资料开发利用与服务研究工作，一方面促进青藏高原地质矿产调查与评价，促进地质工作服务于经济社会发展、提高青藏高原地质综合研究水平、促进西部大开发；另一方面力图通过试点研究形成地质资料开发利用的理论、模式和方法体系，为推进地质资料开发利用工作全面开展提供支撑。

　　本书是作者近年来研究成果的集成，主要有以下三方面成果：第一，建立了地质资料开发利用与服务理论与方法体系，构建产品体系和产品开发模式。系统分析总结我国地质资料汇交、保管、服务工作及地质资料开发利用现状，对地质资料的概念、分类、价值、功能进行了深入探讨，提出了地质资料开发利用的目标、概念、主要任务、基本原则、方法和一般程序，利用公共服务产品理论研究了地质资料公共服务产品和私人产品的属性，提出了地质资料服务产品的类型、基本内容、一般结构、基本模式，从服务对象、服务方式、服务内容、服务机构等方面阐述了地质资料服务的机制，提出地质资料服务应加强公共服务体系建设、基础保障体系建设、评价体系建设等措施。第二，系统收集整理了近百年来形成的与研究区有关的 17 707 档成果地质资料、四万多篇中英文科技文献，建立了青藏高原地质资料信息数据库、地质文献数据库、地学剖面数据库和地质资料信息服务数据库等系列数据库服务产品，研究了青藏高原地质调查简史，开展综合评述，统计了区域地质调查、矿区大比例尺地质填图、各种探矿工程、各类样品等 115 种工作的实物工作量。第三，以地质资料开发利用理论为指导，以青藏高原地质资料信息数据库为基础，试点编制了系列地质资料服务产品，初步建立了以青藏高原为例的地质资料开发利用与服务体系，为全国地质资料服务产品开发提供样板。编制了地质资料检索图集，为用户快速查找地质资料提供了工具；编制了重点成矿区（带）地质资料综合集成产品，为用户掌握重要成矿区（带）地质矿产勘查、开发情况提供支撑服务；编制了水文地质、工程地质和环境地质（简称水工环）资料综合集成服务产品，为库（库尔勒）格（格尔木）铁路等重大工程选址建设提供支撑服务；编制了《青海玉树地震灾区地质资料信息图集》，为青海玉树地震抗震救灾提供了应急服务支撑；编制了《青藏高原及邻区地质文摘（2000～2007年）》，为开展青藏高原地质调查和研究提供了有价值的、方便高效的检索工具。编辑出版本书主要是期望为政府、矿山企业、社会大众、科学研究提供服务，为从事地质资料开发利用的人员提供理论依据和示范样板，为地质资料服务提供借鉴，为在青藏高原开展地质工作的人员提供基础地质资料信息支撑。尤其是希望在地质资料开发利用方面起到抛砖引玉的作用，为地质资料开发利用模式和方法体系的建立提供借鉴。

本书共分为八章，第一章论述研究区基础情况，特别是对研究区的自然地理及经济概况进行了介绍。第二章论述了地质资料开发利用与服务基本概念和基础理论。第三章论述了青藏高原地质资料信息数据库试点建设情况，分析了收集到的地质资料信息。第四章论述了图集类服务产品试点开发情况，总结了图集类服务产品的开发模式。第五章论述了地质资料信息提取挖掘类服务产品的开发情况，总结了信息提取挖掘类服务产品的开发模式。第六章论述了地质资料综合集成服务产品的开发情况，总结了不同类型综合集成服务产品的开发模式。第七章论述了成果开展服务和阶段性成果推广情况，探讨了服务体系建设工作。第八章对全书成果进行总结，提出了今后研究的建议。本书是在前人工作基础上综合研究形成的，由全国地质资料馆、西藏自治区国土资源资料馆、青海省国土资源博物馆、新疆国土资源信息中心、中国地质图书馆、中国地质调查局西安地质调查中心、中国地质调查局成都地质调查中心、中国地质调查局武汉地质调查中心的颜世强、庞振山、丁克永、章浩、单昌昊、茹湘兰、于志刚、刘增铁、许长坤、魏建新、肖芹、门雁冰、张梅芬、田新忠、姚晓洁、赵小平、王黔驹、高爱红、王方国、万勇泉、张红英、许百泉、连健、吴小平、韩媛等完成。

在本书研究过程中，国土资源部矿产资源储量司许大纯副司长、刘斌处长，中国地质调查局总工程师办公室徐勇研究员、陈辉研究员、张虹研究员，中国地质调查局叶天竺研究员、王保良研究员、姜作勤研究员，中国地质调查局发展研究中心严光生主任、邓志奇书记、高谊明书记、张新兴副主任、胡小平副总工程师，国土资源经济研究院姚华军院长，国土资源部咨询研究中心李裕伟院长等专家多次进行指导和帮助；中国地质科学院庞健峰工程师、河南省地矿局简新玲高工、刘平河高工、中国科学院徐明博士、中国地质大学（北京）马敏以及周俊飞、魏子高等对地质资料进行了收集整理，在此特向他们表示衷心感谢！

本书参考和综合了西藏地质调查院、青海省地质调查院、新疆维吾尔自治区地质调查院、四川省地质调查院，以及在青藏高原地区工作的其他单位所取得的部分成果和资料，在此一并表示感谢！

由于本书编写时间仓促，加上作者的水平有限，文中错误和不足之处，请专家不吝赐教。

2013 年 3 月

# 目　　录

# 第一章 绪 言

## 第一节 概 述

地质资料开发利用是《国务院关于加强地质工作的决定》提出的六大任务之一，国土资源部和中国地质调查局高度重视此项工作，于 2008 年在地质调查项目中设立"青藏高原地质资料开发利用与服务"项目，决定以青藏高原地区为试点，开展地质资料开发利用研究，力争在理论上有所突破，明确地质资料开发利用的目的、任务和工作重点，试点开发相关服务产品，探讨服务产品开发模式。

青藏高原是我国当前地质工作最活跃的区域之一，有记载的现代意义上的青藏高原地质调查研究始于 1807 年。二百多年来，特别是西藏和平解放以后，我国在青藏高原地区开展了大量的地质工作，在基础地质调查、矿产勘查和地质科学研究等诸多方面取得了突破性进展，获得了大量地质资料信息成果。受多种因素影响，青藏高原地区地质资料分散保管在全国地质资料馆、相关省（区、市）地质资料馆、有关科研院所及地质勘查单位、矿山企业等，没有实现统一管理，不能实现信息资源共享，严重影响了地质资料为青藏高原地区经济社会发展服务。因此，本次研究的重点就是全面摸清青藏高原地质资料数据分布情况，收集成果地质资料信息，对地质资料进行综合集成开发，形成公开、权威的地质资料信息，为青藏高原地质矿产调查与评价、全国矿产资源潜力预测提供支撑，并为地方经济社会发展提供服务，满足各级地学工作者及科学研究人员的期盼，同时探索地质资料开发利用的基本理论与方法。

## 第二节 研究区自然地理及经济概况

青藏高原地处我国西南边陲，北缘以西昆仑山、阿尔金山与祁连山为界，东缘为龙门山、锦屏山，南缘为喜马拉雅山。

青藏高原面积 257.24 万 km²，占我国陆地总面积的 26.8%。在行政区划上，涉及 6 个省（自治区）、201 个县（市），即西藏自治区除错那、墨脱和察隅 3 个县小部分外的大部分地区，青海省除互助、乐都和民和 3 个县小部分外的大部分地区，云南省西北部地区、四川省西部地区、甘肃省大部分地区和新疆维吾尔自治区南部地区（图 1-1，表 1-1），地理坐标范围为：北纬 25°~40°；东经 72°~106°。

青藏高原西面是克什米尔地区，南面与印度、尼泊尔、不丹、缅甸接壤，国境线长 2500 km。区内是以藏族为主的多民族集居区，也是我国人口密度最小的地区，有近 50 万 km² 的无人区。

表 1-1　青藏高原行政区划及其面积一览表

| 省（自治区） | 县（市） | 面积（km²） | 行政区范围 |
|---|---|---|---|
| 西藏 | 73 | 1 176 000 | 除错那、墨脱和察隅 3 个县小部分外均属青藏高原 |
| 青海 | 40 | 721 000 | 除互助、乐都和民和 3 个县小部分外均属青藏高原 |
| 新疆 | 12 | 313 000 | 塔什库尔干县全部地区，乌恰县、阿克陶县、莎车、叶城、皮山、墨玉、策勒、于田、民丰、且末、若羌 11 个县部分地区 |
| 四川 | 46 | 254 000 | 康定、雅江、泸定、九龙、理塘、巴塘、乡城、稻城、得荣、炉霍、新龙、道孚、丹巴、德格、甘孜、色达、白玉、石渠、马尔康、壤塘、金川、阿坝、红原、松潘、黑水、茂县、若尔盖、九寨沟、小金县、汶川、理县、木里、平武、北川、绵竹、什邡、彭州、都江堰、温江、崇州、芦山、宝兴、天全、石棉、冕宁、盐源 46 个县的全部或部分地区 |
| 甘肃 | 21 | 4900 | 合作、碌曲、玛曲、迭部 4 个县的全部地区，夏河、卓尼、临潭、阿克塞、肃北、肃南、民乐、山丹、武威、天祝、积石山、和政、康乐、岷县、宕昌、舟曲、文县 17 个县的部分地区 |
| 云南 | 9 | 33 500 | 贡山、福贡、德钦、中甸、宁蒗、丽江、维西、兰坪、泸水 9 个县的全部或部分地区 |
| 合计 | 201 | 2 572 400 | |

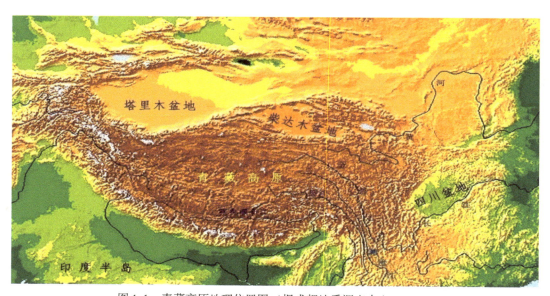

图 1-1　青藏高原地理位置图（据成都地质调查中心，2008）

青藏高原是我国地势最高的一级台阶，它以巨大的高差，突出在北半球中纬度亚洲大陆的南部。高原北缘的昆仑山—阿尔金山—祁连山，以 4000m 的落差，急降到海拔约

1000m 的塔里木盆地和河西走廊；高原东缘的龙门山—锦屏山以平均海拔 3000 m 的陡降，与四川盆地为邻；高原南缘的喜马拉雅山平均海拔 6000 m，耸立在海拔仅 50 m 的印度恒河平原之上。

青藏高原是由一系列巨大的山系、高原及宽谷、湖盆构成的组合体。整个高原地势由西向东偏南缓倾斜，高耸绵亘千里的山脉，辽阔宽大的高原面，干旱荒芜的盆地，星罗棋布的湖泊与富饶的沼泽，纵横交错的内、外流水系错落有致地分布于高原上，可分为：高原中北部山原盆地区（内陆水系分布区）、东部平行岭谷区（太平洋水系分布区）和西南部高山深谷区（印度洋水系分布区）。青藏在平面上的分布型式，均深刻地刻画着其隆升过程中新构造演化的烙印。在青藏高原辽阔的土地上，不仅有众多的江河，还有星罗棋布的湖泊，仅西藏境内的湖泊总面积就达到 24 183km²，约占全国湖泊总面积的 1/10。

青藏高原气候类型复杂，垂直变化大。除东南部和南部边缘是热带山地季风湿润气候和亚热带山地季风湿润气候外，自东南向西北依次分为：高原温带季风半湿润气候和半干旱气候、高原亚寒带季风半湿润、高原寒带季风干旱气候等。多数地区属高原寒带、亚寒带气候，干燥寒冷、长冬缺夏，空气稀薄，日照充足，年平均气温 -5 ~ 0.5℃。

青藏高原人口 836.386 万（据 1982 年全国人口普查），分布极不均匀，主要集中在三江源地区，人口密度从东南向西北降低。民族构成以藏族为主，其次为汉族，其他少数民族有回族、土族、羌族、撒拉族、蒙古族、彝族、裕固族、珞巴族、门巴族、维吾尔族、哈萨克族和塔吉克族等。

青藏高原地区交通以主干公路为主，其次为铁路。主干公路包括川藏线、青藏线、新藏线、滇藏线、成（都）—阿（坝）线等 5 条公路线，是青藏高原与内地联系的交通大动脉，中尼公路是本区与国外相近地区商贸往来的主要通道。拉萨已开通至北京、成都、西安、重庆、加德满都的空中航线，但不少地区的交通工具仍以牦牛和马为主。铁路仅有 2006 年 7 月 1 日正式开通的青藏铁路。此外，高原腹地的戈壁、盐碱滩、干沟、低山丘陵等区域大多可通行越野车辆。青藏高原有丰富的矿产资源、旅游资源、土地资源、水力资源、生物资源、太阳能资源与风力资源等。现已拥有电力、纺织、建材、皮革、制药、采矿、化工、冶金、食品等产业，畜牧业在区内经济占重要的地位，是我国主要牧区之一。

# 第三节　主要成果与创新点

## 一、主要成果

1）研究了地质资料开发利用的基本概念，理清了产品体系，并建立了产品开发模式。在试点研究基础上，探讨形成了地质资料开发利用的基本概念，对其内涵与外延进行了分析研究，研究了分层次分类别的地质资料开发利用产品体系，针对不同产品建立了产品开发模式与结构。

2）建立了青藏高原地质资料信息数据库。采集全国地质资料馆，西藏、青海、新疆、云南、四川、甘肃六省（区）地质资料馆及中国地质调查局西安地质调查中心、成都地质调查中心资料馆馆藏的所有与青藏高原有关的成果地质资料信息，形成了青藏高原地区成果地质资料目录，总计 17 707 种资料，建立了青藏高原地质资料信息数据库。其中数据项 158 项，包括案卷级目录数据库的数据 88 项，完成的主要实物工作量及探明的主要矿产资源量/储量 85 项。

3）开展了地质资料和地质调查研究综合评述。在充分收集青藏高原地区地质资料的基础上，从地质资料类别、专业分布、形成年代等对青藏高原地区进行综合评述，掌握其资料总体现状；从区域地质调查，区域物化探地质调查，水文地质、环境地质调查，地质科学研究，矿产勘查方面等对青藏高原地质调查研究工作进行综合评述，掌握其地质调查工作基本进展。

4）研究了青藏高原地质调查简史。广泛收集各种文献资料信息，分析研究自 1807 年以来中外地质学家、地理学家、探险家等发表的论文、出版的地学专家、馆藏地质资料信息等，形成了青藏高原地质调查简史。

5）编制了青藏高原地质资料信息图集。包括区域地质矿产调查、区域水工环地质调查、区域地球物理调查、区域地球化学调查、区域遥感地质调查、水工环勘查、矿产勘查（分矿种）、物化遥勘查、物化探异常查证等 12 大系列 200 张地质工作程度图。

6）统计了青藏高原地区完成的主要实物工作量。根据馆藏成果地质资料，提取、整理、汇总青藏高原地区完成的主要实物工作量。包括区域地质调查、矿区大比例尺地质填图、各种探矿工程、各类样品等 115 种工作量的数据。

7）编制印刷了《全国地质资料馆馆藏区域地质调查资料检索图集》。编录了截至 2008 年年底全国地质资料馆馆藏的 1：100 万、1：50 万、1：25 万、1：20 万、1：5 万区域地质调查资料。以表格的形式列出了资料的档案号、题名、形成日期等信息。为方便阅者快速、直观查询，编制了相应比例尺的区域地质调查资料索引图。该图集已完成印刷并提供使用。

8）编辑印刷了《青藏高原及邻区地质文摘（2000～2007 年）》。收集新一轮地质大调查开展以来（2000～2007 年）公开发表的论文 5300 余篇，提取了题名、作者、发表期刊、发表时间、期刊号、页码、摘要、关键词、支撑项目等重要信息，集青藏高原地质调查科研学术成果文献的之大成，为开展青藏高原地质调查和研究提供了一本有价值的、方便高效的检索工具。该成果由肖序常院士作序，已内部印刷 500 册，制作数据库光盘 600 张，在青藏高原会议和网上发布和提供服务。

9）编制完成了《青海省地质环境及地质灾害现状编研报告》。收集了青海省域内水文地质、工程地质、环境地质等方面的成果地质资料，系统整理、分析、归纳和总结了全省地质环境背景、工程地质条件，阐明了地质灾害现状。编制完成《青海省地质环境及地质灾害现状编研报告》、青海省水工环成果地质资料目录、青海省环境地质图、青海省地质灾害分布图、青海省地下水环境监测现状图、青藏铁路沿线地质图等。该项成果内部印刷 300 册，已发青藏高原有关项目组参考使用。

10）编制完成了《青海省东昆仑成矿带铁矿地质资料开发编研报告》。系统收集整理东昆仑成矿带铁矿地质、物探、化探、遥感、矿产勘查开发及科研成果地质资料的基础上，编写了《青海省东昆仑铁矿地质勘查开发资料集成开发编研报告》，编制了东昆仑成矿带矿产勘查开发现状图、铁矿床（点）信息登记表、成果地质资料信息表，综合分析研究了东昆仑成矿带铁矿的成矿地质背景、矿床类型、典型矿床、矿床成因、找矿标志、资源潜力，划分了成矿远景区，指出了找矿方向。该报告已由地质出版社出版并公开发行。

11）编制完成了《新疆西昆仑成矿带铜矿地质资料开发编研报告》。全面收集整理西昆仑成矿带铜矿地质、物探、化探、遥感、矿产勘查开发及科研成果地质资料的基础上，编写了《新疆西昆仑成矿带铜矿地质资料开发编研报告》，编制了西昆仑成矿带矿产勘查开发现状图、铜矿床（点）信息登记表、成果地质资料信息表，建立了地质资料信息数据库，系统汇总了西昆仑成矿带地层、构造、岩浆岩等基础地质和铜矿分布特征，划分了成矿远景区，指出了找矿方向。该报告已由地质出版社出版并公开发行。

12）编制完成了《雅鲁藏布江成矿带金铜等重要矿产资源勘查开发状况编研报告》。全面收集整理雅鲁藏布江成矿带金铜矿地质、物探、化探、遥感、矿产勘查开发及科研成果地质资料的基础上，编写了《雅鲁藏布江成矿带铜金等重要矿产资源勘查开发现状研究报告》，编制了雅鲁藏布江成矿带矿产勘查开发现状图、金铜矿床（点）信息登记表、成果地质资料信息表，对雅鲁藏布江成矿带矿产勘查工作程度进行了分析和评估，总结了雅鲁藏布江成矿带矿产开发现状，提供了工作区勘查开发的总体信息。

13）编制了系列图集。完成了《青海省公益性基础性地质调查成果资料目录检索图册》、《青海省矿产勘查地质资料检索图集》、《西藏自治区基础地质资料检索图集》、《新疆西昆仑主要金属矿产勘查成果信息检索图册》、《新疆维吾尔自治区公益性基础性地质调查成果资料目录检索图册》等检索图集，将地质资料目录与其地理位置、地质构造、成矿带进行联系，方便使用者查询、检索。

14）编制印刷了《青海玉树地震灾区基础地质资料图集》，开展应急服务。青海玉树地震发生后，项目组紧急加工整理并上网公布了全国地质资料馆和青海省国土资源博物馆馆藏地质资料中该区域内的所有地质资料，供广大用户免费查询、下载。随后，编制印刷了《青海玉树地震灾区基础地质资料图集》，主要包括地震灾区的地质资料信息表、行政区划图、道路交通图、地质构造纲要图、地质简图、1∶20万区域地质调查工作程度图、地质灾害分布图、环境地质图、地下水环境图、系列地球化学图等系列图件和馆藏灾区地质资料目录。此成果为青海玉树抗震救灾及灾后重建提供了支撑，中铁第一勘查研究院及青海省国土资源厅专门发来感谢信，对此成果对其工作的支持表示感谢。

15）开展了广泛的服务。西藏开展原始地质资料汇交管理工作，协助收集大量原始地质资料；新疆基本完成了青藏高原潜力评价项目组资料的收集；全国地质资料馆网站开设"地质资料开发利用专栏"，对青藏高原地质资料开发利用与服务项目有关工作进展进行了全程报道；上传了一批青藏高原10个公开数据库资料，包括青藏高原及邻区1∶150万地质图；西藏、青海、新疆三省区的地下水资源分布图、地下水资源开发利用状况图、地下水环境图等。将所形成的全部开发利用成果无偿赠送给在青藏高原从事地质调查工作的项目组，有力支撑了地质调查项目工作的开展。

## 二、主要创新点

本次研究以馆藏各类地质资料为基础，以青藏高原为试点，通过开发检索服务类、综合集成类、应急服务类和数据库类产品，创新开发利用模式，促进服务方式转变，为地质资料开发利用提供示范。主要创新点有以下 6 个方面。

1）全面摸清了青藏高原地质资料情况，系统研究了其地质调查历史和工作程度。分析了 17 707 种地质资料、4 万条地学文献，总结主要进展成果，划分工作阶段，编制《青藏高原地质资料信息图集》。

2）首次编制了基于地理底图的地质资料检索服务类产品，为用户快速查找地质资料提供了工具。包括《全国地质资料馆馆藏区域地质调查资料检索图集》、《青海省重要成矿带地质信息图集》、《新疆公益性基础性地质调查成果资料目录检索图集》、《西藏基础地质资料检索图集》等。

3）研发地质资料综合集成产品，为重大专项研究提供信息服务。编制雅鲁藏布江、东西昆仑成矿带的矿床（点）信息登记表、成果地质资料信息表，形成综合集成报告，使用户快速掌握区域工作总体情况。

4）针对突发事件，研制地质资料应急服务产品。首次编制了《青海玉树地震灾区地质资料信息图集》，为青海玉树地震提供了应急服务支撑。研发基于 MapGIS 平台的库尔勒—格尔木铁路的地质资料服务产品，为选址提供支撑。

5）首次建立了青藏高原地质资料信息数据库，及时为用户服务。

6）总结形成馆藏机构开展地质资料开发利用的理论框架，广泛应用于地质资料保管与服务机构开展的地质资料开发工作。包括地质资料开发利用的方法和程序、服务产品的结构和内容、服务新机制等。

# 第二章 地质资料开发利用与服务基本概念和基础理论

## 第一节 地质资料管理与服务基础

### 一、地质资料概念

地质资料是指在地质工作中形成的文字、图表、声像、电磁介质等形式的原始地质资料、成果地质资料和岩矿心、各类标本、光薄片、样品等实物地质资料（《地质资料管理条例》，2002）。理解这一概念，要从以下几方面把握。

1) 地质资料是地质工作形成的，这里的地质工作既包括探矿权、采矿权形成的地质资料，还包括地质调查、地质勘查、地质科研、工程地质勘查（勘查）等地质项目形成的地质资料。

2) 地质资料是一种资料信息，具有知识、情报属性。资料是指为工作、生产、学习和科学研究等参考需要而收集或编写的一切公开或内部的材料，可以再开发再利用。原始地质资料、实物地质资料是地质工作取得的第一手资料，成果地质资料是综合性的资料。

3) 地质资料是地质工作历史记录，是地质科技档案，且随形成时间延长，档案价值更为珍贵。档案是指过去和现在的国家机构、社会组织以及个人从事政治、军事、经济、科学、技术、文化、宗教等活动直接形成的对国家和社会有保存价值的各种文字、图表、声像等不同形式的历史记录。

4) 地质资料可以划分为成果地质资料、原始地质资料、实物地质资料三大类。其定义如下。

原始地质资料：是指在进行地质工作时直接形成或采集的、反映地质现象或地质体的、以各种载体类型存在的原始记录、数据及中间性解译资料等。主要包括野外各种记录、编录、手图，各种化验测试分析数据及汇总资料、各类中间性解译资料，以及成果地质资料的底稿、底图、底片等。

成果地质资料：是指对在地质工作中直接形成或采集的各类记录资料、实物以及通过各种渠道收集来的相关资料进行分析整理、综合研究，并按一定的规范和格式编制形成的以文字、图表、声像等形式存在的最终地质工作成果。主要形式有各类地质调查报告、各类勘查（察）地质报告、矿山生产（开发）地质报告、矿山闭坑地质报告、各类地质科学研究报告、地质图及说明书、地质工作总结、地质汇编、地质年鉴、地质志（史）、储量表、数据库及通报等。

实物地质资料：是指在进行地质工作时直接采集的，反映地质现象、岩矿石结构构造和元素组成的自然物质以及经加工形成的实物材料，包括岩矿心、岩屑、各类岩矿标本、古生物化石标本、化验测试样品、光薄片等。

5）地质资料具有国家所有的属性。地球环境为人类所共有，矿产资源法规定地质矿产属于国家所有，作为反映其存在形式与现状的地质资料同样应为国家所有，但随着使用权的转移可以予以保护。

6）地质资料是一种科学技术档案，具有科学技术档案共有的属性和特征，但也有其独特的含义。地质资料的范围比科技档案要宽，包括传统意义上的档案和资料双重属性。档案是人们社会实践活动的历史记录，是社会活动的第一手材料；资料是为了参考、交流的需要而产生的间接性材料。按这一概念，原始地质资料和实物地质资料属于档案范畴，成果地质资料属于资料范畴。因此，"地质资料"称为"地质档案资料"更为合适。

## 二、地质资料分类

地质资料可以根据不同特性分类，而一般地质资料管理和服务工作中常根据地质资料的类型、载体、密级、保护期、公益性和类别等分类（表2-1）。

表2-1　地质资料分类简表

| 项　目 | 分　类 |
|---|---|
| 文本、材料 | 原始、成果、实物 |
| 载体 | 纸、声像、电磁、实物等 |
| 密级 | 公开、限制、秘密、机密、绝密 |
| 保护期 | 保护期内、保护期外 |
| 公益性 | 公益性、非公益性 |
| 工作专业类别 | 区域调查、海洋地质调查、矿产勘查、物化遥勘查、水工环勘查、地质科学研究、技术方法研究、其他 |

### 1. 根据资料类型划分

地质资料根据类型分为原始地质资料、成果地质资料、实物地质资料。

### 2. 根据载体划分

地质资料主要载体包括：纸、聚酯薄膜、录音带、录像带、胶片（带）、磁盘、光盘、岩矿芯、标本、样品、光薄片等。

构成成果和原始地质资料的主要载体有纸质载体（包括纸、薄膜等）、声像载体（包括录像带、录音带、缩微胶片、照片胶卷等）、电子载体（包括软盘、光盘等）；实物地质资料载体主要有岩矿心、标本、样品、光薄片等。

### 3. 根据密级划分

目前馆藏地质资料按密级性质划分为公开、内部、秘密、机密、绝密。

1）公开资料：指资料可以向国外提供，可以进行国际交换。

2）限制资料：指资料可以在一定范围内限制使用。

3）秘密资料：根据国家相关保密法规属于秘密范围内的地质资料。

4）机密资料：根据国家相关保密法规属于机密范围内的地质资料。

5）绝密资料：根据国家相关保密法规属于绝密范围内的地质资料。

### 4. 根据保护期时限划分

1）保护期内资料：在保护期时限内的地质资料。根据《地质资料管理条例》及《地质资料管理条例实施办法》（以下简称"实施办法"）规定，需要保护的地质资料，由资料汇交人申请，地质矿产主管部门审核同意，具有保护期限的资料，保护期一般五年，可以申请延期保护。

2）保护期外资料：不在保护期时限内的所有资料。

### 5. 根据公益性划分

1）公益性资料：符合《国土资源部公益性地质资料范围》规定的所有地质资料。

A. 比例尺小于1∶5万（含1∶5万）区域地质调查资料；

B. 比例尺小于1∶20万（含1∶20万）区域矿产地质调查资料；

C. 比例尺小于1∶20万（含1∶20万）区域地球化学调查资料；

D. 比例尺小于1∶20万（含1∶20万）区域地球物理调查资料；

E. 比例尺小于1∶20万（含1∶20万）航空物探资料；

F. 比例尺小于1∶20万（含1∶20万）区域水文地质调查、区域工程地质调查资料；比例尺小于1∶5万（含1∶5万）区域环境地质、灾害地质调查资料；比例尺小于1∶5万（含1∶5万）县（市）水文地质、工程地质、环境地质、灾害地质调查资料；

G. 比例尺小于1∶5万（含1∶5万）遥感区域地质调查资料；

H. 比例尺小于1∶20万（含1∶20万）海洋区域地质调查、综合性海洋地质、矿产、地球物理、地球化学调查资料、海洋（含海岸带）环境地质、工程地质、灾害地质调查资料；大洋矿产资源调查和研究资料；极地地质调查、考察资料；

I. 地质环境监测成果资料。

2）非公益性资料：不属于公益性地质资料范围的资料。

### 6. 根据工作类别划分

地质资料按工作类别一般划分为区域地质矿产调查资料、海洋地质调查资料、矿产地质勘查资料、水工环勘查资料、物化遥勘查资料、地质科学研究、技术方法研究和其他。

1）区域地质矿产调查资料：区域地质调查是对选定地区的地质矿产情况进行的综合性调查研究工作，其主要任务是运用地质学、地球物理、地球化学、遥感等方法，阐明各类地质体（如地层、岩体）的产状、分布、组分、时代、演化及相互关系，查明矿产资源的种类与分布。包括区域地质调查、区域矿产调查、区域地球物理调查、区域地球化学调查、区域遥感地质调查、区域水文地质调查、区域环境地质调查、区域工程地质调查、城市地质调查、区域农业地质调查等资料。

2）海洋地质调查资料：包括海洋区域地质调查、综合性海洋地质、矿产、地球物理、地球化学调查资料；海洋（含海岸带）环境地质、工程地质、灾害地质调查资料；大洋矿产资源调查和研究资料；极地地质调查、考察资料。

3）矿产地质勘查资料：包括对金属矿产、非金属矿产、能源矿产等勘查过程中形成的资料。矿产勘查是为了发现矿产并查明其质量、数量和应用前景以满足国家建设需要的地质工作，我国现阶段勘查分为：预查、普查、详查、勘探和开发勘探。

4）水工环勘查资料：包括在进行水文地质勘查、工程地质勘查、环境地质勘查过程中形成的资料。水文地质勘查资料是在勘查过程中合理利用地下水或防治其危害的资料。工程地质勘查资料是对影响建筑物的地质因素而进行的地质调查而成的各类资料。环境地质勘查资料是勘查过程中运用工程地质和水文地质的方法查清环境地质条件，是研究它同其他子系统及次级系统之间的制约关系，并评价和预测系统的稳定性的基础资料。

5）物化遥勘查资料：包括在进行物探、化探、遥感、物化探异常查证等勘查过程中形成的资料。

6）地质科学研究：指在进行基础地质理论、专业技术理论研究以及地质与管理理论研究等形成的资料。

7）技术方法研究：指进行地质工程技术及其他技术服务研究等形成的资料。

8）其他：上述范围以外的资料。

## 三、地质资料管理制度

《地质资料管理条例》（简称《条例》）确立了统一汇交、公开利用和权益保护三项基本制度，调整了地质资料管理内容，加大了地质资料管理力度。

### 1. 地质资料统一汇交制度

《条例》规定地质资料汇交由国务院和省（区、市）人民政府地质矿产部门两级管理，并规定了这两级主管部门在地质资料汇交管理上的分工。汇交人应按《条例》规定向两级地质矿产主管部门汇交地质资料。

### 2. 地质资料的公开利用制度

地质资料的公开利用制度是地质资料管理的出发点和落脚点。《条例》确立并强化了地质资料公开利用制度，改变了过去重收藏轻利用、重保管轻开发、重汇交轻服务的管理方式，是对我国地质资料管理制度的一项重大改革。

### 3. 地质资料的权益保护制度

为了充分调动汇交人汇交资料的积极性，《条例》加大了对汇交人合法权益的保护力度，规定对汇交的地质资料，汇交人可以申请保护。保护期内的非国家出资形成地质资料可以有偿使用，汇交管理机关只向社会提供资料目录，具体利用方式由利用人与地质资料汇交人协商确定。但因救灾等公共利益需要，政府及其有关部门可以无偿利用保护期内的地质资料，这样辩证统一的处理办法既可保护汇交人合法权益，又不会因权益保护而影响公共利益的实现。

---

### 专栏1 地质资料管理法律、法规

我国地质资料管理制度包括法律、行政法规、各级规范性文件。主要有：中华人民共和国矿产资源法、中华人民共和国档案法、中华人民共和国矿产资源法实施细则、中华人民共和国档案法实施办法、地质资料管理条例、地质资料管理条例实施办法等。

地质资料保密相关规定主要有：中华人民共和国保守国家秘密法、中华人民共和国保守国家秘密法实施办法、国土资源管理工作国家秘密范围的规定、国家秘密保密期限的规定、印刷复印等行业复制国家秘密载体暂行管理办法、国土资源部保密文件管理暂行规定、涉密地质资料管理细则等。

与地质资料相关的管理规定有：国土资源信息化管理办法，中国地质调查局地质调查资料接收保管和服务管理办法（试行）等。

---

### 专栏2 地质资料信息化标准规范

涉及地质资料信息化的技术标准规范包括地质资料档案技术标准、信息化标准、地理制图标准、地学专项数据库建设标准（项目指南）等。

1. 地质资料档案技术标准规范。主要有：地质资料档案著录细则、档案工作基本术语、电子文件归档与管理规范、成果地质资料电子文件汇交格式要求、油气成果地质资料电子文件制作汇交细则、油气成果地质资料计算机著录细则、图文地质资料扫描数字化规范（试行）等项。

2. 信息化工作标准规范。主要有：地质图用色标准及用色原则（1：5万）、区域地质图图例（1：5万）、国土基础信息数据分类与代码、区域地质信息总则（1：5万）、数字化地质图图层及属性文件格式、图层描述数据内容标准资源评价工作中地理信息系统工作细则、地质图空间数据库建设工作指南（2.0版）、区域水文地质图空间数据库图层及属性文件格式工作指南等。

3. 国家地理标准规范。主要有：中华人民共和国行政区划代码、数据元和交换格式、信息交换日期和时间表示法、地理空间数据交换格式等、国家基本比例尺地形图分幅编号、地理信息技术基本术语等。

4. 国土资源部及中国地质调查局专项技术标准。主要有：矿产地数据库建设工作指南、固体矿产钻孔数据库工作指南、自然重砂数据库建设工作指南、地质调查元数据内容与结构标准等。

## 四、地质资料汇交

### 1. 汇交人及其基本权益

向国家汇交地质资料是在我国领域及管辖的其他海域所有从事地质工作的单位或个人应尽的义务。《条例》规定：在我国领域及管辖的其他海域从事矿产资源勘查开发的探矿权人或者采矿权人为地质资料汇交人；从事非矿权类地质工作项目的出资人为地质资料汇交人，但国家出资项目的承担单位为地质资料汇交人。

汇交人的基本权益包括：对汇交的地质资料有依法要求保护的权利；汇交的地质资料在保护期内可有偿提供社会利用的权利；其他法律规定的权利。

### 2. 汇交范围及汇交管理权限划分

地质资料汇交范围主要有十大类，分别是：

1）区域地质调查资料；

2）矿产地质资料；

3）石油、天然气、煤层气地质资料；

4）海洋地质资料；

5）水文地质、工程地质资料；

6）环境地质、灾害地质资料；

7）地震地质资料；

8）物探、化探和遥感地质资料；

9）地质、矿产科学研究成果及综合分析资料；

10）专项研究地质资料。

汇交人需要直接向国土资源部汇交的地质资料包括：石油、天然气、煤层气和放射性矿产的地质资料；海洋地质资料；国土资源部规定应当向其汇交的其他地质资料。

上述规定以外的地质资料应当由汇交人向地质工作项目所在地的省级国土资源行政主管部门汇交。

除成果地质资料、国家规定需要汇交的原始地质资料和实物地质资料外，其他的原始地质资料和实物地质资料只需汇交目录。

国土资源部委托全国地质资料馆或者地质资料保管单位承担地质资料的接收、验收工作。省、自治区、直辖市国土资源行政主管部门可以委托地质资料馆藏机构承担地质资料的接收、验收工作。

### 3. 汇交资料的数量要求

需要向国土资源部转送的成果地质资料，汇交纸质资料及电子文档各两份；其他地质资料汇交纸质资料和电子文档各一份。

工作区跨两个或者两个以上省、自治区、直辖市的地质项目，汇交纸质资料和电子文档的份数与所跨省、自治区、直辖市的数量相同。

中外合作项目如果形成不同文本的地质资料，除了汇交中文文本的地质资料外，还应当汇交其他文本的纸质地质资料、电子文档各一份。

### 4. 汇交资料的质量要求

汇交的地质资料，应当符合国务院地质矿产主管部门的有关规定及国家有关技术标准。

汇交的成果地质资料应当符合下列要求：

1）按照国家有关报告编制标准、要求编写；

2）完整、齐全；

3）制印清晰，着墨牢固；规格、格式符合有关标准、要求；

4）电子文档的资料内容与相应的纸质资料内容相一致。

除符合前款规定的要求外，探矿权人、采矿权人汇交的地质资料，还应当附有勘查许可证、采矿许可证的复印件；经过评审、鉴定、验收的地质资料，还应当附有评审、鉴定、验收的正式文件或者复印件。

各级国土资源行政主管部门或受其委托的馆藏机构验收资料时，应该严格按规定对汇交的每份资料逐件逐页逐项对照查验电子文档与纸质文档的一致性及其合规性，对于电子文档与纸质文档不一致或不合规定的就坚决不让其通过验收。

### 5. 汇交期限规定

探矿权人应当在勘查许可证有效期届满的 30 日前汇交；

除下列情形外，采矿权人应当在采矿许可证有效期届满的 90 日前汇交：

1）属于阶段性关闭矿井的，自关闭之日起 180 日内汇交；

2）采矿权人开发矿产资源时，发现新矿体、新矿种或者矿产资源储量发生重大变化的，应当自开发勘探工作结束之日起 180 日内汇交；

因违反探矿权、采矿权管理规定，被吊销勘查许可证或者采矿许可证的，自处罚决定生效之日起 15 日内汇交；

工程建设项目地质资料，自该项目竣工验收之日起 180 日内汇交；

其他的地质资料，自地质工作项目结束之日起 180 日内汇交。

因不可抗力，地质资料汇交人不能按期汇交地质资料的，应当向负责接收地质资料的国土资源行政主管部门提出延期汇交申请，经批准后，方可延期汇交。延长期限最长不得超过 180 日。

### 6. 汇交程序

汇交人应按《条例》第九条的分工，将在汇交范围内的地质资料提交国土资源行政主管部门或受其委托接收、验收汇交地质资料的馆藏机构。

负责接收地质资料的国土资源行政主管部门或受其委托接收、验收汇交地质资料的馆藏机构应当自收到汇交的地质资料之日起 10 日内，依照《条例》及其办法的有关规定，对汇交人汇交的地质资料进行验收，验收合格的，出具地质资料汇交凭证；验收不合格的，退回汇交人补充修改，并限期重新汇交。

因不可抗力，汇交人不能按规定的期限汇交地质资料的，应当在汇交期限届满前 15 日内，向负责接收地质资料的国土资源行政主管部门提出延期汇交申请。负责接收地质资料的国土资源行政主管部门应当自收到延期汇交申请之日起 5 个工作日内，作出是否核准的决定并书面通知申请人。延期汇交申请经批准后，汇交人方可延期汇交资料。延长期限最长不得超过 180 日。

### 7. 会审制度

为完善会审制度，可以采取一些必要的手段，建立有效的制约机制，例如，对未按规定汇交地质资料的汇交人，要限制其申请新的国家出资的地质工作项目，不批准其新的矿权申请。为确保汇交人能按时汇交矿权评估报告、储量报告等有关地质资料，要求申请人在领取评审备案证明前，到规定的地质资料馆藏机构汇交相应的地质资料，凭资料汇交证明领取储量评审备案证明；申请矿权评估确认时，要求申请人提交储量报告资料汇交证明；在领取矿权评估确认证明前，到规定的地质资料馆藏机构汇交经审查符合矿权评估确认要求的矿权评估报告等相关资料，凭资料汇交证明领取矿权评估确认证明。

地质资料汇交是地质料管理工作流程的起点，对后续环节的影响非常关键。要从思想上高度重视汇交管理工作，要把汇交管理工作纳入业务考核范围。并且要做好和有关部门协调沟通，充分挖掘各种制约手段，对欠交地质资料的单位要取消其参与项目评奖的机会，等等。

### 8. 法律责任

未依照规定的期限汇交地质资料的，由负责接收地质资料的国土资源行政主管部门责令限期汇交；逾期不汇交的，处 1 万元以上 5 万元以下罚款，并予以通报，自发布通报之日起至逾期未汇交的资料全部汇交之日止，该汇交人不得申请新的探矿、采矿权，不得承担国家出资的地质工作项目。

伪造地质资料或者在地质资料汇交中弄虚作假的，由负责接收地质资料的地质矿产主管部门没收、销毁地质资料，责令限期改正，处 10 万元罚款；逾期不改正的，通知原发证机关吊销其勘查许可证、采矿许可证或者取消其承担该地质工作项目的资格，自处罚决定生效之日起 2 年内，该汇交人不得申请新的探矿权、采矿权，不得承担国家出资的地质工作项目。

## 五、地质资料的转送

省级国土资源行政主管部门应当在验收合格后 90 日内，将汇交人汇交的成果地质资料（纸质资料和电子文档各一份）转送国土资源部。但下列地质资料除外：

1）普通建筑用砂、石、黏土矿产地质资料；

2）《矿产资源勘查区块登记管理办法》附录以外且资源储量规模为小型的矿产地质

资料；

  3）矿山开发勘探及关闭矿井地质资料；

  4）小型建设项目水文地质、工程地质、环境地质及小型灾害地质资料；

  5）省级成果登记的各类地质、矿产科研成果资料。

  需要指出的是，转送的地质资料是汇交人直接向省级国土资源行政主管部门汇交的，其接收、验收及出具汇交凭证的责任都由省级国土资源行政主管部门及其委托的馆藏机构承担。所以这部分资料的纸质及电子文档在转交前应严格检查，确保合格，否则被国土资源部检查不合格并退回时，省级国土资源行政主管部门就很难要求已经完成汇交任务的汇交人进行修改或补充。

  按照《关于报送地质资料及管理信息的通知》（国土资厅发〔2007〕148号）规定，各省（区、市）国土资源行政主管部门应严格检查电子文档及纸质资料，在验收合格后90日内，将应向部转送的成果地质资料及其目录数据库转送全国地质资料馆。

## 六、地质资料保护登记

  权益保护是《条例》确立的三项基本制度之一，其具体体现是保护登记，目的是确保商业性投资者的权益得到有效保护，确保公益性地质资料能全面提供社会利用，充分发挥地质资料的作用，避免重复工作和资料浪费，具有保护投资人的合法商业利益和汇交资料积极性的双重作用。但保护登记要把握好尺度，一是《条例》及其实施办法确定的度，二是权益保护与资料公开利用的平衡。

  为完善保护登记制度，部近几年又先后发布了《关于开展地质资料清理、保护工作的通知》（国土资厅发〔2002〕63号）、《关于做好石油、天然气、煤层气、放射性矿产地质资料和海洋地质资料管理有关工作的通知》（国土资发〔2004〕53号）、《关于进一步做好地质资料保护登记管理工作的通知》（国土资发〔2007〕153号）、《关于报送地质资料及管理信息的通知》（国土资厅发〔2007〕148号）等文件，对有关问题又作了进一步规定。

  综合《条例》及上述有关文件要求，保护登记的规定主要包括以下几个方面的内容。

  对探矿权人、采矿权人汇交的地质资料，在勘查许可证、采矿许可证有效期（包括延期）内给予保护。其他地质资料，需要保护的，由汇交人在汇交地质资料时到负责接收地质资料的国土资源行政主管部门办理保护登记手续，自应汇交之日起计算，保护期不得超过5年；需要延期保护的，汇交人应当在保护期届满前的30日内，到原登记机关办理延期保护登记手续，延长期限不得超过5年。地质资料自保护期届满之日起30日内，由地质资料馆或者地质资料保管单位予以公开。

  由中央和地方财政安排开展基础性、公益性地质调查取得的地质资料，一律不予保护登记；由中央和地方财政安排开展战略性矿产勘查且涉及探矿权的，是否需要保护登记由与出资方同级的国土资源行政主管部门决定；社会资金参与中央和地方财政开展战略性矿产勘查取得的地质资料，是否需要保护登记由双方合同规定，没有合同或者合同没有明确规定的，不予保护登记。

非中央和地方财政安排开展地质工作取得的地质资料需要保护登记的，可在资料汇交时办理保护登记。对于未按《条例》规定期限汇交地质资料的，批准的保护期自应汇交之日起计算。

对已开发利用的矿产（含地下水）勘查报告和汇交单位自行公开的地质资料不予办理保护登记。

探矿权、采矿权人申请缩小勘查区块或采矿区块时，对形成的难以分割的区域性地质资料（如物探、化探地质资料），要在勘查许可证、采矿许可证变更前汇交。对此类资料给予 5 年保护，期满后不予延续。

为确保两级馆藏机构对保护资料管理步调一致，使这项政策得到严肃执行。省级国土资源行政主管部门应于首次保护登记期届满之日起 10 日内，将给予延期保护的地质资料目录转送全国地质资料馆。

## 七、馆藏机构建设情况

我国对地质资料实行统一的管理制度，由国家和省（区、市）两级进行管理。国土资源部负责全国地质资料汇交、保管、利用的监督管理。省级国土资源行政主管部门负责本行政区域内地质资料汇交、保管、利用的监督管理。

虽然《条例》只明确了两级管理体制，但部分省（区、市）将部分管理职能延伸到了地（市）级国土资源行政主管部门。《实物地质资料管理暂行办法》也赋予了市、县级国土资源行政主管部门协助上级主管部门和实物地质资料馆藏机构完成实物地质资料筛选采集工作的职责。

国土资源部和省级国土资源行政主管部门的地质资料馆（以下简称地质资料馆）以及受国土资源部委托的地质资料保管单位（以下简称地质资料保管单位）承担地质资料的保管和提供利用工作。

汇交人按要求向国土资源部或省级国土资源行政主管部门汇交地质资料，同时保管原始地质资料及有关实物地质资料。地质资料的汇交、保管和利用，是地质资料管理的一个全过程。汇交、保管是手段，利用是目的。

截至 2009 年底，我国部省两级政府部门共有 33 个地质资料馆藏机构，石油天然气和放射性矿产地质资料委托保管机构 6 个。地质调查局局属单位 27 个，都有规模不等的地质资料馆（室），煤炭、冶金、有色等行业也还保留规模不小的资料馆，各国有大型矿业公司、地质勘查单位、地质矿产科研单位也有相当规模的地质资料馆。由于地质资料保管范围广泛，地质资料保管机构和保管数量不清楚，政府所属馆藏机构人员平均约 5 人。

## 八、地质资料馆藏及汇交情况

至 2009 年年底，全国重要地质资料汇交量上升到 36.5 万种，全国地质资料馆馆藏资料最多，达到 10.75 万种；31 个省（区、市）总馆藏量约为 25.75 万种，平均每个省 8307 种，四川等 9 个省（区、市）馆藏超过 1 万种；两级馆藏机构共完成成果地质资料扫描数字化总量 16.3 万种，其中全国地质资料馆累计完成 4 万种。2009 年共汇交地质资料 1.2 万种，向部汇（转）交资料 2062 种份，电子文档汇交率达 98% 以上。地质数字库全国地质资料馆保存较少，对外服务提供 18 种基础地学数据产品，其中公开 9 种，非公开 8 种，部分公开 1 种。

## 九、库房与设备情况

### 1. 库房

近年来，全国各级政府重视对资料馆藏基础设施建设，安徽省财政已批准安排 5.4 亿元用于新建安徽省地质资料库房，总建设规模 50 000 $m^2$。其中，实物地质资料库 30 000 $m^2$，原始地质资料库 4000 $m^2$，成果地质资料库 7050 $m^2$，科普展示用房 4000 $m^2$，数据中心用房 3000 $m^2$。内蒙古地质档案馆、北京市地质资料馆和全国地质资料馆迁入新的办公地点，电子阅览室，办公等条件也随之改善。可以说全国部分资料馆藏基础设施有一定的发展。但是，还有很多省份资料库房紧张，在统计的 21 个省级馆藏机构中（除安徽省以外），资料用房总面积大小不等，差距甚大，资料档案库房平均 590 $m^2$，其中面积最大的天津和内蒙古也只有 1500 $m^2$，其他都没有超过 1000 $m^2$，最小的山西省仅为 150 $m^2$。全国仅有上海、黑龙江等少数几个省（区、市）建立了实物地质资料库房。

当前，随着成果地质资料汇交数量的增加以及实物地质资料逐步开始汇交，库房紧张情况将进一步加剧，库房面积严重不足，一方面影响资料汇交，另一方面阻碍馆藏机构提高资料保管和服务水平。因此，很多省计划修建新的资料库房，解决资料库房紧张问题。

### 2. 设备

全国各级馆藏机构多数配备了基本办公设备（计算机、扫描仪，复印机等）。为了加强馆藏资料管理和保护，全国馆和河南、安徽等省安装了电子密集架，河南、山西、贵州等省购置电子温湿度机、消毒柜等先进的防护设备。为了提高资料服务水平，吉林、重庆、安徽等省（区、市）配备了工程复印机，浙江、广东、广西、甘肃等省购置了触摸屏。为了扩大宣传，山东等省购置了摄像机和数码照相机。

全国各级馆藏机构设备仍不能满足馆藏机构办公与资料管理服务的需求。配备较多的设备就是计算机，22 个馆藏机构平均配备 16 台，在 10 台以上的有 16 家机构，占调研总数的 73%。很多省没有配备 A0 扫描仪、A3 复印机、工程复印机、服务器等数字化和对外服务必备设备，因此，下一步各馆藏机构重点是购置与数字化、网络及对外服务相关设备。

## 十、地质资料信息化情况

### 1. 电子文档资料情况

电子文档资料包括新汇交的电子文档资料和图文数字化扫描老资料形成的电子文档

资料。

从 2002 年条例出台以后，新形成资料电子文档汇交率逐年提高，2009 年各省（区、市）向部汇（转）交电子文档资料 2062 份，电子文档汇交率达 98% 以上。

全国图文数字化工作各省进展不一样，截至 2009 年年底，全国各省（区、市）共完成成果地质资料数字化总量 16.3 万种。湖南、重庆和海南等省（市）的成果地质资料数字化工作已经全部完成；上海、江苏和黑龙江等省（市）的馆藏地质资料的图文数字化率超过 80%；全国地质资料馆累计完成 4 万种地质资料数字化，占全国总量的 25%。

## 2. 地质资料信息数据情况

全国各级地质资料馆藏机构主要提供地质资料目录数据库、图文地质资料数据库建设和服务工作，全国地质资料馆还提供 18 种数据库类数据产品服务（9 个公开，1 个部分公开、8 个非公开），提供的主要数据格式包括 MapGIS、ARCINFO、JPEG、ArcGIS 等（详见下表 2-2）。

表 2-2　全国地质资料馆提供数据产品一览表

| 序号 | 数据库名称 | 可提供的主要数据格式 | 密级 |
|---|---|---|---|
| 1 | 全国 1∶250 万地质图空间数据库 | MapGIS、ARCINFO | 公开 |
| 2 | 全国 1∶500 万地质图空间数据库 | MapGIS、ARCINFO | 公开 |
| 3 | 全国 1∶500 万航磁数据 | TM、ETM、MSS、CCD | 公开 |
| 4 | 全国 1∶600 万水文地质图空间数据库 | MapGIS、ARCINFO | 公开 |
| 5 | 全国地质工作程度数据库 | MapGIS、ACCESS、SHAPE、JPEG | 公开 |
| 6 | 全国岩石地层单位数据库 | DBF、SHAPE、ACCESS | 公开 |
| 7 | 全国同位素地质测年数据库 | ACCESS | 公开 |
| 8 | 地质调查工作部署专题图件空间数据库 | MapGIS、JPEG | 公开 |
| 9 | 地质资料目录数据库（英文版） | ACCESS | 公开 |
| 10 | 图文地质资料数据库 | JPEG、TIFF | 部分公开 |
| 11 | 全国矿产地数据库 | ACCESS | 非公开 |
| 12 | 全国 1∶50 万地质图空间数据库 | EOO、WAT、WAL、WAP | 非公开 |
| 13 | 全国 1∶20 万地质图空间数据库 | MapGIS、ARCINFO、Metalfile、RASTER、JEPG | 非公开 |
| 14 | 全国 1∶20 万自然重砂数据库 | SQL SERVER、部分为 MapGIS | 非公开 |
| 15 | 全国区域地球化学数据库 | SQL SERVER、JPEG | 非公开 |
| 16 | 全国 1∶25 万航磁系列图数据库（阶段性成果） | MapGIS、JPEG | 非公开 |
| 17 | 全国 1∶5 万地质图空间数据库（阶段性成果） | MapGIS、ArcGIS | 非公开 |
| 18 | 全国 1∶20 万水文地质图空间数据库 | MapGIS、ARCINFO、Metalfile、RASTER、JPG | 非公开 |

## 3. 网站及网络建设

全国绝大多数省（区、市）国土资源管理部门都建立了地质资料管理与服务栏目，其中全国地质资料馆、国土资源实物地质资料中心、广东省国土资源档案馆、天津市地质资料馆、四川省国土资源档案馆、甘肃省地质资料馆、青海省国土资源博物馆、新疆地质资料馆等馆藏机构还建立了独立的地质资料信息服务网站。此外，江西省地质资料档案馆、甘肃省地质资料馆等馆藏机构在馆内设立了计算机触摸式地质资料目录查询服务。

由部省两级地质资料管理与服务网站（栏目）组成的地质资料网络服务体系初步建立，实现了地质资料信息互通共享，向社会提供了高效、便捷、全面的地质资料信息网络化服务。大多数省（区、市）严格按要求在各自网站（栏目）上公布了地质资料馆藏机构的联系方式、及时更新地质资料目录信息、法律法规、政策文件、技术标准、办事程序和借阅利用办法等信息。

### 4. 信息系统建设情况

地质资料目录数据库系统使用范围覆盖全国各级地质资料馆藏机构。目前，越来越多的省级馆藏机构尝试开发各类信息系统，内蒙古地质资料服务系统刚建成并通过评审验收，辽宁、江苏的地质资料服务系统也正式运行，浙江省地质资料档案馆为了加强资料利用过程中的保密问题，开发地质资料电子阅览加密系统。湖南省国土资源信息中心档案馆、陕西省国土资源资料档案馆等省级馆藏机构开发地质资料管理系统运行良好，特别是辽宁省国土资源厅信息中心的地质资料管理信息系统采取边开发边应用的方式，结合日常管理的实际需要，不断升级完善，系统实现了资料接收、目录数据库建设、资料借阅、借阅收费、库房管理、借阅统计、资料汇交、涉密清理、电子阅览室等功能，并且能够实现系统与全省探矿权、采矿权数据库相连接，走在全国馆藏机构前列。

## 十一、地质资料服务情况

### 1. 日常服务

2009 年度，部、省两级地质资料馆藏机构通过传统服务窗口为 4.2 万多人提供了地质资料服务，提供地质资料利用达 18.9 万份，266.4 万件，比 2008 年分别增长 16% 和 43%。其中，全国地质资料馆 2009 年度接待到馆阅者 3654 人次，内蒙古、辽宁、浙江、湖南、广东、云南等省（区）利用地质资料的人数都在 2000 人以上。

### 2. 地质数据产品服务

部、省两级国土资源行政主管部门和地质资料馆藏机构采取多项措施完善服务手段，开发信息产品，提高服务能力。上海市进一步更新完善三维可视化城市地质信息服务与管理系统，为城市建设与安全运行提供及时服务。江苏省以"建设项目选址决策地质资料信息服务系统"为重点工程选址提供"一键式"快速高效服务。广东省把已矢量化的 1∶5 万、1∶20 万地质图删除涉密信息后及时向社会公开利用。

### 3. 网络服务

目前地质资料利用方式已从传统的到馆藏机构借阅逐步转变为主要通过网络进行查询

下载利用。全国地质资料网络服务体系已基本建立，现代网络服务在整个服务中占据越来越重要的地位。2009 年部省两级地质资料服务网站点击率近 220 万次，是 2008 年的 7 倍多。仅全国地质资料馆网站访问量就达 12.5 万次，提供在线图文地质资料浏览 1.1 万种、1.6 万份。同时，还有不少单位配备了触摸屏查询。

### 4. 抗震救灾应急服务贡献突出

2008 年，"5·12"汶川大地震发生后，四川省地质资料馆在第一时间启动应急预案，为 146 个单位、372 人提供了 4768 件地质资料查询服务，无偿提供价值近 20 万元的原版地质资料，为四川省抗震救灾、地质灾害隐患排查赢得了时间，节约勘查费用约 3000 万元；全国地质资料馆为抗震救灾工作提供无偿、快速、24 小时地质资料服务，并紧急整理出馆藏地震灾区相关资料目录 3147 份，向中国科学院对地观测与数字地球科学中心、中国科学院青藏高原研究所、北京市地质工程勘察院等 8 个单位提供抗震救灾相关地质资料 313 份、复制文字 36 941 页、图件 773 幅。

### 5. 保增长保红线行动中为扩大内需项目服务成效显著

2009 年部、省两级国土资源行政主管部门及地质资料馆藏机构积极主动采取有效举措，共为 4900 多个扩大内需项目提供了地质资料信息服务，在经济社会发展中发挥了重要作用。全国地质资料馆及 20 个省（区、市）国土资源行政主管部门负责地质资料的管理机构或地质资料馆藏机构被评为"保增长保红线行动成效显著单位"，得到部通报表扬。

# 第二节 地质资料开发利用现状

我国历来重视地质资料的开发利用与服务工作。1952 年，地质部在组建资料组（室）的任务中，就提出了地质资料的系统分析研究；1953 年新成立的资料司召开首届地质资料工作会议后，部批准资料司任务中提出矿产储量综合研究工作，并成立矿产埋藏量综合科负责该项工作；1956 年，地质资料司改为全国地质资料局，其主要任务就包括对全国矿物原料资源进行统计，编制全国和地方各种矿产地质图、矿产综合分析图等任务；1959 年12 月 10 日，全国地质资料局提出《矿产地质资料汇编编辑试行办法（草案）》。经过近50 年的努力，全国地质资料馆在地质资料开发利用与服务，特别是矿产地质资料的开发利用方面取得了重要进展。国务院关于加强地质工作的决定出台后，各地质资料从业人员积极探索地质资料开发利用工作，在地质资料开发利用理论方法研究和实践方面取得系列成果，推进地质资料开发利用的大发展，取得显著成就。

## 一、编制了多种检索工具

检索是最原始的地质资料开发利用。历年来，我国各级馆藏机构先后编制了卡片式、书本式、图式、机读式检索工具。

## 1. 卡片式检索工具

1952～1953 年，全国地质资料局接收的旧政权 3 个机构的资料，都各成体系编有目录，为了管理，统一按大流水编制了"地质资料名称卡"，后发展为目录卡。随着资料的增加，原有卡片已不能满足需要，到 1954 年扩充到 4 套卡片，即两套目录卡，两套索引卡，它们均由地区卡和矿种卡组成，且均以大地坐标排列。在实际工作中，认识到 4 套卡片重复程度较大，排列方式不适合我国制卡、排卡、用卡的习惯。1958 年将 4 套卡片改为两套，即目录卡和矿产索引卡，并将大地坐标排放方法改为按行政区划排放。目录卡做到了有资料就有卡片，矿产索引卡满足了以利用为中心的需求，按行政区划排放适应我国行政区划划分较细、全国县的布局基本成网、地质队伍也以行政区为主组建的特点。1958 年后虽然又多次对卡片式检索工具做过调整、补充和完善，但其框架却从来未改变，一直沿用至今。只是在矿产索引卡的基础上扩充了部分专业卡。

## 2. 书本式检索工具

1954 年，为满足各工业部门利用地质资料的需要，资料局开始向社会提供书本式馆藏目录。该目录依据地质资料数量的多少，按月或季度出版。编排体例是：分类-行政区-名称-时间-附件。为了长期保存和利用，1955 年、1956 年和 1958 年曾 3 次对书本式目录进行全面整理并出版。其中 1955～1956 年的版本是按主矿种编目，一份资料列一个目次。1958 年的版本是按行政区分类编排的，汇集了 1952～1958 年的全部馆藏资料，此法沿用到 1967 年。1967～1982 年由于"文化大革命"等影响，工作停止。1983 年恢复了以报告类别（矿种）为主的编排体例。1986 年，全国地质资料局召开各工业部门联席会议，会上决定组织编制联合目录。会后，资料局决定从黑色矿产编起，并于 1989～1991 年陆续汇总编辑了截至 1986 年年底《全国黑色金属矿产地质资料目录》，并按矿种分册出版，沟通了馆际间资料的交流，方便了地质资料信息的使用。

## 3. 图式检索工具

随着全国地质资料馆馆藏专业资料的增加，为更直接、鲜明地给阅者提供检索便利，20 世纪 70 年代开始编绘了 1∶20 万区域地质调查资料索引图和 1∶20 万区域水文地质资料索引图，得到了阅者的好评。1986 年和 1991 年又对此类图件做过补充、完善并重新编绘，2010 年，又编制了全国地质资料馆馆藏区域地质调查资料检索图集，包括 1∶100 万、1∶50 万、1∶25 万、1∶20 万、1∶5 万区域地质调查资料，为广大阅者十分喜爱的检索工具。

## 4. 计算机目录检索

计算机目录检索系统起步于 1985 年，次年软件系统选用 dBASEII 编制并通过鉴定，同年组织全国地质资料馆工作人员对全部库存资料进行整理、著录，完成了该计算机管理系统的数据源的准备工作。全部数据由中科院计算机所中计公司承担录入。1990 年由微机正常输出全部资料卡片，初步实现了该系统对资料的计算机管理。1991 年全国地质资料馆又对该系统进行了维护和提高，将 dBASEII 升级到 FoxBASE，实现了卡片及书本式目录的计算机管理。

### 5. 地质资料目录数据库建设

全国地质资料馆于 1999 年 10 月承担了数字国土工程"地质资料目录数据库"建设项目，并于 2002 年 6 月全面完成了地质资料目录数据库系统中的编目子系统、读者目录查询子系统、资料借阅利用管理子系统的软件开发，初步建成全国地质资料馆电子阅览室。2001 年 8 月，国土资源部向各省下发了《关于开展地质资料目录数据库建设和地质资料数字化的通知》（国土资发〔2001〕257 号），并组织召开了地质资料目录数据库培训班，由此，地质资料目录数据库的建设工作在全国全面展开。截至目前，目录数据库建设工作一直是资料业务工作的一项日常工作，通过基于 Foxpro 二次开发的编目子系统实时采集的目录数据也成了至关重要的馆藏数字资源。

2003 ~ 2005 年，全国地质资料馆完成地质资料目录数据库（英文版）建设，在明确馆藏公益性地质资料目录数据进行英文翻译范围的基础上，完成了 5758 条馆藏公益性地质资料目录数据的翻译工作，开发了英文目录数据录入软件、英文目录数据库网络检索系统、数据转换程序，对目录数据按照有关要求，进行了 SANGIS 标准格式的转换。全国地质资料馆馆藏公益性地质资料英文目录检索系统已经在中国地质调查局网站对外提供服务。

## 二、编制系列地质工作程度图

地质工作程度图是在对地质资料的综合分析与总结基础上，以图件形式对地质工作历史的记录，是对地质资料的综合分析与研究。当然，工作程度图中也可以加入正在部署的工作，这在地质资料中反映不出来，但从馆藏地质资料中综合分析出来的地质工作程度应该是更有价值，更有实际验证的。

### 1. 中国地质研究程度图

为了解全国地质工作程度，为政府决策、地质工作规划提供依据，早在 1953 年，地质部地质资料司就启动了中国地质研究程度图的编制工作，并于当年编辑完成中国地质研究程度图初稿，1954 年又增编地质图 2214 幅。1955 年 1 月，全国地质资料局增设地质研究程度图编图处，1956 年依照前苏联 1：100 万编图的有关规范结合我国地质工作和资料的实际，在各省编的大区图的基础上，进行了补充、修改、汇总，并于 1957 年正式出版了《中国地质研究程度图》。1963 年，地质部颁发《中国地质研究程度图暂行编制规范》，规范了地质研究程度图的编制原则、方法等。此后，每年都对地质研究程度图进行了修正补充，地质研究程度图的编制，基本满足了领导和有关部门的利用。近年来，地调局发挥信息技术优势，组织有关方面专家编制了系列地质工作程度图，并安排项目做好更新维护工作，实现了地质工作程度的及时更新与维护，各资料馆也在其中发挥了重要作用。

### 2. 全国地质工作程度数据库

为全面掌握以往地质工作程度，2001 年，中国地质调查局正式启动全国地质工作程度数据库的建设工作，由中国地质调查局发展研究中心承担，组织全国 31 个省（市、自治区）、有色、冶金、煤炭、核工业、建材、化工、武警黄金指挥部和中国地质调查局航空遥感中心等四十多个单位，动用 700 余人的项目课题组成员。至 2004 年 6 月，历时三年半，较全面系统地收集和整理了全国 20 世纪的地质成果资料，建立了目前国内包含地质专业种类最全、覆盖范围最大、数据量最多的全国地质工作程度空间数据库。全国地质工作程度数据库包括地质工作程度面元矢量数据 94 699 条，包含区域地质调查、地球物理勘查、地球化学勘查、矿产勘查、水文地质调查、工程地质调查和环境地质调查等 8 类地质专业；矿产地点元矢量数据 56 802 条，涵盖有色金属、黑色金属、贵金属、稀有稀土金属、能源、非金属和水气矿产等 13 个矿种系列；矿区实物工作量关系型数据 137 248 条，涉及钻探、槽探、坑探等主要实物工作量。数据库总数据量达 580MB。研制和开发了基于 MapObjects 和 MapGIS 平台的数据库管理应用系统，制定了全国地质工作程度数据库建设工作指南，编制完成了由 150 张图组成的全国地质工作程度图集，制作了方便于查阅的地质工作程度图集的电子光盘。全国地质工作程度数据库的建成，为地质工作部署提供了基础。更新维护工作正在开展，资料馆也日益成为更新维护机制中的重要一员。

## 三、编制全国矿产地质资料汇编系列

1952 年地质部成立，开展找矿是当务之急，为此成立了"矿产普查委员会"。资料司根据部的要求，开展了"全国矿产地资料汇编"工作。从 1954 年开始，以煤矿为试点，制定了编写提纲，并于 1955 年第二届全国资料工作会议决议中提出"进一步整理、研究和编辑矿产地资料"，并由计划委员会、燃料工业部、地质部计划司、全国地质资料局和各省共同完成。

该系列成果分别为全国系列和地区系列。全国系列到 1958 年完成了煤、油页岩、铁、锰、铜、铅锌、铝土矿及耐火黏土、镍铬钒钛、钨铋、锡、钼、锑、汞、金、铂、稀土和分散元素、黄铁矿和自然硫、磷、硼、钠盐、钾盐、芒硝、明矾石、石墨、石膏、石灰岩、云母、菱镁矿、重晶石、水晶、金刚石、滑石、石棉、膨润土、硅藻土等 42 个矿种资料，分列 45 本出版，共约 800 多万字。从上万份地质报告和文献，收集了几万个矿产地和矿化点的资料。

《全国矿产地资料汇编》系列出版，为各部门制定普查找矿计划、开展地质科学研究和编写地质矿产教材等方面提供了系统的基础资料，受到各方面的好评。近年来，青海、安徽、黑龙江、河北等地也开展了矿产地地质资料开发利用，形成系列成果，在地方矿权出让中起到了重要作用。

## 四、编制全国矿产图和矿产资源概况

### 1. 编制全国矿产分布图

为反映我国矿产资源的基本面貌，以利工业建设和矿产勘查工作的开展，从 1953 年开始为部领导和计划会议编制与矿产有关的图件和附表说明书。随着矿产储量平衡表的开展和矿产地登记工作试行，分别于 1958 年和 1964 年编制和出版了《中国各省矿产分布图集》和《中国分省储量分布图集》，并多次编制全国各种比例尺的《中国主要矿产分布图》。这系列图件和说明书满足了各方面的需要，为以后编制出版中国矿产资源图集打下了基础。近年来中国地质调查局组织全国多方面的地质、矿产、计算机专家，编制了中国矿产地数据库，形成了矿产地数据库建设标准，为地质工作部署和潜力评价提供了有力支撑。

### 2. 编写矿产资源概况

为了进一步发挥矿产储量平衡表的作用，结合当时形势的需要，开展了这方面的综合分析工作。主要的成果有《中国矿产资源概况》（1955 年）、《全国铁矿研究情况简报》和《全国铬、镍、钴矿概况》（1956 年）、《全国铜矿概述》（1957 年）等。特别值得一提的成果是，1964 年根据国家三线建设战略的需要，全国地质资料局在康卜副局长领导下，编制了《四川西昌地区钢铁资源概况》、《甘肃河西走廊地区钢铁资源概况》、《西南四川、云南、贵州矿产资源概况》和《西北矿产资源概况》，以及各省小三线的矿产资源图件和说明书。这套矿产综合报告和图件，作为地质部何长工副部长向毛主席汇报的主要资料。这套资料对三线建设布局和规划起到了重要的作用，受到部领导的表扬。

1973 年联合冶金部、燃料化工部编制东北地区矿产资源图件和说明书，1974 年根据中央关于编制 10 年规划的急需，扩大组织开展"编制各经济协作区矿产资源概况和图件"的项目，并于年底召开了全国会议，讨论和布置了该项工作。经过两年的努力，先后组织、审定出版了东北、华北、华东、中南、西南、西北 6 大经济协作区的矿产资源概况，每套报告包括大区资源概况和附图、分省资源概况、主要矿产地简况（含附图）。在此基础上编制了全国主要矿产分布图，提供国家经济规划利用。

该套矿产资源综合分析报告，对"文化大革命"后期恢复经济建设和编制 10 年规划起到了重要作用，也是新中国成立以来全面的、系统地反映我国探明矿产资源的概况和初步分析资料，获得各方面的好评。因此，于 1978 年获全国科技大会的国家重大科技成果奖（0005504）。

近年来，中国地质调查局、相关省国土资源厅、地质勘查单位也开展了系列矿产资源概况研究，形成了系列的概况报告，为矿产资源规划、地质找矿规划、地质找矿部署提供了有力支撑。

## 五、矿产预测研究

1956 年由苏联专家建议，开展主要有色金属铜和铅锌矿预测工作，由资料局牵头，组织地矿司、计划司等联合进行。在前苏联专家伊格拉契夫（铜）和兹维列夫（铅锌）的指导下，铜矿选择了燕山、康滇、中条山、祁连山、长江中下游等 5 个成矿区；铅锌选择了滇东、黔西、湘中、粤北、桂东等 5 个成矿区，在总结成矿控矿条件基础上，进行了矿产预测研究，先后提出了研究报告和预测图，并分别出版了《重要铜矿成矿区预测图及说明书》。预测成果作为安排铜、铅锌矿普查找矿的依据之一，起到了一定的作用。这次是我国新中国成立以来第一次较正规地进行矿产找矿预测研究，为今后开展矿产区划和预测工作创造了条件。

近年来，全国矿产资源潜力评价全面开展，基本摸清了我国重要矿种的基本国情，这种深层次的地质资料开发利用工作，能够为政府决策提供有力支撑。

## 六、开展矿产资源优势分析系列

1979 年后我国中心工作转向经济建设，振兴经济，实现社会主义现代化。为了扬长避短，发挥优势，使资源优势转化为经济优势，为适应产业的调整和编制长远规划的需要，全国地质资料局组织全国和各省开展矿产资源优势分析项目，并于 1981 年在烟台召开了座谈会，讨论和布置了矿产资源优势分析工作。优势分析的内容是对已探明储量实际情况和远景进行评估，从数量、质量、分布、开发条件、供需和保证程度等多方面进行优势分析，并对发挥资源优势转化为经济优势提出建议。全国和各省的《矿产资源优势分析汇编（矿产纪要之三）》于 1982 年印刷出版。在国土规划和生产力合理布局研究中作为重要基础资料，在做计划、搞规划和制定资源政策时也起到重要作用，获得各方面的好评。

国土资源部矿产资源储量司和中国地质调查局组织开展了地质矿产供需形势分析，研究的我国优劣势矿产的供需形势，为政府决策提供了支撑。

## 七、开展国土规划和经济区建设方面的矿产资源开发综合评价系列

1981 年以来，我国开展国土经济和开发整治规划工作。矿产资源作为重要的国土自然资源，是国土规划必不可少的部分。国家基本建设委员会和国家计划委员会要求地质部配合国土规划和经济区发展规划工作，承担一系列的有关专题调查研究。地质部领导确定该项目由全国地质资料局牵头，地质矿产部相关司局参加。全国地质资料局从原国家基本建设委员会主办国土规划研讨班上讲课开始，完成了一系列的区域矿产资源开发综合评价项目，主要有以下几个方面。

### 1. 配合国家计划委员会国土规划研究而开展区域矿产资源开发综合评价分析

1984 年初，国家计划委员会副主任吕克伯召开全国 16 片地区矿产资源评价汇报会，地质部温家宝副部长带领，由资料局、地矿司、计划司和矿管局有关领导和同志，负责编写报告和参加汇报与讨论，国家计划委员会根据讨论指出国土规划分为东、中、西三大带发展的思路。为此，地质部又组织有关司局联合论证国土矿产资源与建设布局的问题，由全国地质资料局副局长袁君孚执笔起草了《关于建设布局的意见》报告，送计委国土局。

1985 年全国地质资料局又根据国家计划委员会编制《全国国土规划纲要》的要求，补充编写了《我国矿产资源的基本特点及有关建设布局的问题》，组织全国 60 片地区矿产资源开发综合评价专题报告，汇编成《我国主要地区矿产资源和水文、工程地质综合评价报告》，这些作为全国国土总体规划纲要的重要参考资料，起到了很好的作用，并因此获

部科技成果二等奖。

### 2. 开展经济区和大流域规划的矿产资源开发综合评价

1982 年来，资料局先后承担了组织完成经济区矿产资源综合评价的有东北经济区、环渤海经济区、上海经济区、西南经济区等；大流域的有黄河流域、长江流域。有的还参加讨论会，提出分析和建议的专题报告，得到有关方面的重视和好评。

### 3. 国家能源基地矿产资源开发综合评价

1986 年原国务院能源基地规划办公室商请地质部承担以山西为中心的能源重化工基地的矿产资源开发综合评价项目。资料局陈元普副局长主持，会同山西、内蒙古、河南、陕西和宁夏地质矿产局资料处协同进行。矿产开发综合评价从自然地理、社会经济和成矿条件出发，对基地的矿产资源现状、特点和优势进行论述，按重要矿类、矿种和 23 个矿产集中区进行全面的矿产资源开发评价和研究，对合理生产布局、产业结构、区域经济发展进行了分析，提出矿产开发战略和对策建议。由于研究报告中有的内容和建议纳入国家能源基地开发政策和发展规划中，受到国务院能源规划办公室领导多次表扬，并于 1989 年获地矿部科技成果二等奖。

### 4. 黄土高原地区矿产资源综合评价

1986 年国家计划委员会下达"七五"重点攻关科研项目"黄土高原地区综合治理开发考察系列研究"，由中国科学院承担。矿产资源综合评价是该项目的子课题，由全国地质资料局综合处负责。完成的研究报告，从矿产资源现状出发，对各主要矿产的采、选、冶技术经济条件、矿产产供销、经济效益、社会和环境效益等方面，进行综合分析和评价，论证建设矿物原料基地、综合性工业基地的可能性和合理性，并提出矿产资源开发战略、对策，以及生产力合理布局和区域经济发展等方面的建议。该研究报告为地区治理与开发、国土规划、中长期社会经济发展规划提供了科学依据。受到项目领导好评。总项目获中科院科技成果一等奖。

近年来，国土资源部编制了《地质矿产规划》、《矿产资源规划》、《国土资源中长期规划》，开展了国土资源可持续发展战略研究，总结了地质矿产资源现状，形成了系列研究报告。

## 八、黑龙江省开展了地质资料开发利用研究

黑龙江省开展了地质资料开发利用研究，开发包括额尔古纳成矿区（Ⅲ1）、兴隆沟—罕达气成矿带（Ⅲ2）、松嫩边缘成矿区（Ⅲ3）、伊春—延寿成矿带（Ⅲ4）、张广才岭成矿带（Ⅲ5）、佳木斯成矿区（Ⅲ6）、太平岭成矿带（Ⅲ7）、完达山成矿带（Ⅲ8）等八个三级成矿区（带）的，原始资料系列三大类 39 项产品和成果资料系列三大类 33 项产品。

### 1. 原始地质资料类

通过收集各主要成矿区（带）原始资料，综合研究整理资料，分类提取各种地质工作

信息，对信息进行处理及综合，建立地质工作程度数据库，编制系列地质工程程度图，编写使用说明书。形成以下产品。

（1）基础地质类

1）地质矿产图（1：20万—1：5万）；

2）水文地质图（1：20万—1：5万）；

3）重力异常图（1：20万）；

4）航磁异常图（1：20万—1：5万）；

5）放射性异常分布图（1：20万）；

6）地球化学图（12~15元素）（1：20万）；

7）地球化学测量组合异常图（1：20万）；

8）地球化学成矿远景区划图（1：20万）；

9）地质工作程度图（1：20万）；

10）各类地质工作原始记录；

11）各成矿区（带）基础地质资料说明书。

（2）矿产预查类

1）实际材料图（1：5万—1：1万）；

2）地质矿产图（1：5万—1：1万）；

3）航磁异常图（1：5万）；

4）水系沉积物测量原始数据图（主要成矿元素）（1：5万）；

5）土壤测量原始数据图（主要成矿元素）（1：2万~1：1万、剖面）；

6）各种地面磁法测量异常图（1：2万—1：1万、剖面）；

7）各种地面电法测量异常图（1：2万—1：1万、剖面）；

8）各种地面放射性测量异常图（1：2万—1：1万、剖面）；

9）各种地表工程（槽、井探）实际材料图；

10）钻孔实际材料图；

11）主要勘查区岩石标本；

12）主要勘查区岩心标本；

13）地质工作程度图（1：20万）；

14）四级成矿区（带）历次查证成果汇总表；

15）各成矿区（带）矿产预查资料说明书。

（3）普查详查勘探类

1）实际材料图；

2）矿区地质图；

3）土壤测量原始数据图（主要成矿元素）（1：2万~1：1万、剖面）；

4）各种地面电法测量异常图；

5）各种地面磁法测量异常图；

6）各种地面放射性测量异常图；

7）各种地表工程（槽、井探）实际材料图；

8）钻孔实际材料图；

9）主要矿区岩石标本；

10）主要矿区岩心标本；

11）地质工作程度图（1：20万）；

12）普查（详查、勘探）历次工作成果汇总表；

13）各成矿区（带）普查详查勘探工作原始资料说明书。

## 2. 成果资料系列

通过收集各主要成矿区（带）成果资料，对其进行综合研究整理，分类提取各种地质工作信息，并进行信息处理，综合研究各主要成矿区（带）成果，编制各主要成矿区（带）资源分布图、开发利用现状图、工作部署建议图、找矿靶区预测图。建立地质工作成果数据库，并编写使用说明书。形成以下产品。

（1）基础地质类

1）区域地质调查报告；

2）水文地质调查报告；

3）区域重力测量报告；

4）航磁测量报告；

5）地球化学图说明书；

6）相关地区的各类基础地质研究报告；

7）相关地区的各类成矿预测研究报告；

8）相关地区的各类勘查技术研究报告。

（2）矿产预查类

1）矿产调查报告；

2）各地区异常查证报告；

3）1：5万水系沉积物测量报告；

4）土壤地球化学测量报告；

5）各地区航磁（放）异常检查报告；

6）各地区物探工作报告（1：5万~1：1万）；

7）各地区矿产勘查工作报告（1：5万~1：1万）；

8）各地区基础地质研究报告；

9）各地区成矿预测研究报告；

10）各地区方法试验研究报告；

11）地质工作程度图；

12）历次矿产勘查工作成果汇总表；

13）各成矿区（带）矿产勘查工作成果资料说明书。

（3）普查详查勘探类

1）矿产调查报告；

2）各地区异常查证报告；

3）1∶5万水系沉积物测量报告；

4）土壤地球化学测量报告；

5）各地区航磁（放）异常检查报告；

6）各地区物探工作报告（1∶5万~1∶1万）；

7）各地区矿产勘查工作报告（1∶5万~1∶1万）；

8）各矿区成矿规律研究报告；

9）各矿区方法试验研究报告；

10）地质工作程度图；

11）历次矿产勘查工作成果汇总表；

12）各成矿区（带）矿产勘查工作成果资料说明书。

## 九、江苏省地质资料馆开展的开发利用工作

江苏省地质资料馆建成开通了网站，并在网站上发布馆藏地质资料目录，省内地质勘探单位保存的地质资料目录，公开类基础性、公益性的地质报告全文；建成开放了电子阅览室；编制了以馆藏资料专业分类目录和地区分类目录为主要内容的地质资料开发利用指南；编制了以区域性地质调查成果资料目录检索图为主体内容的图集；按专业分类目录框架体系，编制了馆藏各档资料内容简介及案卷组成文件级目录集；开展了地质资料数字化和涉密地质资料清理工作，使江苏馆藏地质资料公开利用率由30%飙升至82%。

## 十、青海省地质资料馆开展的开发利用工作

青海省地质资料馆开展地质资料目录数据库建库及图文地质资料数字化等工作，完善地质资料信息化管理体系，数据量达到1.5Tb；编制完成《青海省馆藏成果地质资料目录手册》和《青海省馆藏成果地质资料矿产信息查询利用服务指南》；完成"青海省矿产资源年报"的专题编制研究；完成"青海金矿地质及资源潜力评价"和"青海铜矿主要类型及找矿方向"等专题性地质资料开发，编辑出版《青海金矿》和《青海铜矿》；开展青海省金、铜地质矿产分布图信息采集和全省成矿规律图的编图工作。

## 十一、其他省地质资料馆开展的开发利用工作

安徽省地质资料馆围绕矿业权设置、储备开展了地质资料开发利用，取得了显著成果；河北省地质资料馆围绕矿产地储备开展了相关工作；山东省地质资料馆开发地质资料数据中心建设研究，已批复开展一期工作；上海市地质资料馆开展了城市三维地质空间系统研发，综合集成了各类地质资料信息，为城市规划、地铁建设和防灾提供了有力支撑。

## 十二、地质资料开发利用与服务工作存在的主要问题

虽然有上述工作成果和基础，但在地质资料信息公共服务产品开发与服务方面还存在

很多问题急需解决。

1）馆藏资源对社会公众宣传不足。全国地质资料馆及各省级地质资料馆馆藏有大量地质资料信息，但因宣传不足，社会公众对这些资源了解不够，也不知道从什么地方获取这些资源。这样就形成这样一种局面：一方面馆藏大量地质资料信息，资料利用率却很低，另一方面，社会公众却无法获取急需的地质资料信息。

据对全国地质资料馆 2008 年借阅服务情况统计，全国地质资料馆馆藏成果地质资料 107 167 种。2008 年，阅者共借阅了 10 037 种资料，仅占馆藏成果地质资料 9.4%。尚有 90% 以上的资料没有利用。且绝大多数阅者为地质科研、矿山企业用户，政府、个人用户仅占借阅量的 1%，特别是个人，2008 年仅有 16 人次到馆借阅 16 种地质资料。

2）馆藏资源检索功能不强。虽然全国地质资料馆及各省级地质资料馆均开发有案卷级目录数据库并提供网上服务，但提供的信息量仍不足，大量隐藏于文本及图件中的信息公众无法检索到，且检索手段单一，严重影响了阅者查阅资料。

3）地质资料信息产品专业性强、应用领域窄。现在开发的地质资料服务产品专业性强，多数产品仅提供地质矿产勘查人员使用，针对社会公众、企业单位、政府等用户的产品开发力度不够。

4）产品单一，综合集成度较低。现有产品多为单一性产品，没有针对特定地区、国家重大工程建设区或者重要经济区开发综合性产品，使产品的应用受到限制。

5）产品体系尚未建立。针对不同用户需求开发相应的产品的体系尚未建立。

因此，地质资料信息公共服务产品开发要以用户需求为导向，根据用户需求调整编研方法和方向，最大限度符合或满足政府、地勘单位、社会大众的需求。

# 第三节　地质资料开发利用的必要性

地质资料是地质工作者辛勤劳动和智慧的结晶，是地质工作价值的重要体现，是地质工作服务于经济社会发展、建设服务型政府的主要载体，是国土资源调查、规划、管理、保护、合理利用和国家重大工程建设的重要基础信息资源，基于这些资源做好地质资料开发利用，对于促进国土资源管理和经济社会可持续发展，促进矿业权市场的建立与完善，推动商业性地质工作的开展等具有十分重要的作用。

## 一、我国积累了丰富的地质资料信息

新中国成立六十多年来，我国地质勘查总投入 6455.6 亿元，其中进入新世纪十余年来投入 4169 亿元，占总投入的 64.58%；2006 年国务院《关于加强地质工作的决定》颁布后 4 年中，投入 2580.76 亿元，占总投入 39.8%；年钻探工作量已突破 1000 万 m，其中 2006 年为 1140 万 m，2008 年为 2013 万 m；2009 年受世界金融危机的冲击，世界矿产勘查投入大幅下降，油气勘查较上年下降 12%、固体矿产勘查下降 42%，但中国矿产资源勘查投资仍然保持了增长势头，总投入为 765 亿元，较上年增长 4%，尤其是固体矿产勘查投入 303 亿元，较上年增长 23%。

巨大的投入，形成了海量的地质资料信息，为国民经济和社会发展提供了重要基础支撑。据统计，到 2010 年年底仅全国地质资料馆和省（市、区）地质资料馆藏机构就有成果资料达 376 879 种，1900 万件；中国地质调查局经过近十年的不断努力，已建成或正在建设的地质数据库达 103 个，数据量达 120Tb。

## 二、国家十分重视地质资料开发利用

我国政府对地质资料的管理和服务工作十分重视。早在 1957 年，国务院就批准发布了《全国地质资料汇交暂行办法》。2002 年，《地质资料管理条例》的发布执行，进一步规范了地质资料的管理与服务工作。为提高地质资料社会化服务水平，2005 年 11 月 1 日，国土资源部、国家保密局联合发布了《加强地质资料社会化服务的若干规定》，2006 年《国务院关于加强地质工作的决定》中将"推进地质资料开发利用"列为新时期地质工作的六项重大任务之一，要求"推进地质资料的研究开发，充分发挥现有地质资料的作用，避免工作重复和资料浪费"。2008 年 3 月，经国务院同意，由国土资源部发布的《全国地质勘查规划》，提出要"全面整合各类地质勘查资料，推进地质资料数据产品开发和专项服务，最大限度地满足经济社会发展对地质资料的需求。"并将"地质资料开发利用工程"作为重大工程之一。贯彻国家规划部署，需要进行地质资料开发利用工作，完成国家安排的各项战略目标任务。

## 三、地质资料潜在价值巨大

地质资料是地质工作价值的重要体现，是地质工作服务于经济社会发展的主要载体。地质资料对地质找矿、环境保护和工程建设具有重要支撑作用，蕴藏着巨大的潜在价值。美国地质调查局研究表明，即使按最小价值计算，地质图的价值是填图成本的 25～36 倍。但是，我国目前地质资料工作主要是局限于保管和目录查询等告知性服务，资料利用率不高，开发利用较少，挖掘深度不够，急需开展地质资料信息公共产品开发，挖掘潜在价值，充分发挥其作用，提高服务水平。

## 四、地质资料需求巨大

当前，实现地质找矿重大突破，促进矿业发展，缓解资源约束；扩大内需促进经济快速平稳增长，开展铁路、公路、电力等重大工程基础设施建设；加强地质环境研究，促进减灾避灾；扩大就业，改善民生，建设新农村等，对地质资料服务提出了广泛需求。急需大力开发利用我国现有海量的地质资料，提供更加丰富、多元的服务产品，不断提高服务质量，满足社会需求。

## 五、地质资料服务业务基础薄弱

地质资料服务业务基础薄弱，需要开展地质资料开发利用，增加数据积累，提高服务效率。我国原始地质资料、实物地质资料还没有实现统一管理。图文地质资料数据库建设进展缓慢，全国平均水平只有45%左右。大中比例尺数字地质图空间数据库建设力度亟待加快。为矿业发展所急需的中大比例尺地面物化遥数据库，以及国家急需的油气资源系列数据库尚未开展工作。缺乏满足政府、社会公众需要的通俗化、科普化产品。有关技术标准规范不健全，需要开展地质资料开发利用，开展实物和原始地质资料研究，实现统一管理，按照统一标准建设相关数据库，增加数据积累，提高服务效率。

## 六、提高地质资料服务水平的需要

更新服务观念，改善服务方式，需要对地质资料进行开发利用，提高服务水平。2002年颁布的《地质资料管理条例》（国务院令349号），确立了"统一汇交、公开利用和权益保护"三项基本制度。但是，目前"重收藏、轻利用，重保管、轻开发"的传统思想仍然不同程度地存在，缺乏现代营销模式，产品服务方式单一，服务方式和技术手段较落后。网络服务的信息量少和质量低。从中美两国地质调查局的网站2001～2005年的访问量对比来看，同一时段内美国地质调查局网站访问量大约是中国地质调查局网站访问量的600倍。面对这些情况，需要开展地质资料开发利用工作，变现在的资料保管员为资料销售员，建立全国地质资料数据统一的共享服务平台，构建客户服务计划和服务反馈机制，主动开展地质资料数据的社会化服务。

## 七、避免重复工作，提高地质工作效率

《国务院关于加强地质工作的决定》简称《决定》将"推进地质资料开发利用"列为新时期地质工作的六项重大任务之一，明确提出"建立健全地质资料信息共享和社会化服务体系，加快利用现代信息技术，建设国家地质资料数据中心和全球矿产资源勘查开采投资环境信息服务系统"。落实《国务院关于加强地质工作的决定》精神，加强地质工作，需要充分开发地质资料潜在价值，避免重复工作，减少浪费，促进地质工作更好地服务于经济社会发展方方面面。

# 第四节　地质资料的价值与功能

## 一、地质资料的价值

### 1. 地质资料价值的概念

地质资料价值是指地质资料对从事地质调查、矿产勘查、地质科学研究及其他工作的机构、组织或个人等所具有的意义。

地质资料价值是一种"意义"或"作用"，它不是一种实体概念，而是一种关系概念，表示地质资料及其属性（客体）与机构、组织或个人等资料用户（主体）之间的一

种特定关系。在这种关系中地质资料及其属性（客体）是地质资料价值的物质基础，地质资料用户（主体）及其利用需要，则是地质资料价值得以产生和体现的必要条件。地质资料价值概念包含了客体、主体及连接客体与主体的中介物——地质工作三个方面。

地质工作，是连接地质资料客体与主体及其需要所构成的价值关系的中介。地质工作一方面产生对地质资料的利用需要，另一方面又联结地质资料客体和主体及其需要，使两者相互作用，从而把潜在的价值关系转变为现实的价值关系。地质资料价值，即地质资料客体对主体的意义，是通过地质工作体现出来的，并且最终也是地质工作促成了地质资料价值的实现。

## 2. 地质资料的价值形态

地质资料的价值形态，实际上就是地质资料价值所具有的不同的性质及其表现形式。研究地质资料的价值形态，对正确理解和把握地质资料价值有重要的理论和实践意义。地质资料价值具有不同的表现形式。

1）地质资料的第一价值和第二价值。从用户对地质资料的关系来分析，地质资料价值可划分为第一价值和第二价值两种形态。第一价值，是指地质资料对于其形成者所具有的价值；第二价值，是指地质资料对社会，即除地质资料形成者之外的其他用户所具有的价值。第一价值和第二价值的划分，有助于把握地质资料发挥作用的规律性，做到地质资料既为其形成单位服务，又能为社会广大用户服务，充分发挥地质资料的社会效益和经济效益。

2）地质资料的现实价值和历史价值。从地质资料所具有的时间意义或时间性质分析，地质资料的价值有现实价值和历史价值两种价值形态。

地质资料的现实价值是指地质资料对现行的地质工作所具有的现实使用价值。现行价值既包括对资料形成单位，也包括对其他单位的地质工作所具有的价值。地质资料的历史价值，是指某些地质资料的使用价值其时效性可以扩展到未来一定的年限，具有长远的保存和利用价值。

3）地质资料的凭证价值和技术参考价值。根据地质资料价值的使用性质，地质资料价值可划分为凭证价值和技术参考价值两种价值形态。

地质资料是在地质工作过程中对地质现象的客观描述，是第一手材料和原生信息。同时，地质资料上保留了真切的历史标记，如签名、印章等，可以为保护合法权益、追究事故责任、奖惩有关人员等提供有效的依据。因此，地质资料具有凭证价值。

地质资料的技术参考价值，是指地质资料的内容所具有的交流、参考价值，它是相对于地质资料的凭证价值而存在的一种价值形态。地质资料以其原始性和可靠性的特点，使其具有重要的广泛的参考作用，构成了地质资料的技术参考价值。

4）地质资料的利用价值和保存价值。地质资料的利用价值，是指地质资料对用户的使用价值。研究地质资料利用价值的具体内容和形式将有利于深入认识地质资料价值，从而有助于指导地质资料开发工作。

地质资料的保存价值，是指地质资料是否具有保存的意义。地质资料的保存价值在地质资料价值鉴定工作中的具体反映或形式，是以保存时间长短体现出来的。因此，从这个意义上说，地质资料的保存价值也就是指地质资料具有利用价值的时间限度，保存价值的外在体现就是地质资料的保管期限。

## 二、地质资料的功能

地质资料是一种特殊的科技档案，其既有科技档案的通用属性和功能，又具有形成成本高、应用范围广、可反复利用等独特特性。地质资料的主要功能有：知识积累与储备功能、可开发功能、经济功能、社会功能、原始记录功能、历史再现功能和情报功能等。

### 1. 知识积累与储备功能

地质资料直接记录了地质调查、矿产勘查、科学研究等地质工作的过程、经验和成果，既有野外调查过程中形成的原始记录（原始地质资料），也有野外工作采集的地质资料实体（实物地质资料），还有经过科技人员综合整理、分析研究形成的推论、推断等知识性成果资料（成果地质资料），因此，每份地质资料都承载着地质工作者的智慧和创造，包含了很多科学信息，是科学知识和科技经验的有效积累与储备。

### 2. 可开发利用功能

由于受时代、科技发展水平、认识的渐进性、地质工作投入强度和地质工作者的水平等条件的限制，每一份地质资料都存在认识得不全面及结论的不准确性，也就包含了许多尚未被完全认识的科学信息。因此，地质资料具有科学上的不完整和可探索性，这既是地质资料巨大潜在价值的体现，也是地质资料开发利用的基础。

### 3. 经济功能

地质工作不同于其他一般性的建设工作，投入大量人力物力后可形成可见的、现实的成果，如楼房、铁路、港口等，地质工作形成的成果就是地质资料信息，因此，地质资料信息蕴含有巨大的经济功能。地质资料的经济功能分两类：直接经济功能和潜在经济功能。直接经济功能指地质资料形成时的经济功能，如矿产勘查工作形成的矿产勘查报告，是开发矿业最基础和最重要的信息载体，这种信息具有显著的、直接的经济功能；潜在经济功能是指地质资料形成后至相当长时期内的经济功能，如区域地质调查报告，在其完成后的相当长时期，均具有重要的参考价值，其中蕴藏着巨大的潜在价值。

### 4. 社会功能

地质资料蕴藏有丰富的信息，包含矿产、水文、环境、地球物理、地球化学、地理、天文、生物、气候变化等多个学科领域，可广泛应用于矿产勘查开发，地质灾害预防与治理，工程建设，环境变化与生命演化研究等各个领域。不同的部门、行业可以从不同的角度解读同一份地质资料，可以提取出对本领域有用的信息，服务于社会各领域、各方面，因此，地质资料信息是公共产品，具有服务社会的功能。

### 5. 原始记录功能

地质资料特别是原始地质资料、实物地质资料是地质工作的客观真实记录，不是听凭人们的主观意愿而随意编写的，因此，地质资料具有原始记录的功能。

如地质工作中采集的岩心、样品等实物地质资料，限于认识水平或仪器测试精度等因素，当时没有测试或发现某种矿产或其他信息，以后可以对这些样品或岩心进行重新化验和研究，因此，地质资料具有原始记录功能。

### 6. 历史再现功能

地质资料，特别是原始地质资料、实物地质资料如实地记录或保存有地质工作时的信息。数十年来的人类活动，特别是高强度的矿业开发和工业化生产，极大地改变了地球表层的土壤、水体等环境。为研究地球的本底环境，只能研究地质资料所记录的信息，或对保存的实物地质资料进行重新测试或研究。因此，地质资料有着无法替代的历史再现功能。

### 7. 情报功能

地质资料的情报功能是指地质资料的内容信息在科技、生产活动中所具有的参考价值和科技交流作用。地质工作是一项循序渐进的探索性工作，要求地质工作者准确掌握前人在本区域的各项地质工作成果。因此，只有查阅、研究前人形成的各种地质资料信息，掌握以往的工作成果，在前人的工作基础上研究部署下步工作，才能防止浪费和重复工作，提高工作效率和研究水平。

# 第五节　地质资料开发利用内涵

地质资料具有实体和内容信息双重属性，实体是指纸张、胶片、磁带、光盘、岩心、样品等物质材料，是地质资料内容信息的载体；内容信息是依附于地质资料实体存在的科学知识，可以借助一些媒介、方式和手段脱离其实体存在而单独发挥作用。地质资料管理的是地质资料实体，但管理的目的是地质资料内容信息的开发与利用。地质资料实体管理是基础，没有地质资料实体管理的支撑，地质资料内容信息的开发利用、地质资料在社会中发挥作用的目的就无法实现。因此，地质资料管理的整个过程按先后顺序可划分为两个阶段，分别为地质资料实体管理、地质资料开发利用服务。实体管理包括地质资料的接收、整理、保管、统计等，开发利用包括编目、检索、编辑、研究及各种方式的利用工作。

## 一、地质资料开发利用的含义

地质资料开发利用就是以提供方便、快捷、高效的服务为目的，以地质资料用户需求为导向，以已经取得的地质资料信息为基础，运用新理论、新技术、新方法、新手段，进行聚类、挖掘、集成，为政府、企业、社会大众及地质科研等用户，提供特定区域内关于地质、矿产、环境、工程和地质科研的价值信息的过程。这一概念，包含以下内涵。

1) 地质资料开发利用的主体是地质资料管理部门、馆藏机构及其工作人员。

2）地质资料开发利用的对象是指经过条理化、系统化并保存起来的馆藏地质资料。地质资料实体的有序化和科学管理，为地质资料开发奠定了良好的基础。服务是其目的。

3）开发利用地质资料信息要采用专业方法与现代化技术相结合的方式，我们既要采用现代化技术手段，对地质资料信息进行采集、加工、存储和传输，又要继承和发扬传统的、专业的开发地质资料信息的方法，并将二者有机结合起来。

4）地质资料开发利用的基础是馆藏的地质资料，而不是重新开展地质工作获取地质资料。

5）地质资料开发可以认同为编研。有人认为检索也是开发利用的一种方面。检索是对地质资料进行著录、标引，建立检索系统，将地质资料信息存储在一定的载体上，即地质资料信息的检索工作，是对地质资料中有用信息的浅加工，档案学这一工作属于著录过程；编研是指根据社会需求，将地质资料中的有用信息进行系统化、有序化，制成专题服务产品，是对地质资料中有用信息的深加工。

6）馆藏地质资料是处于静态的地质资料信息，经过对其中有用信息的采集、加工、存储后，需要正常输出传递给用户，以满足用户的需要，即地质资料信息的服务工作。

7）新的技术、理论、方法是开发利用的关键，对于重新认识地质资料尤其是实物资料有重要作用。

## 二、地质资料开发利用的意义

地质资料开发利用是实现地质资料自身价值的根本途径，是提高地质工作效率和研究水平的重要支撑，也是发展地质资料事业的需要。

### 1. 地质资料开发利用是实现地质资料自身价值的根本途径

地质资料是国家宝贵的信息资源，内容涉及矿产、水文、环境、地球物理、地球化学、地理、天文、生物、气候变化等多个学科，在社会经济建设的方方面面有重要的利用价值。但地质资料除一般信息的共性外，还具有以下特性：①分散性，地质资料是地质工作者在地质调查、矿产勘查、地质科学研究中，按生产的时间顺序自然形成的，有用信息分散于全国数十万种地质资料中，地质资料形成者形成地质资料的目的与用户利用地质资料信息的目的并不一致；②地质资料信息的历史性，地质资料是历史的沉淀物，代表地质资料形成时代的理论认识和科技水平，与用户的现实有一定的时间距离，正是这种时间距离，使地质资料信息具备了回溯性特征；③原始性，地质资料是用文字、图表、声像、电磁介质、岩矿芯、各类标本、光薄片、样品等形式对某一项地质工作活动所做的最原始最直接的记载，具有凭证和情报价值。这些特性决定了地质资料信息的开发利用，并不是简单地打开库房变成阅览室就行了，而是要对地质资料中记录的各种信息进行分析、整理、归纳、加工，从原始的、分散的、杂乱的地质资料中提炼出真正对现实有用的东西。因此，只有对地质资料信息进行开发，加工成地质资料信息产品，使其为用户所用，才能产生新的生产力、新的知识、新的社会效益和经济效益，体现其自身的价值。

**2. 地质资料开发利用是提高地质工作效率和研究水平的重要支撑**

地质工作是一项循序渐进的工作，任何新的地质项目都要在已往工作的基础上进行部署。只有通过地质资料开发利用，认真查阅、研究前人形成的各种地质资料信息，提取有用信息，掌握以往的工作成果，才能再研究部署下一步工作，防止浪费和低水平重复。同时，通过地质资料开发利用，还可以详细了解前人工作情况，分析前人工作的成败得失，总结经验教训，指导下步工作的开展。

**3. 地质资料开发利用是发展地质资料事业的需要**

只有持续不断地开发利用地质资料，使"死资料"变成"活信息"，提供给用户广泛地、反复地、多角度、全方位、连续不断地利用，才能充分发挥地质资料的参考、研究作用，才能增强社会大众的地质资料意识，取得领导的重视和社会各界的支持，为地质资料工作发展创造良好的外在氛围。因此，地质资料开发利用是地质资料事业的生命与活力所在，是发展地质资料事业的必备条件。

## 三、地质资料开发利用与服务的主要任务

### 1. 加强地质资料服务开发，提高服务水平

加强地质资料的深度开发，充分运用现代理论、方法和技术，开展综合分析研究，提高对以往地质工作的研究水平，开发系列地质资料目录检索产品和综合评述产品，提取资料核心信息，盘活各类地质资料，大幅度提高地质资料社会化利用水平和利用效益，为经济社会发展提供广泛的服务，为政府规划、管理提供基础技术支撑。

### 2. 加强地质资料挖掘开发，提取资料有价值核心信息

开展重点成矿区带及油气盆地和含煤盆地、重点经济区、生态环境脆弱区、重大工程建设区和重大地质问题区等的基础地质、矿产地质、环境地质等各类地质资料的深度挖掘，总结地质规律，开发区域地质图系列产品、基础地质数据产品、矿产地质数据产品、地球物理及地球化学数据产品、灾害环境地质产品、农业地质产品、城市地质产品等数据资料，充分发挥现有地质资料的作用，避免工作的重复和资料的浪费，为区域经济发展、资源勘查开发、工程建设选址和生态环境保护建设等提供科学依据。

### 3. 加强地质资料集成专题开发，提高综合研究成果

针对国家工业结构和布局调整、城镇建设、发展高效农业等需求。强化地质资料的综合研究，推进原始地质资料和实物地质资料的开发利用。遵循市场经济的原则，依法开放相关地质勘查成果信息，吸引社会投资参与地质勘查信息资源的开发和利用。开发公开性资料数据产品、科普类数据产品和网络版地质调查成果产品。实现地质资料集群化、产业化。

## 4. 建设地质资料数据库，增加数据资源

为了增加数据资源按照统一标准对各类资源进行统筹规划，完成馆藏 5 万档重要成果地质资料的图文数字化，建立国家馆藏重要成果地质资料图文数据库。开展国家重要钻孔地质资料数据库建设，建设原始及实物地质资料目录数据库，开展服务；增加数据积累，为提供高效服务打好基础。

当前，面向政府宏观管理、重要矿产资源勘查区、重要经济区或重点城市开发系列专题服务产品和动态服务系统；面向社会化服务开发包括区域地质、基础地质、矿产资源、水文地质、环境地质、物探、化探、遥感、地学科普等领域的权威、公益性服务产品是地质资料开发利用的重点。

# 四、地质资料开发利用的原则

地质资料开发利用的主要原则有馆藏基础原则、信息有序化原则、信息激活原则、社会服务原则、保密原则、成本控制原则等。

## 1. 馆藏基础原则

以本馆所收藏地质资料为基础，从本身的实际出发，因馆制宜，突出馆藏特色，扬长避短，最大限度地发挥馆藏优势。

## 2. 信息有序化原则

信息有序化是将蕴藏在各种地质资料中的处于分散、杂乱、不系统、不集中状态的有用信息，经过采集和加工处理，变成集中、系统、有序的信息。地质资料信息的有序化，是为用户提供信息查找入口处，并把这些入口处集中在一起，架起一座地质资料信息与用户之间沟通的桥梁，即建立检索系统——目录、索引、数据库等。地质资料信息有序化，是开发地质资料信息的基础和前提，将大大提高利用地质资料信息的效果。

## 3. 信息激活原则

信息激活是地质资料开发的最基本和最高的目标性原则，是把地质资料中有用的潜在信息挖掘出来，并及时提供给用户。信息激活的方法包括信息的分解和析出、信息的浓缩和提炼、知识的归纳和总结等。信息的分解和析出是指将地质资料中的许多信息单元及数据分解开来，单独析出，最大限度地提取地质资料中的信息并充分揭示出来，为用户所用，将潜在的、处于休眠状态的"死信息"变成可用的"活信息"，以实现地质资料的价值；信息的浓缩和提炼是将分散、杂乱的地质资料信息，经过筛选、分析、加工处理，形成浓缩的或提炼成新的信息，为用户提供系统化、专题化的地质资料信息；知识的归纳和总结是在对某一专题的地质资料信息进行收集、整理、分析研究的基础上，将分散杂乱的信息，去粗取精，去伪存真，由此及彼，由表及里，加以逻辑推导、综合归纳、总结评价，以成果的形式提供给用户，这种信息成果的价值将大大超过分散在地质资料中信息价

值的总和。

### 4. 充分利用原则

充分利用原则要求在地质资料开发利用中找到并适应不同的用户，充分发挥检索和信息传输系统的功能，引导与帮助用户在有限的时间内能方便快速地获得更多的地质资料信息，以实现地质资料信息充分利用的目标。

### 5. 用户需求原则

满足用户的利用需求是地质资料开发利用的宗旨，地质资料开发利用必须紧密围绕用户及其利用需求展开。

### 6. 保密和知识产权保护原则

地质资料开发利用从选题、加工信息，直至编研成果的传播，涉及技术、经济等各种利益关系。要充分考虑地质资料的保密性和地质资料的著作权、专利权保护。对涉及国家秘密的地质资料要严格按规定授权用户使用，对处于保护期的地质资料，只能在保护期满或经作者同意后才能进行开发利用。

### 7. 经济效益与社会效益结合原则

地质资料开发利用，必须兼顾经济效益和社会效益，做到社会效益与经济效益并重。

## 五、地质资料开发利用方法

地质资料开发利用的实质是对地质资料中有用信息的识别和加工。识别是指通过著录和文本挖掘等手段，将有用信息从地质资料选择出来并进行存储，识别和存储的信息仍处于分散和无序状态。加工是按照一定的需求，对识别出来的信息进行综合、分析、归纳和总结，将分散、无序的信息有序化和系统化。主要方法有：著录、文本挖掘、检索系统建立、集成编研、多元信息复合、实物资料再利用等。

### 1. 著录

著录是对档案的内容和形式特征进行分析选择和记录。地质资料的著录是在对地质资料的内容特征准确地分析和判断的基础上，运用检索语言将主题概念转换成规范化的检索标志。

### 2. 文本挖掘

开发数据挖掘平台，将文本描述中的有用数据信息、或文档的数据表格通过算法标示出来，建立文档内部、文档之间的联系，用户可根据各自需求，提取挖掘有用信息。

### 3. 编制检索工具

编制检索工具是对著录后形成的地质资料（案卷级或文件级）加以系统排列。手工检索即形成卡片式或书本式目录，计算机检索则将条目输入计算机，建立计算机数据库。

### 4. 综合集成

单一的地质资料由于受到地质工作时期、阶段、资金投入、工作区范围和当时的地质科技水平、主要地质人员技术水平的限制，所包含的信息有限，也可能不全面、不准确甚至不正确，直接利用价值较低。将特定区域内、分散在不同馆藏机构的不同时代、不同单位、不同工作方法的地质资料进行集成，并加以分析、研究、提取，将原来用途单一、信息分散、认识不一致、工作区面积不一的多种地质资料编制成多用途、多功能的复合型地质资料信息，可极大地扩大地质资料的应用领域，提高地质资料的使用效率，使地质资料的潜在价值得到充分发挥。

根据生产经营和经济活动中的特定要求，可以针对国家重要经济区、重要成矿区、重大工程建设区、重大地质灾害区、重要地质问题区编制综合或单一的基础地质、矿产地质、地球物理、地球化学、水文地质、工程地质、灾害地质、环境地质、农业地质、城市地质、旅游地质等系列地质资料产品。为国家经济区划、土地规划、重点工程建设、地质灾害预防与治理等提供基础信息。也可为国家地质工作规划与部署提供依据，避免重复工作，提高地质工作效率。

### 5. 多元信息复合

将不同专业、不同方法手段、不同时期形成的地质资料进行叠加，综合分析研究，通过多种信息资源的叠加，找出内在规律，得出新的地质认识。如将一个区域内的基础地质、矿产地质、地球物理、地球化学、遥感地质、自然重砂等系列地质资料进行叠加，综合分析研究，可以总结区域成矿规律，进行成矿预测。

### 6. 实物资料再利用

地质工作中形成了许多实物地质资料，如岩矿心、样品等，这些实物地质资料具有客观性、真实性和唯一性，是了解、研究、解决地学问题和地质找矿的第一手资料，对避免重复工作、提高勘查效率、降低投资风险具有重要的经济价值和科学研究价值。特别是随着科学技术如化验测试技术、选矿技术的进步，一些潜在的新矿种、新资源产地或因技术落后被丢失的找矿信息，利用实物地质资料可快速、高效、经济地被发现与评价。

如辽宁有色地质局 103 队，在对青城子铅锌矿区及外围成矿地质条件进行综合分析的基础上，提出青城子矿田及外围"内铅锌外银金"的成矿元素及矿床分带模式。按这一思路，于 1990～1991 年对 20 世纪 50 年代以来采取二百多个钻孔的岩心进行重新观察、取样化验，发现了高家堡子大型银矿床、小佟家堡子大型金矿床、杨树金矿床、三道沟大型银矿床、湾地沟中型银矿床、白云金矿。其中，林家三道沟和湾地沟金矿床提交金资源量 182.93t，伴生银金属量 434.15t；白云三道沟提交铅锌多金属矿石量 333 万 t，金 20.19t。

# 第六节　地质资料服务产品

## 一、地质资料公共服务产品

### 1. 公共服务产品理论

根据公共经济学理论，社会产品分为公共产品和私人产品。按照萨缪尔森在《公共支出的纯理论》中的定义，纯粹的公共产品或劳务是这样的产品或劳务，即每个人消费这种物品或劳务不会导致别人对该种产品或劳务的减少。而且公共产品或劳务具有与私人产品或劳务显著不同的三个特征：效用的不可分割性、消费的非竞争性和受益的非排他性。而凡是可以由个别消费者所占有和享用，具有敌对性、排他性和可分性的产品就是私人产品。介于二者之间的产品称为准公共产品。

效用的不可分割性是指私人产品可以被分割成许多可以买卖的单位，谁付款，谁受益。而公共产品是不可分割的，以国防、外交、治安等最为典型。

受益的非排他性是指私人产品只能是占有人才可消费，谁付款谁受益，然而，任何人消费公共产品不排除他人消费（从技术加以排除几乎不可能或排除成本很高），因而不可避免地会出现"白搭车"现象。

边际生产成本为零是在现有的公共产品供给水平上，新增消费者不需增加供给成本（如灯塔提供的导航服务等）。

边际拥挤成本为零是任何人对公共产品的消费不会影响其他人同时享用该公共产品的数量和质量。个人无法调节其消费数量和质量。（如不拥挤的桥梁、未饱和的 Internet 网等）。

边际拥挤成本是否为零是区分纯公共产品、准公共产品或混合产品的重要标准。

根据西方经济理论，由于存在"市场失灵"，从而使市场机制难以在一切领域达到"帕累托最优"，特别是在公共产品方面。如果由私人部分通过市场提供就不可避免地出现"免费搭车者"，从而导致休谟所指出的"公共的悲剧"，难以实现全体社会成员的公共利益最大化，这是市场机制本身难以解决的难题，这时就需 政府来出面提供公共产品或劳务。此外，由于外部效应的存在，私人不能有效提供也会造成其供给不足，这也需政府出面弥补这种"市场缺陷"，提供相关的公共产品或劳务。

### 2. 地质产品或服务的类型和供给方式

运用公共产品理论，结合地质工作的产品特点，可以将地质产品分为纯公共地质产品、准公共地质产品和非公共地质产品。以区域性地质调查产品和矿产勘查产品为例做深入分析。区域性地质调查目的是提供满足公共需要的基础地质信息，产品具有非竞争性和非排他性，属于纯公共地质产品；区域性矿产资源调查目的是提供后备勘查基地，产品可以部分地具有竞争性或排他性，具有准公共产品的性质；一般地面上的为提供后备勘查基地的地质产品具有准公共产品的特点。一旦设置了探矿权，地质产品就具有完全的排他性和竞争性。因此，矿权的设置是区分地质产品性质的重要标志。预查及工作程度更高的设置了矿权的矿产勘查产品，都应视为非公共地质产品。由此可见，从区域地质调查工作到区域矿产资源调查，再到预查、普查、详查、勘探，随着地质工作程度的深入，其产品性质也发生纯公共地质产品—准公共地质产品—非公共地质产品转变，是否设置矿权是区别公共地质产品和非公共地质产品的一个标志性条件。由于矿产勘查具有高风险性，探矿权人对经过勘探投入证明没有开采价值的矿产地放弃矿权，非公共地质产品又转化为准公共地质产品。因此地质勘查工作的风险性决定了地质产品有可能从非公共产品转化为公共产品。地质资料就是地质产品之一，也同样可以用公共产品理论进行分析。

随着我国社会主义市场经济体制的逐步建立与完善，市场对资源配置的基础性作用越来越重要。地质工作不可能游离于市场规则之外，地质产品具有价值和使用价值，地质产品的生产和利用也必须遵循客观经济规律。地质产品一般具有知识产品的特点，单靠市场调节难以实现资源的有效配置，国家财政有必要介入地质产品的提供。国家财政投入地质工作有两方面依据：一是提供纯公共地质产品和准公共地质产品的目的，由于纯公共地质产品和准公共地质产品的提供存在市场失灵，采用政府供给的方式具有高效率；二是为了实现国家战略目标，如快速缓解资源紧张局面，保障资源安全，扶持勘查和矿业发展等，国家财政可以投入某些非公共地质产品。但这种投入是一种宏观调控手段，其目的是引导和促进市场而不是代替市场提供非公共地质产品。国家财政资金介入非公共地质产品生产要遵循市场经济规律，要采用与公共产品不同的运作方式进行管理和组织实施，正确处理好各种利益关系，实现国家战略目标。我国矿业的最终繁荣要靠充分发挥市场的作用。

### 3. 基于公共产品理论的地质资料分类

按公共产品理论和对地质产品的理解，可将地质资料划分为以下三类，三者区分的标志是竞争性与非竞争性，而不是由谁出资。

（1）公共地质资料产品

公共地质资料产品具有效用的不可分割性、非竞争性、边际生产成本和边际拥有成本均为零。可以提供给政府、企业和社会公众广泛使用。

国家出资进行的基础性、公益性地质工作形成的地质资料属公共地质资料产品，如各种比例尺的区域地质图及其说明书、区域地球物理图及其说明书、区域地球化学图及其说明书、水工环地质图及其说明书、地质灾害勘查、地震调查报告、多数地质科学研究报告等。

（2）非公共地质资料产品

非公共地质资料产品具有效用的可分割性，谁出资谁受益，明显区分于公共地质资料产品，但由于地质资料国家所有，所以非公共地质资料产品也不具有私人产品的特性，它是在一定期限内由私人或企业独自使用的产品。

私人或企业在其所拥有的探矿权采矿权范围内由自己出资进行地质工作形成的地质资料属非公共地质资料产品，在地质资料保护期内，只能由探矿权采矿权所有人使有，但仍需依规定向国家汇交。其核心是排他性。

（3）准公共地质资料产品

准公共地质资料产品的特性介于公共地质资料产品和非公共地质资料产品之间国家出

资进行的矿产勘查工作所形成的地质资料。这类产品国家可以开放为公共地质资料产品，提供给社会大众使用，也可以通过拍卖、转让给特定部门或企业、个人转化为非公共地质资料产品。

## 二、地质资料服务产品分类

对地质资料进行系统分析，提取有用信息，可加工形成地质资料服务产品，按地质资料产品开发的层次，可以分为查询服务类产品、数据提取挖掘类产品、综合集成产品和数据库产品。

### 1. 查询服务类产品

地质资料检索工具是记录、报道、查找地质资料的手段，是开发地质资料信息的工具。记录是指登记馆藏地质资料的内容和外形特征、档号、存放地址等；报道是向社会和用户介绍馆藏地质资料，供用户选择和使用；查找是指为用户提供的检索途径，把用户所需要的地质资料迅速、准确地提供出来。记录是基础，报道、查找是手段，目的是识别和检索地质资料。

查询服务类产品按载体形式、编制方法、功能等可进一步划分。

（1）按载体形式分类

按载体形式可分为书本式检索工具、卡片式检索工具和机读式检索工具。

1）书本式检索工具，是指将地质资料著录条目按一定顺序编排印制成册的检索工具形式，此形式的特点是编排紧凑、体积小、便于保管、易于交流传递和成本较低的特点。

2）卡片式检索工具，是指将地质资料检索信息著录在卡片上，按一定的顺序排卡形成的检索工具形式。卡片式检索工具有编排灵活、易于调整和补充、便于积累、编制方便和使用效率高的优点。

3）机读式检索工具，是指将地质资料著录条目以一定的数字格式记录在计算机的存储介质上，由计算机识别、整理、查找、输出的检索系统。机读式检索工具具有存储密度大、查找速度快、容易修改和调整、便于进行检索信息的迁移、可以进行联机检索、检索效率高等优点。

（2）按编制方法分类

按编制方法以可分为目录、索引、指南等。

1）目录，是将地质资料的著录条目，按照一定的次序编排而成的检索工具，有分类目录、主题目录、专题目录等，也可分为案卷级目录、文件级目录等。

2）索引，索引是将地质资料中所反映的某些特征分别摘录、注明出处，以一定的顺序编排而成的检索工具。索引与目录没有严格的界限，一般的区分方法是，目录条目的著录项目比较完整，对地质资料的内容和形式特征有较为全面、系统的描述，索引则是对地质资料的某一部分特征进行著录，著录项目简单。

3）指南，是以文章叙述的形式，综合介绍地质资料情况的一种检索工具，有馆藏指南、专题指南等。可包括特定时期地质资料介绍，如新中国成立前形成的地质资料、外国人在中国进行地质调查形成的地质资料等；具有特殊意义的地质资料介绍，如著名地质学家形成的地质资料、具重要历史价值的地质资料、外文地质资料等。

4）图集，是以图集的形式，实现地质资料信息与地质构造、地理位置的有机结合，综合介绍地质资料情况的一种检索工具，具有直观、快捷的特点。可按专业、资料类别分别编制，如区域地质矿产调查检索图集、区域水工环调查检索图集、区域物化遥调查检索图集等，或开发基于 Google 的地质资料查询平台等。

（3）按功能分类

按功能可分为查验性检索工具和馆藏性检索工具。

1）查验性检索工具，是指反映地质资料的内容和形式特征，专门针对利用需求而编制的检索工具，其检索功能强，是地质资料检索工具的典型形式。

2）馆藏性检索工具，是反映地质资料收集和整理状况的各种登记簿，具有一定的检索功能，多在地质资料馆内部使用。

## 2. 数据提取挖掘类产品

对馆藏地质资料进行充分分析，根据社会需求，挖掘提取地质资料中有用的关联信息，按有关规则展示给用户的一类服务产品。

数据提取挖掘类产品主要包括以下 7 种。

1）成果摘要介绍。提取新近汇交的成果报告摘要，编制摘要介绍手册；

2）多个报告某一类信息综合提取与挖掘。如根据馆藏资料编制铁矿分布报告，汇总全部矿产类型、矿产储量、工作量等；

3）同一区域报告的结论提取与汇总；

4）系列地质工作程度图；

5）统计分析该区域投入的主要实物工作量；

6）统计分析该区域探明的各类矿产资源/储量及取得的主要地质成果；

7）对区内已有地质资料综合评述。

## 3. 综合集成类产品

综合集成类产品是将不同专业、不同方法手段、不同时期形成的地质资料信息进行叠加，进行综合分析研究，找出内在规律，得出新的地质认识。根据生产经营和经济活动中的特定要求，可以针对国家重要经济区、重要成矿区、重大工程建设区、重大地质灾害区、重要地质问题区编制综合或单一的基础地质、矿产地质、地球物理、地球化学、水文地质、工程地质、灾害地质、环境地质、农业地质、城市地质、旅游地质等系列地质资料产品。如将一个区域内的基础地质、矿产地质、地球物理、地球化学、遥感地质、自然重砂等系列地质资料信息进行叠加，综合分析研究，可以总结区域成矿规律，进行成矿预测。综合集成类产品主要包括以下 3 种。

1）重要成矿区带、行政区综合地质资料分析、地质图、成矿规律总结、成矿预测等；

2）重大自然灾害区地质资料分析、地质图、说明书；

3）国家重大工程建设区地质资料数据库、地质图、说明书等。

通过集成编研，为地质工作部署提供支撑、为在该区域从事地质工作的人员提供全景式的地质资料，对于减少工作重复浪费及快速开展地质工作具有重要意义。

由于受地质工作时期、阶段、资金投入、工作区范围和当时的地质科技水平、主要地质人员技术水平的限制，地质资料，特别是实物地质资料和原始地质资料中蕴藏有丰富的、当时未能被利用的地质信息。全面检索、系统挖掘提取特定区域和特定时期的地质资料信息，对发现新矿种、新的矿床类型及低品位矿石、难利用矿石的重新利用有重要作用。

### 4. 数据库产品

随着地质资料信息化工作的深入开展，我国已利用地质资料建立数十种数据库，如全国基础地质数据库、全国矿产地数据库、遥感影像数据库、重力数据库、航空物探数据库、地球化学数据库、自然重砂数据库等。这些数据库的建立和不断完善、扩展，为地质资料信息综合编研奠定了坚实的基础。

这些数据库形成的产品主要有：区域地质调查、矿产资源勘查、水工环勘查、地球物理、地球化学、遥感影像、海洋地质、专题地质、资料图书数字化等不同类型数据库，形成数据库体系。同时对已建数据库、重大项目数据进行集成整合，建立数据更新维护机制。

# 第七节　地质资料产品模式与结构

## 一、地质资料产品模式

每一类地质资料开发利用产品都有其固定的模式，主要由产品的目的、资料源、产品开发方法、产品主要内容、产品服务对象、产品生产者、产品应用范围与领域、产品时效等组成，相当于产品的说明书。"青藏高原地质资料开发利用与服务"项目试点开发了系列产品。如：《青海省地质环境及地质灾害现状编研报告》地质工作产品，其开发模式包括以下 11 个方面。

1）开发目的：收集青海省水工环地质资料，进行综合集成，为刚到青海省开展水工环地质工作的人员服务，为政府宏观决策服务。

2）资料源：全国地质资料馆与青海省地质资料馆馆藏的各类成果、原始地质资料。

3）产品开发方法：综合集成。

4）产品主要内容：青海省水工环地质调查工作简史、水工环地质调查与研究工作成果、专项找水工作成果、地质遗迹保护、水工环地质调查成果利用社会效益评估等。

5）产品服务对象：刚到青海省开展水工环及其他地质工作的人员、政府宏观决策者。

6）产品生产者：全国地质资料馆与青海省国土资源档案馆。

7）产品应用范围与领域：主要服务于水工环地质调查、环境地质评估、地质环境保护、地质灾害防治、地下水勘查、政府规划、国土资源管理等方面。

8）产品时效：总结 2008 年以前的全部成果，对 2008～2015 年有效。

9）服务进展：主动赠送给青海省开展地质工作的人员使用。

10）服务效果评价：使用者认为开发这一产品很有必要，对工作有帮助。

11）产品印刷份次：500 本。

## 二、地质资料产品的一般结构

地质资料产品的结构对其功能与质量有重要影响，一部完整的产品应该由以下部分组成。

（1）封面

封面不仅能保护产品，更重要的是在于它揭示了开发产品的主题内容和有关事项，读者通过封面就能大体了解其主要内容，以便选择使用。封面应该反映的内容包括：准确、完整的标题，著作权人或编辑单位名称，编辑出版时间以及其使用范围和密级等事项。

（2）说明或前言

说明或前言用以阐述开发目的、信息来源、开发内容和时间范围、编排体例、开发人员、开发时间、开发中遇到特殊问题的处理，以及其他需要说明的问题。说明或前言能使利用者从总体上了解开发产品的内容、特殊意义或价值，便于正确地使用该产品。

（3）目录

目录亦称目次，它一方面固定了开发产品中所有信息单元的排列顺序；另一方面，为利用者了解与查找开发产品的内容提供了线索。

（4）正文

正文是开发产品提供地质资料信息内容的部分，为开发产品的主体。正文应该根据事先确定的编排体例，系统展示地质资料开发的各类信息。根据其信息单元的数量以及主题内容，可划分章节分别排序。

（5）附录

附录，主要用以承载与正文体裁不同的地质资料信息。如图例、图样、引文、参考文献和地质资料材料的出处等。

（6）封底

主要是开发产品的版权信息、书号等。

## 三、地质资料产品开发的流程

地质资料信息开发要遵循以下流程：选题、制定产品开发方案、查找地质资料信息、信息加工与编排、审查、提供利用。

（1）选题

选题是地质资料开发工作的首要环节，包括选择内容主题和选择适宜的服务产品类型。选题恰当与否，不仅直接影响服务产品的使用价值，而且会影响工作进程。科学的选题应该是以用户需求为导向，以馆藏资源为基础，以馆藏机构的工作能力为前提。即选题的必要性、可行性与工作人员能力的结合。

（2）制定产品开发方案

产品开发方案是组织协调整个开发工作的依据，拟定一个切合实际、比较周密的开发方案，是开发工作顺利进行的前提与保障。

方案应该明确服务产品的主题、开发的目的和要求、产品的服务对象、产品的结构和体例形式、地质资料的内容及时间范围、参加开发工作人员的组织分工、进度安排、质量保证措施等内容。

方案应当经过全体参加开发工作的人员共同讨论协商，并且征求有关领导与用户的意见，以确保方案的科学性和可行性。另外，还应注意根据工作的发展与变化，及时调整方案的内容，保证其在开发的全过程中始终起到计划、规范的作用。

（3）查找选择地质资料

根据方案的要求，紧密围绕产品的主题内容，查全、选准地质资料，是保证产品质量的关键。地质资料的选取必须要经过检索、鉴别、核实等过程，去伪存真，淘汰一般性内容，筛选出精华部分提供给用户。

（4）信息加工与编排

对选取的地质资料信息实施加工与组织，形成服务产品。

（5）审查

对服务产品进行审查，并形成审查意见。

（6）提供利用

通过公开出版、网络服务、会议散发、上门服务等形式向用户提供地质资料开发产品。

# 第八节　地质资料产品服务机制研究

地质资料公共服务机制的基本要素包括服务对象、服务提供者、服务内容（包括服务的类别和相应的有形产品）和服务方式。除上述基本要素外，还应包括技术、服务制度、政策以及服务质量等支撑要素。这些要素是使地质资料服务能够顺利、有效进行的前提条件。图2-1为各要素之间的关系。服务机制是为实现地质信息服务的目的，保证地质信息服务高效、正常运转，将各基本要素有机联系起来而建立的一系列政策、标准、管理、技术的集合。

## 一、服务对象

地质资料服务对象是指为了社会发展、经济建设的需要以及生活质量的提高需要了解和使用上述地质资料的机构、团体或个人。与资源的开发利用以及环境的管理与决策有关的政府机构、地质资料的生产机构、地学研究和教育机构、应用地学知识从事工程建设、灾害防治、环境评价等的机构和个人以及资源开发的企业等是地质资料服务的基本对象（图2-1）。

国外在扩大地质信息服务对象方面进行了多方面的努力，如美国明确提出加强对特殊

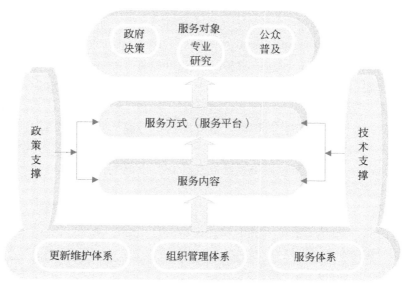

图 2-1　地质资料服务体系

人群（残疾人和原住民族）的信息服务，1998 年，美国国会修改康复法，要求联邦机构要使他们所开发维护的电子和信息技术能够被残疾人使用，包括网站的访问。2003 年，美国地质勘探局（USGS）设立了专门网页，并承诺尽一切努力保证实现政府提出的上述要求。

我国针对服务对象应该做好以下两点：第一，为一切可能的用户提供服务。由于受到保密的限制，我国地质资料的服务对象范围十分狭窄，主要是地质勘查单位、地质科研院所、地质院校和各级政府部门，而面向个人、私营企业等单位的服务明显不足。如 2010 年，全国地质资料馆共接待来馆阅者 2562 人次，其中绝大多数为政府、院校、事业单位和国有（或国有控股）企业，私营企业仅 125 人次，占全部来馆阅者的 4.88%。主要原因一是地质资料中含有大量涉密信息，限制了企业和个人的使用，二是地质资料的专业性较强，没有相应的专业知识的用户看不懂，也利用不了这些地质资料。为解决这一问题，必须对地质资料进行开发，一方面去掉地质资料中的涉密信息，另一方面将专业知识转化为通俗易懂的知识信息，使社会大众均能利用。第二，必须强化服务意识，树立"用户第一，需求至上"的原则。最大限度地满足用户对地质资料信息的需求，想方设法挖掘出馆藏地质资料中有价值的信息，激发用户的现实和潜在的利用需求，全面、及时、准确、有效地为用户服务，尽最大努力满足用户的地质资料信息需求。

各级政府及其相关部门。该类用户属管理决策型用户，需要宏观分析或统计信息，了解资源环境问题和趋势，以便进行管理决策。

地质工作单位（企业）、地学研究和教育的机构。该类用户属专业型用户，需要提供更为基础和详尽的地学资料进行复杂的专业分析和数据处理，解决实际问题。承担国家地质调查项目的工作单位，该类用户使用数据是以完成国家项目为主要目的，对数据时效性、原始性的要求更为迫切，对一些项目的阶段性成果的使用需求很大。

一般社会公众用户。多是了解性或知识普及性的个人用户。

随着经济社会的快速发展和信息技术的飞跃，地质资料的作用越来越大，其应用范围越来越广，用户的范围将不断扩大。

## 二、服务方式

地质资料服务方式是完成服务的手段，在服务活动的整个过程发挥作用，服务方式的先进程度直接反映服务水平的现代化程度，是实现有效性、便捷性的保障。在近一段时期内，仍然是传统服务方式和现代服务方式并存。传统服务方式，属人工服务。服务过程主要是通过用户和服务人员之间面对面交互作用完成的。现代服务方式，是用户借助现在发达的网络系统，利用在线信息服务交互式系统完成（或完成一部分）信息获得的方式。

## 三、服务内容

地质资料服务主要的服务内容有：地质图、地质报告、数据、出版物等。按学科可分为基础地质、矿产资源、环境、古生物、农业等；按产品形式可分为纸质、数据产品等。西方发达国家和一些著名企业地质资料信息服务内容值得我们参考。

### 1. 美国

美国地质调查局主要服务于社会，为本国的公民及全世界的各种组织团体提供可靠的、公平的信息。开发的地学产品主要有：地图、地学数据、航空图片、出版物、科普产品等。①美国国家图集：开发始于1970年，1981年建成全国统一的数字线划图集，1993年成为基于GIS的图集。并不断更新；包括11个大类：地理、农业、生物、气候、环境、地质、交通、人、历史等。其中的地质专题2006年约60个图层，主要有：综合地质图、第四纪、断层、晕渲地形图、煤田、大陆划分、喀斯特地貌、工程、地震、滑坡、区域事件、磁场、矿物作用（农业、建筑等）、矿山、海洋、地表矿床和材料、水文与水资源信息等信息。国家地图集的信息更新增加很快，到2006年4月各类图层已达1700多个。②华盛顿特区的 All in One：150个图层，包括基础地理、行政、商业与经济、文化与社会、人口统计、教育、环境、建筑与公共设施、地点与场所、规划、土地利用与分区、房地产、公共安全、卫生与健康、历史、交通、通信和娱乐等。③美国地质调查局还推出实时信息服务。2005年5月美国地质调查局的网站改版，将实时信息的提供放在首页，将美国地质调查局周期性或连续在野外测量的被监测对象的实时信息提供服务。包括地震、滑坡和火山等灾害、水的流速流量、水质、水位以及国家地磁计划的观测数据等。运行在 Internet 上的地震服务器显示7天内大于1级的地震，新的地震每个小时定位1次；重点地区或重要设施如加利福尼亚活动滑坡以及高速公路等的滑坡实时监测，监测信息包括降雨、压力传感器的地下水数据、移动传感器的移动数据、地震检波器的震动数据。数据每15分钟采集一次并进行显示；美国国家水资源数据每15~60分钟现场存储，每1~4个小时向美国地质调查局传送。大约110个网站（国家、州不同种类）发布水的实时监测数据。

## 2. 加拿大

加拿大地学产品分为公益性调查生成的地学产品和商业性调查生产的地学产品，商业性生产的地学产品由企业或个体按市场规则出售或提供服务，而联邦和省级调查机构生产的地学产品则由政府主动向社会公众发布。联邦地质调查局开发的产品有：陆地与海域的地质构造图、各种比例尺的地质调查图、矿产资源调查成果、灾害与环境地质调查成果、全国各类地学数据库等。省级调查机构开发的产品有：矿产资源分布特征数据、岩石标本、矿床和大比例尺区域填图、矿产资源评价成果等。加拿大地质资料产品的数字化程度都比较高，这主要是由于计算机技术、网络技术以及相关的信息处理技术广泛应用于其地调工作中，而且对以往生产的非数字化成果进行了全面的数字化处理。随着公众对地质服务需求的提高，加拿大联邦和省级地质调查局还开发环境地质、地震、滑坡、灾害地质、磁暴、气候变化、甚至地方病等产品。

## 3. 澳大利亚

澳大利亚地球科学局建立了在线访问广泛数据和信息的通道，提供包括地名搜索，近期地震情况，在线地形图，测量图，边界图，卫星图片，矿产资源图（各矿种分布图），地球物理图（数字高程模型、区域磁异常图、区域重力异常图），地质学图（1∶25 万地质图）、索引地图（地磁勘查图、γ射线测量图、重力位置覆盖图）和在线地形 GIS 数据库，专题的地图及数据，高程数据，卫星图片数据，空中摄影，航空地球物理数据，地球物理地图/图片，地质学数据，地质学地图，海洋数据，石油数据等产品。产品类型主要是地图、图像、数据、出版物四类。

## 4. 印度

印度地质调查局开发的产品主要是地质图、地球物理图件、地球化学图件等，其出版物有《印度矿产》和《新闻》，以及不定期出版的《论文集》和《资料汇编》。

## 5. IHS 公司

IHS（Information Handling Service）能源集团是一家全球能源咨询公司，主要业务包括世界范围内石油咨询、经济评价和石油信息。IHS 拥有多种专业数据库，包括勘探开发数据库、世界盆地数据库、全球勘探生产服务数据库、石油经济政策方案数据库、国际项目和投资经济数据库和 PROBE 数据库等，涉及 444 个盆地、23 070 个油田、52.5 万个油井；同时还涉及全球 43 880 个石油合同、79 300 个（公司）参与者以及管道设施等方面信息。

地质资料服务内容应满足国家宏观决策、经济建设和社会发展、国土资源管理工作的总需求。主要包括以下 3 个方面：

1）地质资料的提供利用服务。主要是将地质工作中产生的各类资料，直接提供给不同需求的用户，既包括以纸介质为载体的成果地质报告、各类图件、图书文献等服务内容，也包括以电磁介质为载体的各类数据库、应用软件以及数字化的地质资料等服务内容。

2）提供权威性专题地质资料开发产品服务。主要是将多源、海量的历史地质资料，经清理、整合处理，形成满足不同需求的专题产品。也应包括各类应用系统的开发和服务，以及地质资料信息共享平台的建设。

3）地质资料的分析处理咨询服务。主要是由用户提出的定制服务内容，包括地球科学咨询、决策分析、情报分析、技术培训、远程教育以及地学科普宣传等服务。

## 四、服务机构体系

建立与形势发展相适应的，满足经济社会发展需求的地质资料管理和公共服务体制，建立由国家级和省级构成的两级地质资料馆藏机构体系（表2-3）。

国家级地质资料馆藏机构包括全国地质资料馆（包括大区分馆和专业分馆）、国土资源实物地质资料中心、国土资源部委托的地质资料保管单位，负责接收验收地质资料，并提供服务。国土资源部负责全国地质资料汇交管理工作，负责地质资料的保管和提供利用的监督管理工作。中国地质调查局负责地质调查资料的提交、保管工作，管理全国地质资料馆及其大区分馆和专业分馆、国土资源实物地质资料中心，负责地质资料服务的管理工作。全国地质资料馆承担"统筹规划、搭建平台、业务指导、归口管理"的职责。

全国地质资料馆大区分馆负责本区域范围地质调查资料的接收、保管和服务工作，重点负责重要原始和实物地质调查资料的接收、保管和服务工作。全国地质资料馆（水文地质、环境地质与工程地质、航空物探遥感、海洋地质）专业分馆，负责本专业重要原始和实物地质调查资料的接收、保管和服务工作。分馆馆长由单位主要领导担任。

省级地质资料馆藏机构负责本省地质资料的接收、保管和服务工作，同时按照《地质资料管理条例》的要求，依法向全国地质资料馆转交地质资料。

表 2-3　两级地质资料馆藏机构体系图

| | 石油、核工业地质资料保管单位 | |
|---|---|---|
| 国家级<br>地质资料<br>馆藏机构 | 中国地质调查局发展研究中心*<br>（全国地质资料馆）<br>国土资源实物地质资料中心* | 六大区分馆*<br>专业分馆* |
| 省级<br>地质资料<br>馆藏机构 | 各省（自治区、直辖市）地质资料馆 | |

注：表中 * 所指机构由中国地质调查局管理

## 五、公共服务体系建设

公共服务体系建设的总体目标：以现代信息网络技术为支撑，建立全方位、多层次为政府、企业和社会公众提供服务的地质资料数据公共服务系统，实现服务对象的广泛化，服务形式的多样化和服务手段的现代化。

构建地质资料数据公共服务平台，实现地质资料数据资源的统一、协调和规范化管理及服务。搭建现代化的资源存储和管理的软、硬件支撑环境。开发多源、异构、海量地学数据管理系统和地质资料数据专业应用服务系统。

建立一站式的地质资料服务门户网站，宣传政策法规，公开地质资料目录、元数据、内容摘要等信息，公布服务机构、服务程序、收费价格、联系方式等内容，提供公开性地质资料内容的浏览和下载服务，征集用户意见。

开发智能化的目录、全文检索工具软件。

## 六、基础保障体系建设

地质资料数据公共服务基础保障体系包括全国地质资料数据公共服务网络建设、地质资料数据应用开放实验室建设等内容。

全国地质资料数据公共服务网络建设的目标是建立国家地质资料数据网络交换平台，使其成为信息共享和服务的桥梁和纽带，大力提升地质资料信息发布与综合服务能力。

建立地质资料数据应用开放实验室，研究开发专业应用服务软件，包括区域地质、地球物理、地球化学、矿产资源评价、地质环境评价、地质灾害分析预测、遥感等相关的专业性开发利用应用软件，配置通用软件和硬件设备，为全国乃至国外的各类用户提供一个地质资料数据的研究、开发、利用的开放式的环境和工作平台，努力提高地质资料的开发程度和利用水平，提高地质资料数据的利用率，实现地质资料数据的增值服务。

服务政策的制定应以为客户提供及时全面的相关信息，满足所有用户的需求为目的，要强调信息产品的公正性、保密性、可靠性和及时性。通过与用户合作来提高自己提供的信息、产品、服务，以及用来分发这些信息的传输机制的实际价值。服务政策包括发布政策、定价政策、版权与许可证制度、保密政策等。

## 七、评价体系建设

建立地质资料服务评价体系，需要利用社会中介机构，研究制定科学合理、可操作性的服务评价指标体系，开展地质资料服务评价工作。

利用门户网站、发放意见征求表、召开用户征询会等多种方式，采集用户意见和建议，开展地质资料用户满意度调查。

美国地质调查局1998年8月制定并公布了其客户服务政策，手册中的编号为500.15。阐述客户服务的重要性，将客户服务作为战略与项目计划的有机组成部分。

加拿大地学部的服务标准为：重点规定了服务的目标、标准、反馈机制和意见与抱怨的处理。

英国地质调查局：强调数据和知识对单个用户和公众利益是同等重要的。立项研究客户关系，加大客户的参与力度，提高满意度。客户服务培训与奖励制度、基于 Web 的信息服务系统设计等。

# 第三章  青藏高原地质资料信息数据库

本次研究系统收集全国地质资料馆、成都地质调查中心、西安地质调查中心和西藏、青海、新疆、云南、四川、甘肃6省（自治区）地质资料馆的成果地质资料信息17 707种，收集中外文青藏高原文献两万多篇，在综合分析的基础上，建立了"青藏高原地质资料信息库"和"青藏高原地学文献数据库"；在对青藏高原区域地质调查成果进行综合分析的基础上，收集部分重要成矿区带区域地质调查成果中的剖面数据信息，建立了青藏高原地质剖面数据库；在对西藏自治区地质资料信息服务进行综合分析的基础上，开展了青藏高原地质资料服务信息数据库建设研讨工作，建立了相关系统和开展了数据试点。这些数据库类产品为地质资料开发利用奠定了坚实的基础。

## 第一节  青藏高原地质资料信息库建设

青藏高原地质资料信息库为信息提取说明类数据库产品，主要目的是提取与青藏高原有关的所有地质资料的基本信息，对各类地质资料进行表述，方便用户管理、查找、统计，其数据结构是对原目录数据库的扩充，共采集了17 707种地质资料的信息，为地质资料综合评述及各类检索图集的编制提供了有力支撑。也为项目单位开展社会化服务和应急服务提供了支撑。

### 一、数据库结构

青藏高原成果地质资料信息数据库采用excel文件形式，在全国地质资料馆案卷级目录数据库的基础上增加完成的实物工作量、探明资源量/储量构成。数据库结构如表3-1所示。

表 3-1  青藏高原成果地质资料信息数据库结构表

| 序号 | 数据项 |
|---|---|
| 1 | 全国馆档号 |
| 2 | 省馆档号 |
| 3 | 题名 |
| 4 | 电子文档号 |
| 5 | 收藏档案馆名称 |
| 6 | 收藏档案馆代码 |
| 7 | 资料类别名称 |

| 序号 | 数据项 |
|------|--------|
| 8 | 资料类别代码 |
| 9 | 地质工作程度名称 |
| 10 | 地质工作程度代码 |
| 11 | 矿产名称1 |
| 12 | 矿产代码1 |
| 13 | 矿产名称2 |
| 14 | 矿产代码2 |
| 15 | 矿产名称3 |
| 16 | 矿产代码3 |
| 17 | 矿产名称4 |
| 18 | 矿产代码4 |
| 19 | 矿产名称5 |
| 20 | 矿产代码5 |
| 21 | 矿产名称6 |
| 22 | 矿产代码6 |
| 23 | 矿产名称7 |
| 24 | 矿产代码7 |
| 25 | 矿产名称8 |
| 26 | 矿产代码8 |
| 27 | 矿产名称9 |
| 28 | 矿产代码9 |
| 29 | 矿产名称10 |
| 30 | 矿产代码10 |
| 31 | 矿产名称11 |
| 32 | 矿产代码11 |
| 33 | 矿产名称12 |
| 34 | 矿产代码12 |
| 35 | 矿产名称13 |
| 36 | 矿产代码13 |
| 37 | 矿产名称14 |
| 38 | 矿产代码14 |
| 39 | 矿产名称15 |
| 40 | 矿产代码15 |
| 41 | 行政区名称1 |
| 42 | 行政区代码1 |

续表

| 序号 | 数据项 |
|------|--------|
| 43 | 行政区名称2 |
| 44 | 行政区代码2 |
| 45 | 行政区名称3 |
| 46 | 行政区代码3 |
| 47 | 形成单位 |
| 48 | 编著者 |
| 49 | 批准机构 |
| 50 | 资料类型代码 |
| 51 | 语种 |
| 52 | 密级名称 |
| 53 | 密级代码 |
| 54 | 保管期限 |
| 55 | 保护期 |
| 56 | 原本资料保存单位及地点 |
| 57 | 实物资料保存单位及地点 |
| 58 | 形成（汇交）时间 |
| 59 | 工作起始时间 |
| 60 | 工作终止时间 |
| 61 | 汇交时间 |
| 62 | 批准时间 |
| 63 | 起始经度 |
| 64 | 起始经度度 |
| 65 | 起始经度分 |
| 66 | 起始经度秒 |
| 67 | 终止经度 |
| 68 | 终止经度度 |
| 69 | 终止经度分 |
| 70 | 终止经度秒 |
| 71 | 起始纬度 |
| 72 | 起始纬度度 |
| 73 | 起始纬度分 |
| 74 | 起始纬度秒 |
| 75 | 终止纬度 |
| 76 | 终止纬度度 |
| 77 | 终止纬度分 |

| 序号 | 数据项 | |
|---|---|---|
| 78 | 终止纬度秒 | |
| 79 | 内容提要 | |
| 80 | 主题词 | |
| 81 | 矿产主题词 | |
| 82 | 汇交联单号 | |
| 83 | 汇交类别 | |
| 84 | 汇交单位代码 | |
| 85 | 汇交单位 | |
| 86 | 附注项 | |
| 87 | 正文册 | |
| 88 | 正文页 | |
| 89 | 地质调查面积（标明地质调查的专业类别及工作量）（km²） | >1：1000 |
| 90 | | 1：1000 |
| 91 | | 1：2000 |
| 92 | | 1：5000 |
| 93 | | 1：10 000 |
| 94 | | 1：5 万 |
| 95 | | 1：20 万 |
| 96 | | 1：25 万 |
| 97 | | 1：50 万 |
| 98 | | 1：100 万 |
| 99 | 槽探（含剥土）（m³） | |
| 100 | 钻探（m） | |
| 101 | 坑探（m） | |
| 102 | 样品数（件） | 各项样品合计 |
| 103 | 水系沉积物测量面积（km²） | >1：2.5 万 |
| 104 | | 1：5 万 |
| 105 | | 1：20 万 |
| 106 | | 1：50 万 |
| 107 | 土壤地球化学测量面积（km²） | >1：1000 |
| 108 | | 1：1000 |
| 109 | | 1：2000 |
| 110 | | 1：5000 |
| 111 | | 1：10 000 |
| 112 | | 1：5 万 |

| 序号 | 数据项 | |
|------|--------|--|
| 113 | 土壤地球化学剖面测量（km²） | 各种比例尺总计 |
| 114 | | >1：1000 |
| 115 | | 1：1000 |
| 116 | 岩石地球化学测量面积（km²） | 1：2000 |
| 117 | | 1：5000 |
| 118 | | 1：10 000 |
| 119 | | 1：5 万 |
| 120 | 岩石地球化学剖面测量（km） | 各种比例尺总计 |
| 121 | | 1：10 000 |
| 122 | | 1：5 万 |
| 123 | 重砂测量面积（km²） | 1：20 万 |
| 124 | | 1：25 万 |
| 125 | | 1：50 万 |
| 126 | | 1：1000 |
| 127 | 磁法测量面积（km²） | 1：2000 |
| 128 | | 1：5000 |
| 129 | | 1：10 000 |
| 130 | | 1：5 万 |
| 131 | | 1：20 万 |
| 132 | | 1：25 万 |
| 133 | | 1：50 万 |
| 134 | | 1：100 万 |
| 135 | 磁法剖面测量（km） | 各种比例尺总计 |
| 136 | | 1：1000 |
| 137 | | 1：2000 |
| 138 | | 1：5000 |
| 139 | | 1：10 000 |
| 140 | 电法测量面积（km²） | 1：5 万 |
| 141 | | 1：20 万 |
| 142 | | 1：25 万 |
| 143 | | 1：50 万 |
| 144 | | 1：100 万 |
| 145 | 电法剖面测量（km） | 各种比例尺总计 |

续表

| 序号 | 数据项 | |
|---|---|---|
| 146 | | 1：1000 |
| 147 | | 1：2000 |
| 148 | | 1：5000 |
| 149 | | 1：10 000 |
| 150 | 重力测量面积（km²） | 1：5 万 |
| 151 | | 1：20 万 |
| 152 | | 1：25 万 |
| 153 | | 1：50 万 |
| 154 | | 1：100 万 |
| 155 | 重力剖面测量（km） | 各种比例尺总计 |
| 156 | | 1：1000 |
| 157 | | 1：2000 |
| 158 | 地震测量面积（km²） | 1：5000 |
| 159 | | 1：10 000 |
| 160 | | 1：5 万 |
| 161 | 地震剖面测量（km） | 各种比例尺总计 |
| 162 | | 1：10 000 |
| 163 | | 1：5 万 |
| 164 | 遥感地质调查面积（km²） | 1：20 万 |
| 165 | | 1：25 万 |
| 166 | | 1：50 万 |
| 167 | | 1：100 万 |
| 168 | 矿种、资源/储量类别、矿石量及金属量 | |
| 169 | 磁异常级别及数量 | |
| 170 | 激电异常级别及数量 | |
| 171 | 重力异常级别及数量 | |
| 172 | 化探异常级别及数量 | |
| 173 | 重砂异常级别及数量 | |

## 二、数据采集

每一条数据的采集均由两名工作人员共同完成，一个人负责查找并采集数据，另一个人负责检查并录入电子表格。对当时馆藏的所有成果地质资料都进行了数据采集，但部分报告中没有体现完成的主要实物工作量。

## 三、数据质量控制

数据采集人员与录入人员相互检查，对于出现的工作量与工作方法不相符、数据过大或过小等现象，录入人员则提示采集人员，检查无误后再录入，确保数据准确。

# 第二节　西藏地质资料信息数据库

本数据库研发了详细的地质资料数据表单结构，建立了管理系统，实现了成果地质资料信息表单与地质图、地理图的有机衔接，实现位置互检索、信息综合统计、资料检索等多个功能，自动绘出各类地质工作程度图，为西藏地质资料服务提供了支撑。

## 一、数据库结构

"西藏地质资料信息数据库"采用 SQL Server 2005 数据库格式。数据库将地质工作项目和成果地质资料所包含的信息分成四个大类 11 个子类共计 61 个表单，数据库结构如图3-1 所示，4 个大类为：项目和地质资料基本情况类、地质资料存储形式和保管类、专业技术成果类和存在问题类。

**1. 项目和地质资料基本情况类数据信息**

项目和地质资料基本情况类数据信息包括 4 个子类，分别为：

（1）项目管理

项目管理子类包括表 01：地质工作项目基本信息表；表 02：勘查单位和矿业权人信息表；表 03：项目说明表 3 个表单。

（2）工作区概况

工作区概况子类包括表 04：工区范围拐点坐标表；表 05：工区所属行政区表；表 06：工区自然地理与经济概况表 3 个表单。

（3）工作情况

工作情况子类包括表 07：工作量表（设计、实物）；表 08：工作成果表两个表单。

（4）审查评审

审查评审子类包括表 09：地质工作审查评审表；表 6：评审组人员名单表两个表单。

**2. 地质资料存储形式和保管类数据信息**

地质资料存储形式和保管类数据信息包括 3 个子类，分别为：

（1）地质资料目录

地质资料目录子类包括表 11：案卷级目录表（成果、原始、实物）；表 12：文件级目录表（成果、原始、实物）；表 13：文件材料涉密信息表（成果、原始、实物）；以及待建的电子文件目录信息表 4 个表单。

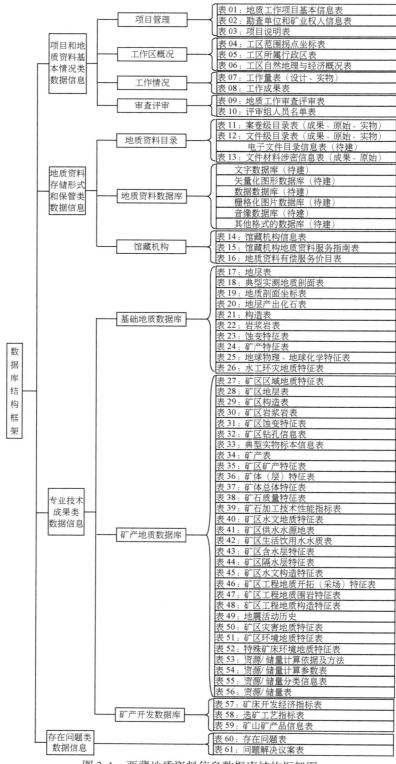

图 3-1 西藏地质资料信息数据库结构框架图

（2）地质资料数据库

地质资料数据库子类包括文字数据库、矢量化图形数据库、数据信息数据库、删格化图片数据库、音像数据库和其他格式的数据库等6个数据库。

（3）馆藏机构

馆藏机构子类包括表14：馆藏机构信息表；表15：馆藏机构地质资料服务指南表；表16：地质资料有偿服务价目表3个表单。

### 3. 专业技术成果类数据信息

专业技术成果类数据信息包括3个子类，分别为：

（1）基础地质数据库

基础地质数据库子类包括表17：地层表；表18：典型实测地质剖面表；表19：地质剖面坐标表；表20：地层产出化石表；表21：构造表；表22：岩浆岩表；表23：蚀变特征表；表24：矿产特征表；表25：地球物理地球化学特征表；表26：水工环灾地质特征表等10个表单。

（2）矿产地质数据库

矿产地质数据库子类包括9个方面。①区域地质特征方面含表27：矿区区域地质特征表。②矿区地质特征方面含表28：矿区地层表；表29：矿区构造表；表30：矿区岩浆岩表；表31：矿区蚀变特征表；表32：矿区钻孔信息表；表33：典型实物标本信息表；表34：矿产表；表35：矿区矿产特征表8个表单。③矿体特征方面含表36：矿体（层）特征表；表37：矿体总体特征表两个表单。④矿石质量特征方面含表38：矿石质量特征表。⑤矿石加工技术性能指标方面含表39：矿石加工技术性能指标表。⑥矿区水文地质特征方面含表40：矿区水文地质特征表；表41：矿区供水水源地表；表42：矿区生活饮用水水质表；表43：矿区含水层特征表；表44：矿区隔水层特征表；表45：矿区水文构造特征表4个表单。⑦矿区工程地质特征方面含表46：矿区工程地质开拓（采场）特征表；表47：矿区工程地质围岩特征表；表48：矿区工程地质构造特征表3个表单。⑧矿区环境地质特征方面含表49：矿区地震活动历史表；表50：矿区灾害地质特征表；表51：矿区环境地质特征表；表52：特殊矿床环境地质特征表4个表单。⑨资源/储量计算方面含表53：资源/储量估算依据及方法表；表54：资源/储量估算参数表；表55：资源/储量分类信息表；表56：资源/储量表3个表单。

（3）矿产开发数据库

矿产开发数据库子类包括表56：资源/储量表；表38：矿石质量特征表；表57：矿床开发经济指标表；表58：选矿工艺指标表；表59：矿山矿产品信息表5个表单（其中两个表单与矿产地质数据库子类共用）。

### 4. 存在问题类数据信息

存在问题类数据信息包括2个表单：表40：存在问题表和表41：问题解决议案表。

## 二、数据采集

为了便于数据采集，专门编制了《数据库数据信息采集方案》和《数据库代码表》，使数据采集人员人手一套，通过技术培训，使大家掌握数据采集要领，通过专业技术人员指导，准确采集成果地质资料中包含的各个表单和各个数据项。

## 三、数据质量控制

进行数据采集前，项目组对数据采集人员进行软件操作、专业技术、采集方案和方法、代码与数据对应关系等方面的培训，以确保工作目的明确，增强采集人员的责任心。

为了便于数据采集，确保相同地质工作数据信息的一致性，提高数据库建设质量，针对不同类型地质工作列出必填表单，相同地质工作类型数据采集有相同表单，不同地质工作类型的数据采集有不太相同的表单。

在实际的数据采集过程中，配备专门的技术人员进行指导，确保数据格式、内容的完整、准确。

数据采集后，对所有数据进行检查，对有问题的数据进行修改、补充和完善。

## 四、数据服务

2008年，项目组进行了数据库结构和建库表单的研究；并于2009年初步建立数据库，导入部分原"成果地质资料目录数据库"中的数据，开发了数据库信息系统软件，同时，进行各种类型成果地质资料的数据试采集，完成96种地质资料的数据采集；2010年在完成"信息系统"软件的修改后，进行正式的数据采集，到2010年12月底，共完成500种各种类型成果地质资料的数据采集。因此，所进行的服务是在"青藏高原地质资料开发利用与服务数库信息系统"软件上实现的模拟服务，主要包括查询和统计两大功能，服务方式详如表3-2、表3-3、图3-2和图3-3所示。

表3-2 "青藏高原地质资料开发利用与服务数库信息系统"查询功能详表

| 查询功能 | 功能说明 |
| --- | --- |
| 地质工作项目全部数据内容 | 按地质工作项目编号或名称查询全部数据内容 |
| 综合信息 | 根据项目编号或名称查询地质工作综合信息 |
| 案卷级和文件级目录 | 1. 按坐标查询相关区域的地质资料案卷级和文件级目录；<br>2. 以县为基本单位查询相关区域的地质资料案卷级和文件级目录；<br>3. 按给定坐标区域和工作类型、工作程度查询相关区域的地质资料案卷级和文件级目录 |
| 地质工作项目基本信息 | 按地质工作项目承担单位和年度查询地质工作项目基本信息 |
| 馆藏机构信息 | 查询馆藏机构基本信息 |

| 查询功能 | 功能说明 |
|---|---|
| 工作情况和成果信息 | 1. 按行政区和矿产种类进行筛选，逐一查询相关地质工作项目的指定工作情况和成果信息；<br>2. 按给定区域坐标和矿产种类进行筛选，逐一查询相关地质工作项目的指定工作情况和成果信息 |
| 物化探异常特征查询 | 1. 按给定区域坐标和异常类别查询异常特征值；<br>2. 按行政区和异常类别查询异常特征值 |

表 3-3　"青藏高原地质资料开发利用与服务数库信息系统"统计功能详表

| 统计功能 | 功能说明 |
|---|---|
| 地质工作项目数 | 按工作时间起止统计地质工作项目基本信息 |
| 地质工作项目信息条目 | 按指定地质工作项目统计各表单信息条目数量 |
| 地质资料开发利用与服务信息条目 | 按工作时间区间统计地质工作项目数和各表单信息条目数量 |
| 成果地质资料目录数据库著录表 | 按指定地质资料档号打印成果地质资料目录数据库著录表 |
| 档案资料汇交情况 | 按汇交时间统计档案资料汇交情况 |
| 档案级资料账目清单 | 按汇交时间统计档案级资料账目 |
| 文件级资料账目清单 | 按汇交时间统计文件级资料账目 |

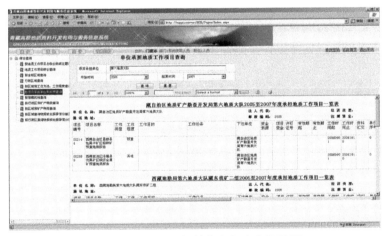

图 3-2　按项目承担单位和年度查询界面

　　通过地质资料需求进行软件系统模拟服务试验，研究人员发现，以地质背景为基础的图形查询，可以将所包含位置信息、范围信息的数据、图形叠加到地质背景上，再配以相应的文字、数据表单信息，是最受地质资料需求者欢迎的查询方式。这一结果表明试验是成功的。如果今后能以这样的模式开展地质资料服务，将能够满足各种类型地质资料利用需求。

　　但是，由于研究时间短，研究人员少，资金有限，数据采集量小且不完整，数据库的

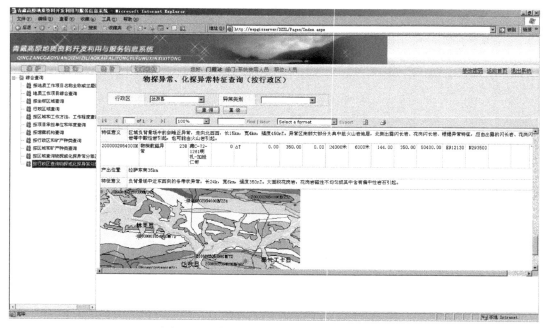

图 3-3　按行政区查询物探或化探异常界面

设计还存在结构、数据表单、字段设置等方面的问题，数据库系统软件还存在 MapGIS 成图、数据与图形叠加、数据与地质背景的整合、文字及数据表单信息输出、查询功能的灵活多样性、按需查询的自动组合等方面的问题，系统软件还远远不能达到一个正规软件开发所需的技术要求，系统软件的服务还不能真正满足资料查询和统计的需求，需要今后进一步完善。

# 第三节　青藏高原实测地质剖面数据库

青藏高原实测地质剖面数据库属于专业数据库产品，主要目的是为专业地质人员分析、查找剖面数据提供支撑。本数据库基于青藏高原实测地质剖面信息，运用 MapGIS 软件系统，建立了数据库，为充分利用实测剖面成果进行了有益的探索。

## 一、工作流程

青藏高原实测地质剖面数据库建设总体工作流程如图 3-4 所示。

## 二、数据库结构

数据库的数据主要是由 ACCESS 软件录入，剖面数据库分为两个记录表：实测剖面记录表（SCPM，表 3-4）、剖面分层描述记录表（FCMS，表 3-5）及剖面示意图（JEPG）文件夹。

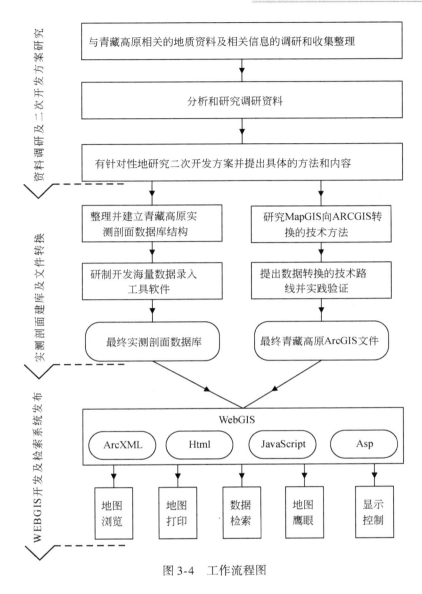

图 3-4　工作流程图

**表 3-4　实测剖面记录表结构**

| 数据项名称 | 数据类型 | 数据存储长度 | 约束条件 |
|---|---|---|---|
| 剖面编号 | 字符型 | 50 | M |
| 剖面名称 | 字符型 | 50 | M |
| 剖面总体描述 | 字符型 | 255 | M |
| 剖面起点经度 | 字符型 | 50 | M |
| 剖面起点纬度 | 字符型 | 50 | M |
| 剖面起点高程 | 字符型 | 50 | O |
| 剖面终点经度 | 字符型 | 50 | O |

| 数据项名称 | 数据类型 | 数据存储长度 | 约束条件 |
|---|---|---|---|
| 剖面终点纬度 | 字符型 | 50 | O |
| 剖面终点高程 | 字符型 | 50 | O |
| 剖面长度 | 字符型 | 50 | M |
| 剖面所测地层名称 | 字符型 | 100 | M |
| 剖面所测地层代号 | 字符型 | 50 | M |
| 剖面总厚度 | 字符型 | 20 | M |
| 剖面示意图 | 字符型 | 50 | M |
| 剖面测制单位 | 字符型 | 50 | M |
| 剖面所在图幅编号 | 字符型 | 50 | M |
| 剖面所在图幅名称 | 字符型 | 50 | M |
| 项目起止年限 | 字符型 | 50 | M |
| 评分等级 | 字符型 | 50 | M |

表 3-5　剖面分层描述记录表结构

| 数据项名称 | 数据类型 | 数据存储长度 | 约束条件 |
|---|---|---|---|
| 剖面编号 | 字符型 | 50 | M |
| 所测地层名称 | 字符型 | 100 | M |
| 所测地层代号 | 字符型 | 50 | M |
| 与上覆地层接触关系 | 字符型 | 50 | O |
| 上覆地层名称及岩性 | 字符型 | 250 | O |
| 上覆地层代号 | 字符型 | 50 | O |
| 与下伏地层接触关系 | 字符型 | 50 | O |
| 下伏地层名称及岩性 | 字符型 | 250 | O |
| 下伏地层代号 | 字符型 | 50 | O |
| 剖面分层号 | 数字型 | 20 | M |
| 岩性描述 | 备注型 | | M |
| 地层所含化石 | 备注型 | | M |
| 地层厚度 | 字符型 | 50 | M |

## 三、数据采集

根据已有的青藏高原实测地层剖面数据库的表结构和最终需要提供服务的信息内容，首先对相关的区域地质调查报告中实测地层剖面描述信息进行合理的提取，并建立了不同的地层文档。然后，根据地层文档的格式编排结构，利用 VBA 应用程序开发环境编程实现实测地层剖面描述信息的提取与入库工作。操作流程如图 3-5 所示。具体操作步骤见青藏高原实测地层剖面数据库与数据查询工作指南。

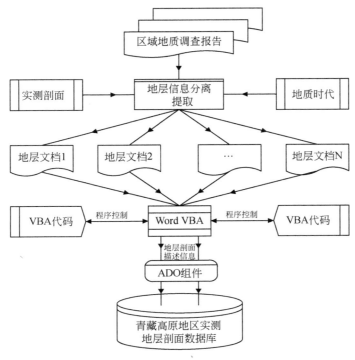

图 3-5 信息提取采集流程图

## 四、底图图形数据整理

青藏高原实测剖面分布图地质底图为 MapGIS 数据格式。共包括 13 个图层，见 GIS 图层说明表（表3-6）。

表 3-6 GIS 图层说明表

| 顺序号 | 图层文件名 | 内容 | 备注 |
|---|---|---|---|
| 1 | 青藏高原.WP | 地质区 | 面 |
| 2 | 混合岩图案.WP | 混合岩图案 | 面 |
| 3 | 图例.WP | 图例 | 面 |
| 4 | 青藏高原地质界线，WL | 地质界线 | 线 |
| 5 | 图例.WL | 图例 | 线 |
| 6 | 图例.WT | 图例 | 点 |
| 7 | 青藏底图.WP | 地理底图 | 面 |
| 8 | 青藏底图.WL | 地理底图 | 线 |
| 9 | 青藏底图.WT | 地理底图 | 点 |

续表

| 顺序号 | 图层文件名 | 内容 | 备注 |
|---|---|---|---|
| 10 | 指引线．WL | 引线 | 线 |
| 11 | 青藏高原地质注释．WT | 地质注释 | 点 |
| 12 | 特殊地质体．WT | 特殊地质体 | 点 |
| 13 | PROFILE．WT | 实测剖面 | 点 |

由于青藏高原及邻区地质图所有地质点注释全部采用子图表示，为了更好地将数据在网络上发布，需要将 MapGIS 所有数据格式转换成 ARCINFO 数据格式，所以必须将地质代号附到属性中，再由属性中的地质代号转换成 ARCINFO 格式的注记，此项工作量较大。

MapGIS 系统的地图参数为：

坐标系类型：投影平面直角

椭球参数："北京 54"

投影类型：兰伯特等角圆锥

坐标单位：毫米

数据比例尺：1∶1 500 000

第一标准纬度：280 000

第二标准纬度：370 000

中央子午线经度：890 000

投影原点纬度：260 000

## 五、检索浏览系统

考虑到青藏高原实测剖面分散分布，采用基于 Browser/Server 分布式计算模式的 WebGIS 作为应用与开发平台应该是最经济、最合理的。青藏高原实测剖面的数据将会不断地增加，因此对属性数据库的网络存取也是本系统的重点，要做到属性数据库与空间数据库，静态数据库与实时数据库的完美整合（图 3-6 ~ 图 3-9）。

采用基于 Browser/Server 分布式计算模式的 WebGIS 具有以下优点：

1）客户端维护工作量很少。

2）有利于青藏高原实测剖面数据的集中收集与处理。

3）操作界面统一且简单，可节省培训成本。

4）系统的扩展与升级集中在服务器端完成，浏览器可以很快地分享到系统升级带来的高效。

5）信息高度共享，提高了相关部门协调工作和相互交流的能力。

ArcIMS 是 ESRI 新一代的基于 Web 的制图和 GIS 软件。对于最终用户来说，它提供了一种更为快速、廉价的方式以获取地理信息。从前面的介绍中可以看出，ArcIMS 是一个理想的 WebGIS 平台，所以本数据库检索浏览系统选择它作为青藏高原实测剖面检索浏览系统的收集与发布平台。

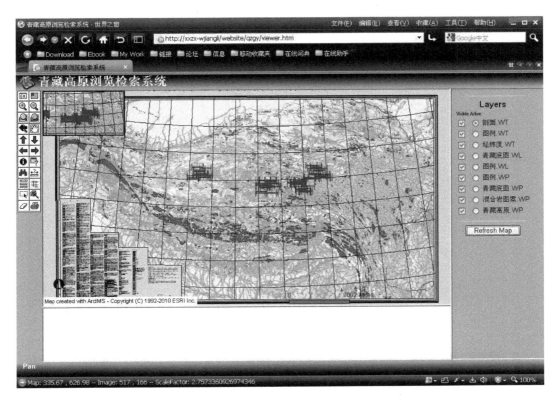

图 3-6　青藏高原浏览检索系统主界面

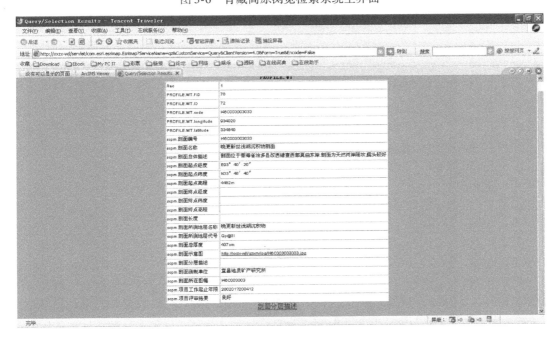

图 3-7　查询的剖面属性信息

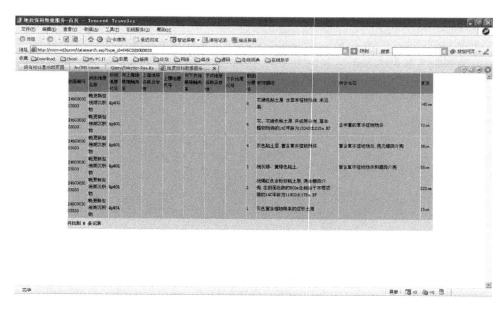

图 3-8　剖面的分层描述

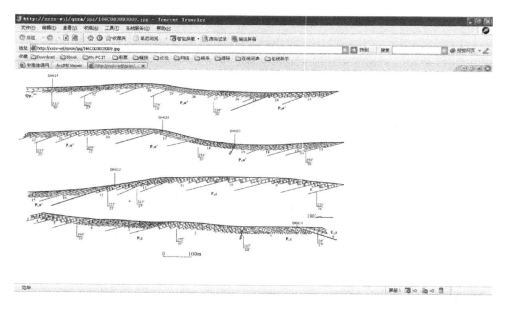

图 3-9　剖面示意图

Web server（网络服务器）的性能对于 WebGIS 应用很关键，特别在并发访问数非常高的情况下，ArcIMS 可以支持多种 Web 服务器，考虑到是一个原型系统，选择了微软公司（Microsoft）的 IIS（internet information server）。

数据库方面，Microsoft 的 ACCESS 适合于中小型应用的数据库平台，所以本原型系统选择了它。

ASP（active server pages）内含于 IIS 中，与 IIS 运行于同一进程，能更快、更有效地处理客户请求。ASP 提供了更简单、更方便的数据库访问方法，所以，本系统选择了它。

## 六、完成的实物工作量

建设青藏高原实测地质剖面数据库录入实测剖面 174 条，4125 条数据项。开发完善了实测剖面数据管理与数据检索系统。

# 第四节　青藏高原地质文献专题数据库

在青藏高原地质研究近 200 年的历史中，已经形成大量的地质成果，编制了多种比例尺的地质图与相应图件，发表了海量的学术论文。为了集成青藏高原地质的学术成果，向国内外对青藏高原地质感兴趣的地学工作者提供一部参考文献大全，建设了"青藏高原及邻区地质文献数据库（2000~2007 年）"、"青藏高原外文地学文献数据库"和"青藏高原中文专著数据库"。

## 一、青藏高原地质文献专题数据库内容简介

1）青藏高原地质文献专题数据库是目前中国最大的青藏高原地质文献学术期刊全文数据库，内容覆盖青藏高原及邻区的基础地质（包含：地层、古生物、岩石、构造、地球物理、地球化学、遥感、区域地质及调查）、资源（包含：金属矿产，非金属矿产、稀有金属、贵金属、放射性矿产、能源矿产等）、环境（包含：晚新生代地层、新构造、环境演化、地震地质、水文地质、工程地质、环境地质、灾害地质等）等地学多个领域。目前，青藏高原中文地质文献数据库收录范围包括国内新中国成立以来的 587 种重要学术类期刊，累积学术期刊文献总量 21 890 多篇。其中包括核心期刊、SCI、EI 等重要评价性青藏高原地质文献。青藏高原外文地质文献数据库共收录来自 GeoRef、GSW、SpringerLink、AGU 四大数据库中的约 1650 种期刊，共计 24 904 条数据，全文数 4073 篇。

2）在该文献数据库的基础上，形成了一个针对文献研究项目来源的"地调项目"子库和两个针对近期研究热点的"青藏高原地震文献集""青海玉树地震文献集"专题子库。

## 二、数据库应用及发布平台建设介绍

为方便用户快捷、有效使用本数据库，专门建设了数据库应用及发布平台。通过数据库管理后台可以方便地完成数据库内容管理及专题资源库、子库的建设工作。通过数据库发布平台，生成青藏高原地质文献专题数据库网站（网址：http：//124. 42. 30. 18/），供读者使用。

青藏高原地质文献专题数据库网站如图 3-10 所示，网站界面清新简洁，栏目布局清晰合理。

图 3-10  青藏高原地质文献专题数据库网站首页

## 1. 期刊导航

期刊导航页面如图 3-11 所示，可为读者提供 SCI 索引刊、EI 索引刊、核心期刊的按刊浏览导航；并按照首字母排序的方式，为读者提供所有期刊的按刊浏览导航。

图 3-11  期刊导航

图 3-12 左侧的"期刊导航"栏，供读者方便地切换，以快速查找到所需期刊。

图 3-12　左侧期刊导航栏

点击具体每本期刊，均可以打开如图 3-13 所示的按刊浏览界面。用户可以方便地按照刊年刊期查看该期刊中被本专题数据库所收录的有关文献。

图 3-13　按期刊浏览

## 2. 分类导航

分类导航页面如图 3-14 所示。按照地质学科，为读者提供导航以便快速定位到所关注学科的文献。

图 3-14　分类导航

点击图 3-14 左侧的"分类导航"栏中的每项，将打开该学科文献子库页面，如图 3-15 所示。用户通过点击左侧的地质分类法导航，可进一步分类查看相关文献；同时，在右侧实时提供按年代查看功能。综合运用分类法和按年代查看功能，用户可快速定位所需文献。此外，用户还可以方便地使用搜索功能，只需在搜索框中输入检索词，即可在该学科文献子库中检索所需文献。

## 3. 地调项目

用户将鼠标移至导航条"地调项目"栏目，可选择查看属于地调项目的相关文献，如图 3-16 所示。

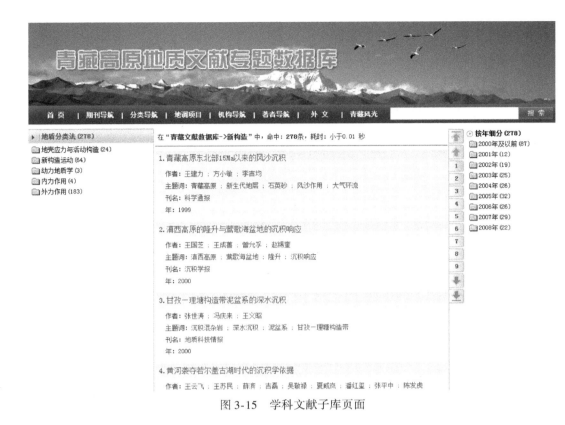

图 3-15 学科文献子库页面

图 3-16 地调项目

#### 4. 机构导航

机构导航页面如图 3-17 所示。该页面按照各单位所出文献被收录量进行排序，方便用户从文献产出机构的角度查看文献。

图 3-17 机构导航

#### 5. 著者导航

著者导航页面如图 3-18 所示。该页面按照作者文献被引量和文献被收录量进行排序，方便用户从作者的角度查看文献。

图 3-18 著者导航

## 6. 外文文献检索

该版块是相对独立的青藏高原外文文献检索系统平台（图 3-19）。可选择题名、著者、关键词、摘要、刊名和主题词来输入检索词进行外文文献检索。

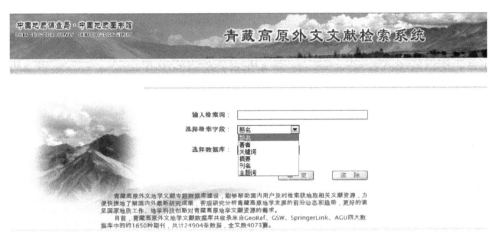

图 3-19　著者导航

## 7. 青藏风光

青藏风光界面集中二十余张照片来展示了青藏高原的旖旎风光和别样风情（图 3-20）。

图 3-20　青藏风光

## 8. 搜索

如图 3-21 所示，本网站为用户提供简单易用的强大检索功能。用户只需在搜索框中输入检索词（输入多个检索词的方式为，中间用空格隔开，例如"地震 玉树"），点击搜索按钮，即可获得该检索词的总检索结果集。通过鼠标点击页面左侧的"地质分类法"，以及右侧的"按检索点细分"、"按年细分"，进一步限定检索条件，获得更小的结果集。如需切换条件，只需鼠标点击即可。该检索功能简单易用、检索速度快，受到了用户好评。

图 3-21　搜索功能

此外，在首页右下部分，还为读者提供了两个文献专题数据库："青藏高原地震文献集"和"青海玉树地震文献集"专题子库（图 3-22）。

总之，青藏高原地质文献专题数据库建设，能够帮助国内用户及时检索获地取相关文献资源，方便快捷地了解国内外最新研究成果，客观研究分析青藏高原地学发展的前沿动态和趋势，更好地满足国家地质工作、地学科技创新对青藏高原地学文献资源的需求。

图 3-22　"青藏高原地震文献集"和"青海玉树地震文献集"专题子库

# 第四章　青藏高原地质资料信息图集

本次共为利用地理信息系统，实现地质资料信息与地理位置、地质构造的关联与结合，以方便用户查找、分析地质资料信息与地质现状，研发了《青藏高原地质资料信息图集》、《全国地质资料馆区域地质调查检索图集》、《青海玉树地震灾区基础地质图集》、《西藏自治区基础地质资料检索图集》、《青海省公益性基础性地质调查成果资料检索图册》、《青海省矿产勘查地质资料检索图集》、《青海省重要成矿带地质图集》、《新疆公益性基础性地质调查成果资料检索图册》等8个图集服务类产品，有针对目录的检索，有针对工作程度的检索，还有针对地质信息综合的检索。这些产品对于地质资料信息的社会化服务和地质找矿、规划编制有重要作用。

## 第一节　青藏高原地质资料信息图集

青藏高原成果地质资料数据库收集了截至2008年12月底，全国地质资料馆、成都地质调查中心、西安地质调查中心和西藏、青海、新疆、云南、四川、甘肃六省（自治区）地质资料馆馆藏青藏高原地区成果地质资料17 707种。在青藏高原成果地质资料数据库建库基础上，为更直观清晰地反映整个青藏高原地质工作成果，编制了《青藏高原地质资料信息图集》。该图集按地质专业分为区域地质矿产调查，区域水文地质、工程地质、环境地质调查，区域地球化学调查，区域地球物理调查，区域遥感地质调查，矿产勘查，地球物理勘查、地球化学勘查、遥感地质调查，水工环地质勘查，物化探异常查证等，共200张图。

## 一、编制方法及原则

《青藏高原地质资料信息图集》是利用 MapGIS 软件完成图件编制工作的。制图范围为：北纬25°~40°，东经72°~106°。

### 1. 编图原则

图件表达的内容总体要求内容明确、清晰，图面负担适中。结合地质工作特点，编图的原则规定为：在同一专业种类或子类的前提下，可以将矿产图层中数据较少的图层合并表达，但要求这些图层的编号相邻。

### 2. 地理底图

地理底图采用国家基础地理系统（http：//nfgis. nsdi. gov. cn）提供的中华人民共和国

1 ：400 万 shape 格式的地理底图。

### 3. 投影方法

投影方法采用兰伯特等角割圆锥投影坐标系，中央经线为 105°E；第一标准纬线为 25°N；第二标准纬线为 47°N；投影原点纬度为 18°N；椭球参数选取北京 54／克拉索夫斯基 1940 椭球参数。

### 4. 幅面设置

本图集图面采用 A3 竖版，图形分辨率 300DPI，图形文件为 JEPG 格式。

## 二、图集内容

### 1. 序图

包括青藏高原政区图、水系图、遥感影像图、地貌图、地质图等，共 5 张。

### 2. 区域地质矿产调查

包括 1 ：100 万、1 ：50 万、1 ：25 万、1 ：20 万、1 ：10 万、1 ：5 万区域地质矿产调查成果地质资料信息图。

（1）1 ：100 万区域地质调查

图中反映青藏高原地区共完成开展 1 ：100 万区域地质调查的工作区域，共有 17 个工作区域，分别为喀什幅（J43）、和田幅（J44）、狮泉河幅（I44）、普兰幅（H44）、且末幅（J45）、改顺幅（I45）、格尔木幅（J46）、安多幅（I46）、拉萨市幅（H46）、日喀则幅（H45）、加德满都幅（G45）、昌都幅（H47）、玉树幅（I47）、西宁幅（J47）、兰州幅（J48）、宝鸡幅（I48）、重庆（成都）幅（H48）。覆盖青藏高原及相邻地区，包括新疆维吾尔自治区、西藏藏族自治区、青海省、云南省、四川省、贵州省、重庆市、陕西省、甘肃省、内蒙古自治区、宁夏回族自治区 11 个省级行政区。

该项工作自 1944 年初开始，2007 年完成。

（2）1 ：50 万区域地质调查

图中反映青藏高原地区共完成开展 1 ：50 万区域地质调查的工作区域，共有 21 个工作区域，主要分布于青藏高原中东部地区，包括西藏、青海、四川、甘肃、新疆等省区。

该项工作自 1956 年 8 月开始，2004 年 3 月底完成。

（3）1 ：25 万区域地质调查

图中反映青藏高原地区共完成开展 1 ：25 万区域地质调查的工作区域，共有 110 个图幅，实现了青藏高原地区中比例尺区域地质调查工作的全覆盖。

该项工作自 1999 年开始，2005 年完成。

（4）1 ：20 万区域地质调查

图中反映青藏高原地区共完成开展 1 ：20 万区域地质调查的工作区域，共有 324 个图幅，主要分布于新疆南部地区、青海大部分地区、西藏中东部地区以及四川、云南、甘肃三省的西部地区。

该项工作自 1953 年开始，2007 年完成。

（5）1∶10 万区域地质调查

图中反映青藏高原地区共完成开展 1∶10 万区域地质调查的工作区域，共有 386 个图幅，主要分布于西藏中东部地区、青海大部分地区以及四川、云南、甘肃三省的西部地区。

该项工作自 1930 年开始，2006 年完成。

（6）1∶5 万区域地质调查

图中反映青藏高原地区共完成开展 1∶5 万区域地质调查的工作区域，共有 747 个图幅，主要分布于青藏高原周边地区。

该项工作自 1993 年开始，2002 年完成。

## 3. 区域地球化学调查

包括 1∶100 万、1∶50 万、1∶20 万、1∶10 万、1∶5 万区域地球化学调查成果地质资料信息图。

（1）1∶100 万区域地球化学调查

图中反映青藏高原地区共完成开展 1∶100 万区域地球化学调查的工作区域，共有 6 个图幅，分别为格尔木幅（J46）、安多幅（I46）、拉萨市幅、昌都幅（H47）、玉树幅（I47）、西宁幅（J49）。

该项工作自 1990 年初开始，2006 年完成。

（2）1∶50 万区域地球化学调查

图中反映青藏高原地区共完成开展 1∶50 万区域地球化学调查的工作区域，共有 23 个工作区域，分布于西藏、青海、甘肃、新疆等省（区）。

该项工作自 1990 开始，2003 年完成。

（3）1∶20 万区域地球化学调查

图中反映青藏高原地区共完成开展 1∶20 万区域地球化学调查的工作区域，共有 258 个图幅，分布于西藏、青海、新疆、四川、云南、甘肃等六省（区）。

该项工作自 1959 年开始，2007 年完成。

（4）1∶10 万区域地球化学调查

图中反映青藏高原地区共完成开展 1∶10 万区域地球化学调查的工作区域，共有 79 个图幅，分布青海、新疆、甘肃三省（区）。

该项工作自 1987 年开始，2003 年完成。

（5）1∶5 万区域地球化学调查

图中反映青藏高原地区共完成开展 1∶5 万区域地球化学调查的工作区域，共有 468 个图幅，分布于西藏、青海、新疆、四川、云南、甘肃等六省（区）。

该项工作自 1985 年开始，2001 年完成。

#### 4. 区域地球物理调查

包括 1：100 万、1：50 万、1：20 万、1：10 万、1：5 万区域地球物理调查成果地质资料信息图。

（1）1：100 万区域地球物理调查

图中反映青藏高原地区共完成开展 1：100 万区域地球物理调查的工作区域，共有 17 个图幅，分别为喀什幅（J43）、伊斯兰堡幅（I43）、和田幅（J44）、狮泉河幅（I44）、普兰幅（H44）、日喀则幅（H45）、安多幅（I46）、拉萨市幅（H46）、改顺幅（I45）、且木幅（J45）、格尔木幅（J46）、西宁幅（J47）、兰州幅（J48）、宝鸡幅（I48）、玉树幅（I47）、昌都幅（H47）、重庆（成都）幅（G48）。

该项工作自 1992 年初开始，2003 年完成。

（2）1：50 万区域地球物理调查

图中反映青藏高原地区共完成开展 1：50 万区域地球物理调查的工作区域，共有 6 个工作区域，叶城县幅（J43B002002）、神仙湾幅（I43B001002）、和田市幅（J44B002001）、阿克萨依湖幅（I44B001001）、于田县幅（J44B002002）、拉竹龙幅（I44B001002）。

该项工作自 1990 开始，2003 年完成。

（3）1：20 万区域地球物理调查

图中反映青藏高原地区共完成开展 1：20 万区域地球物理调查的工作区域，共有 155 个图幅，分布于西藏、青海、新疆、四川、云南、甘肃等六省（区）。

该项工作自 1959 年开始，2008 年完成。

（4）1：10 万区域地球物理调查

图中反映青藏高原地区共完成开展 1：10 万区域地球物理调查的工作区域，共有两个图幅，分别为智益小学幅（I47D002006）和温泉（I47D002007）。分布青海省中部地区。

该项工作自 1979 年开始，1999 年完成。

（5）1：5 万区域地球物理调查

图中反映青藏高原地区共完成开展 1：5 万区域地球物理调查的工作区域，共有 84 个图幅，分布于青海、四川、甘肃等三省（区）。

该项工作自 1976 年开始，2007 年完成。

#### 5. 区域遥感地质调查

包括 1：25 万、1：5 万区域遥感地质调查成果地质资料信息图。

（1）1：25 万区域遥感地质调查

图中反映青藏高原地区共完成开展 1：25 万区域遥感地质调查的工作区域，共有 78 个图幅，分布于西藏、青海、新疆、甘肃等四省（区）。

（2）1：5 万区域遥感地质调查

图中反映青藏高原地区共完成开展 1：5 万区域遥感地质调查的工作区域，共有 56 个图幅，分布于青海、新疆两省（区）。

### 6. 区域水文地质工程地质环境地质调查

包括1∶100万、1∶50万、1∶25万、1∶20万、1∶10万、1∶5万区域水文地质工程地质环境地质调查成果地质资料信息图。

（1）1∶100万区域水文地质工程地质环境地质调查

图中反映青藏高原地区共完成开展1∶100万区域水文地质工程地质环境地质调查的工作区域，共有14个图幅，分别为普兰幅（H44）、日喀则幅（H45）、加德满都幅（G45）、错那幅（G46）、拉萨市幅（H46）、安多幅（I46）、格尔木幅（J46）、西宁幅（J47）、玉树幅（I47）、宝鸡幅（I48）、昌都幅（H47）、下关市幅（G47）、昆明幅（G48）、重庆（成都）幅（G48）。

该项工作自1969年开始，至1995年完成。

（2）1∶50万区域水文地质工程地质环境地质调查

图中反映青藏高原地区共完成开展1∶50万区域水文地质工程地质环境地质调查的工作区域，共有18个图幅，普兰幅（H44B001002）、乡城幅（H47B002002）、丽江幅（G47B001002）、阿坝县幅（I47B002002）、白龙江幅（I48B001001）、舟曲县幅（I48B002001）、玛沁县幅（I47B001002）、西宁市幅（J47B002002）、肃北蒙古族自治县幅（J46B001002）、嘉峪关市幅（J47B001001）、玛多县幅（I47B001001）、曲麻莱县幅（I46B001002）、沱沱河幅（I46B001001）、德令哈市幅（J47B002001）、格尔木市幅（J46B002002）、张掖市幅（J47B001002）、老茫崖幅（J46B002001）、索尔库里幅（J46B001001）。

该项工作自1966年开始，至2003年完成。

（3）1∶25万区域水文地质工程地质环境地质调查

图中反映青藏高原地区共完成开展1∶25万区域水文地质工程地质环境地质调查的工作区域，共有15个图幅，武都县幅（I48C003002）、诺尔盖县幅（I47C003001）、平武县幅（I48C004002）、红原县幅（I48C004001）、马尔康县幅（H48C001001）、绵阳市幅（H48C001002）、宝兴县幅（H48C002001）、成都市幅（H48C002002）、玛多县幅（I47C002002）、扎陵湖幅（I47C002001）、茶卡镇幅（J47C004003）、西宁市幅（J47C004004）、刚察县幅（J47C003003）、民和回族土族自治县幅（J48C004001）、门源回族自治县幅（J47C003004）。

该项工作自1997年开始，至2009年完成。

（4）1∶20万区域水文地质工程地质环境地质调查

图中反映青藏高原地区共完成开展1∶20万区域水文地质、工程地质、环境地质调查的工作区域，共有131个图幅，分布于新疆南部、青海、西藏、四川、云南、甘肃六省（区）。

该项工作自1957年开始，至2007年完成。

（5）1∶10万区域水文地质工程地质环境地质调查

图中反映青藏高原地区共完成开展1∶10万区域水文地质工程地质环境地质调查的工作区域，共有88个图幅，分布于新疆南部、青海、西藏、四川、云南、甘肃六省（区）。

该项工作自 1958 年开始，至 2008 年完成。

（6） 1∶5 万区域水文地质工程地质环境地质调查

图中反映青藏高原地区共完成开展 1∶5 万区域水文地质工程地质环境地质调查的工作区域，共有 169 个图幅，分布于新疆南部、青海、西藏、四川、云南、甘肃六省（区）。

该项工作自 1962 年开始，至 2002 年完成。

## 7. 矿产勘查

（1）煤炭

图中反映青藏高原地区共完成煤炭勘查成果地质资料共有 622 种，按工作程度分为预查 109 种、普查 303 种、详查 88 种、勘探 112 种、开发勘探 15 种，勘查阶段不详的 7 种。

该项工作自 1947 年开始，至 2008 年完成。

（2）石油

图中反映青藏高原地区共完成 61 个石油项目工作，分布于云南、青海、四川、西藏、新疆各地，其中云南 3 项，青海 24 项，四川 1 项，西藏 31 项，新疆两项。钻井地质 35 项，预查阶段有 4 项，普查阶段有 7 项，详查阶段 9 项，勘探阶段 6 项，其中含开发勘探阶段 5 项。

该项工作自 1948 开始，至 2005 年完成。

（3）天然气

图中反映青藏高原地区共完成 4 个天然气项目工作，其中青海和四川各两项。详查阶段 1 项，开发勘探阶段 3 项。

该项工作自 1966 年开始，至 2003 年完成。

（4）铀

图中反映青藏高原地区共完成 97 个铀矿工作项目，其中甘肃 36 项、青海 26 项、四川 33 项、西藏 1 项、新疆 1 项；预查阶段有 36 项、普查阶段有 44 项、详查阶段 8 项、勘探阶段 9 项。

该项工作为 1958 年开始，至 1993 年完成。

（5）天然沥青

图中反映青藏高原地区共完成 1 个普查阶段天然沥青项目工作，位于青海省内，为青海省海西州柴达木盆地地蜡矿调查报告。

该项工作 1958 年 9 月完成。

（6）地下热水

图中反映青藏高原地区共完成 41 个地下热水项目工作，分布于青海、四川、西藏、云南，其中青海 1 项，四川 8 项，西藏 31 项，云南 1 项；预查阶段有 10 项，普查阶段有 9 项，详查阶段两项，勘探阶段 12 项，其中开发勘探 7 项，钻进地质 7 项，勘查阶段不详 1 项。

该项工作自 1974 年开始，至 2005 年完成。

（7）铁

图中反映青藏高原地区共完成 550 个铁矿项目工作，分布于甘肃、青海、四川、西藏、新疆、云南各地，甘肃 122 项，青海 183 项，四川 159 项，西藏 39 项，新疆 26 项，云南 20 项；预查阶段有 97 项，普查阶段有 318 项，详查阶段 87 项，勘探阶段 44 项，其中含 4 项开发勘探阶段项目，勘查阶段不详 4 项。

该项工作自 1954 年开始，至 2008 年完成。

（8）锰

图中反映青藏高原地区共完成 38 个锰矿项目工作，分布于甘肃、青海、四川、新疆、云南，甘肃 7 项，青海 14 项，四川 15 项，新疆 1 项，云南 1 项；预查阶段有 11 项，普查阶段有 20 项，详查阶段 6 项，勘探阶段 1 项。

该项工作自 1955 年开始，至 2007 年完成。

（9）铬

图中反映青藏高原地区共完成 199 个铬矿项目工作，分布于甘肃、青海、四川、西藏、新疆、云南，甘肃 28 项，青海 76 项，四川 19 项，西藏 66 项，新疆 6 项，云南 4 项。预查阶段有 37 项，普查阶段有 111 项，详查阶段 37 项，勘探阶段 11 项，其中开发勘探两项，勘查阶段不详 3 项。

该项工作自 1956 年开始，至 2006 年完成。

（10）钛

图中反映青藏高原地区共完成 7 个钛矿项目工作，分布于甘肃、内蒙古、青海、四川，甘肃 1 项，内蒙古 1 项，青海两项，四川 3 项。预查阶段有 5 项，普查阶段有 2 项。

该项工作自 1966 年开始，至 2006 年完成。

（11）钒

图中反映青藏高原地区共完成 4 个钒矿项目工作，分布于甘肃、青海、四川，甘肃 1 项，青海 1 项，四川 2 项。普查阶段有 3 项，勘查阶段不详 1 项

该项工作自 1973 年开始，至 1984 年完成。

（12）铜

图中反映青藏高原地区共完成 812 个铜矿项目工作，分布于甘肃、青海、四川、西藏、新疆、云南，甘肃 130 项，青海 275 项，四川 194 项，西藏 113 项，新疆 23 项，云南 77 项。预查阶段有 319 项，普查阶段有 345 项，详查阶段 65 项，勘探阶段 60 项，其中含 6 项开发勘探阶段的项目，勘查阶段不详 23 项。

该项工作自 1907 年开始，至 2008 年完成。

（13）铅

图中反映青藏高原地区共完成 289 个铅矿项目工作，分布于甘肃、青海、四川、西藏、新疆、云南，甘肃 28 项，青海 75 项，四川 58 项，西藏 77 项，新疆 17 项，云南 34 项。预查阶段有 105 项，普查阶段有 133 项，详查阶段 13 项，勘探阶段 29 项，勘查阶段不详 9 项。

该项工作自 1939 年开始，至 2008 年完成。

（14）锌

图中反映青藏高原地区共完成 19 个锌矿项目工作，分布于甘肃、青海、四川、西藏、新疆，甘肃两项，青海 1 项，四川两项，西藏 13 项，新疆 1 项。预查阶段有 8 项，普查

阶段有 9 项，详查阶段 1 项，勘查阶段不详 1 项。

该项工作自 1959 年开始，至 2007 年完成。

（15）铝土矿

图中反映青藏高原地区共完成 25 个铝土矿项目工作，分布于甘肃、四川、西藏、云南，甘肃 5 项，四川 17 项，西藏 1 项，云南两项。预查阶段有 4 项，普查阶段有 19 项，详查阶段 1 项，勘探阶段 1 项。

该项工作自 1958 年开始，至 2006 年完成。

（16）镁

图中反映青藏高原地区共完成 1 个详查阶段镁矿项目工作，位于四川省内，为四川省汶川县通山寨白云岩矿区详查地质报告。

该项工作 1995 年 11 月完成。

（17）镍

图中反映青藏高原地区共完成 51 个镍矿项目工作，分布于甘肃、青海、四川、新疆，甘肃 3 项，青海 23 项，四川 22 项，新疆 3 项。预查阶段有 7 项，普查阶段有 15 项，详查阶段 1 项，勘探阶段 1 项，勘查阶段不详 1 项。

该项工作自 1959 年开始，至 1970 年完成。

（18）钴

图中反映青藏高原地区共完成 10 个钴矿项目工作，位于青海省内，预查阶段有 1 项，普查阶段有 8 项，勘查阶段不详 1 项。

该项工作自 1983 年开始，至 2008 年完成。

（19）钨

图中反映青藏高原地区共完成 56 个钨矿项目工作，分布于甘肃、青海、四川、西藏、云南，甘肃 14 项，青海 19 项，四川 11 项，西藏两项，云南 10 项。预查阶段有 18 项，普查阶段有 29 项，详查阶段 6 项，勘探阶段 3 项，其中含开发勘探阶段 1 项。

该项工作自 1959 年开始，至 2007 年完成。

（20）锡

图中反映青藏高原地区共完成 30 个锡矿项目工作，分布于甘肃、青海、四川、西藏、云南，甘肃 1 项，青海 3 项，四川 19 项，西藏 3 项，云南 4 项。预查阶段有 8 项，普查阶段有 18 项，详查阶段 3 项，勘探阶段 1 项。

该项工作自 1972 年开始，至 2004 年完成。

（21）钼

图中反映青藏高原地区共完成 15 个钼矿项目工作，分布于甘肃、青海、四川、西藏，甘肃 1 项，青海 7 项，四川 4 项，西藏 3 项。预查阶段有 5 项，普查阶段有 10 项。

该项工作自 1960 年开始，至 2008 年完成。

（22）汞

图中反映青藏高原地区共完成 40 个汞矿项目工作，分布于甘肃、青海、四川、西藏、新疆、云南，甘肃 14 项，青海 11 项，四川 10 项，西藏 66 项，云南 5 项。预查阶段有 15 项，普查阶段有 15 项，详查阶段 19 项，勘探阶段 1 项，勘查阶段不详 1 项。

该项工作自 1939 年开始，至 1991 年完成。

（23）锑

图中反映青藏高原地区共完成 68 个锑矿项目工作，分布于甘肃、青海、四川、西藏、新疆、云南，甘肃 20 项，青海 11 项，四川 3 项，西藏 29 项，新疆 3 项，云南两项。预查阶段有 28 项，普查阶段有 33 项，详查阶段 4 项，勘探阶段 1 项，勘查阶段不详两项。

该项工作自 1958 年开始，至 2007 年完成。

（24）铂

图中反映青藏高原地区共完成 24 个铂矿项目工作，分布于青海、四川、西藏、云南，青海 8 项，四川 5 项，西藏 5 项，云南 6 项。预查阶段有 8 项，普查阶段有 5 项，详查阶段 2 项，勘查阶段不详两项。

该项工作自 1974 年开始，至 2006 年完成。

（25）铱

图中反映青藏高原地区共完成 1 个预查阶段项目工作，为西藏昌都地区类多县宗龙格含铀钍褐钇银矿点踏勘地质简报。

该项工作 1972 年完成。

（26）金

图中反映青藏高原地区共完成 915 个金矿项目工作，分布在新疆、西藏、青海、四川、云南、甘肃各省，预查阶段有 315 项，普查阶段有 470 项，详查阶段 79 项，勘探阶段 38 项，其开发勘探阶段有 6 项，勘查阶段不详 13 项。

该项工作自 1933 年开始，至 2008 年完成。

（27）银

图中反映青藏高原地区共完成 53 个银矿项目工作，分布于甘肃、青海、四川、西藏、新疆、云南，甘肃 4 项，青海 23 项，四川 11 项，西藏 11 项，云南 4 项。预查阶段有 19 项，普查阶段有 29 项，详查阶段 2 项，勘探阶段两项，勘查阶段不详 1 项。

该项工作自 1984 年 11 月开始，至 2008 年 4 月完成。

（28）铌钽

图中反映青藏高原地区共完成 13 个铌钽矿项目工作，分布于青海、四川、西藏、新疆，青海 6 项，四川 3 项，西藏 3 项，新疆 1 项。预查阶段有 3 项，普查阶段有 9 项，详查阶段 1 项。

该项工作自 1962 年 12 月开始，自 2005 年 8 月完成。

（29）铌

图中反映青藏高原地区共完成 8 个铌矿项目工作，分布于甘肃、四川、新疆，甘肃 1 项，四川 6 项，新疆 1 项。预查阶段有 3 项，普查阶段有两项，详查阶段 2 项，勘探阶段 1 项。

该项工作自 1960 年 1 月开始，至 1975 年 1 月完成。

（30）钽

图中反映青藏高原地区共完成两个预查阶段钽矿项目工作，青海和四川各 1 项。

该项工作自 1963 年 12 月开始，至 1968 年 1 月完成。

（31）铍

图中反映青藏高原地区共完成 17 个铍矿项目工作，都位于四川省内，预查阶段有 5 项，普查阶段有 6 项，详查阶段 5 项，勘探阶段 1 项。

该项工作自 1959 年 1 月开始，至 1975 年 12 月完成。

（32）锂

青藏高原地质勘查区域总计完成 17 个锂矿项目工作，都位于四川省内，预查阶段有 5 项，普查阶段有 6 项，详查阶段 5 项，勘探阶段 1 项。

该项工作自 1959 年 1 月开始，至 1975 年 12 月完成。

（33）锆

图中反映青藏高原地区共完成 1 个勘探阶段锆矿项目工作，位于四川省内。

该项工作 1962 年 11 月完成。

（34）锶

图中反映青藏高原地区共完成 8 个锶矿项目工作，分布于青海、云南两地，青海 6 项，云南两项。普查阶段有 5 项，详查阶段 1 项，勘探阶段两项，其中含开发勘探阶段 1 项。

该项工作自 1957 年 1 月开始，至 1993 年 5 月完成。

（35）铷

图中反映青藏高原地区共完成 1 个预查阶段铷矿项目工作，位于四川省内。

该项工作自 1971 年 1 月完成。

（36）钇

图中反映青藏高原地区共完成 1 个预查阶段钇矿项目工作，位于西藏自治区内。

该项工作 1972 年 5 月完成。

（37）铈

图中反映青藏高原地区共完成 1 个普查阶段铈矿项目工作，位于四川省内，为四川冕宁三岔河稀土矿床综合普查评价报告。

该项工作 1962 年 5 月完成。

（38）锗

图中反映青藏高原地区共完成 3 个锗矿项目工作，分布于青海和四川两地各一项，预查阶段有 1 项，普查阶段有两项；

该项工作自 1960 年 10 月开始，至 1963 年 10 月完成。

（39）镓

图中反映青藏高原地区共完成青藏高原地质勘查区域总计完成 1 个预查阶段镓矿项目工作，分布于甘肃省内，为一九五八年稀有分散元素工作报告。

该项工作 1959 年 1 月完成。

（40）镉

图中反映青藏高原地区共完成 1 个普查阶段镉矿项目工作，位于四川省内，为四川会理天宝山多金属矿床伴生稀有分散元素评价报告。

该项工作 1977 年 6 月完成。

（41）碲

图中反映青藏高原地区共完成两个碲矿项目工作，位于四川省内，预查阶段有 1 项，普查阶段有 1 项。

该项工作自 1995 年 12 月开始，至 1998 年 12 月完成。

（42）菱镁矿

图中反映青藏高原地区共完成 5 个菱镁矿项目工作，甘肃 3 项、青海 1 项、西藏 1 项，预查阶段有 1 项，普查阶段有 3 项，详查阶段 1 项。

该项工作自 1960 年 12 月开始，至 1987 年 8 月完成。

（43）萤石

图中反映青藏高原地区共完成 22 个萤石项目工作，分布于甘肃、青海、四川、西藏，甘肃 7 项，青海 10 项，四川 4 项，西藏 1 项。预查阶段有 6 项，普查阶段有 12 项，详查阶段 1 项，勘探阶段 3 项。

该项工作自 1959 年 9 月开始，至 2007 年 1 月完成。

（44）自然硫

图中反映青藏高原地区共完成 47 个自然硫项目工作，分布于甘肃、青海、四川、西藏、新疆，甘肃 6 项，青海 26 项，四川 3 项，西藏 3 项，新疆 9 项。预查阶段有 24 项，普查阶段有 13 项，详查阶段 6 项，勘探阶段 4 项。

该项工作自 1954 年 11 月开始，至 1981 年 9 月完成。

（45）硫铁矿

图中反映青藏高原地区共完成 34 个硫铁矿项目工作，分布于甘肃、四川、新疆、云南，甘肃 3 项，四川 28 项，新疆两项，云南 1 项。预查阶段有 18 项，普查阶段有 10 项，详查阶段 3 项，勘探阶段 3 项。

该项工作自 1947 年 9 月开始，至 2004 年 6 月完成。

（46）芒硝

图中反映青藏高原地区共完成 19 个芒硝项目工作，分布于甘肃、青海、四川、西藏、新疆、云南，甘肃两项，青海 13 项，四川两项，新疆两项。预查阶段有 3 项，普查阶段有 7 项，详查阶段 8 项，勘探阶段 1 项。

该项工作自 1958 年 12 月开始，至 1993 年 10 月完成。

（47）天然碱

图中反映青藏高原地区共完成 3 个天然碱项目工作位于青海省内，预查、普查、详查阶段各一项。

该项工作自 1958 年 11 月开始，至 1983 年 5 月完成。

（48）泥炭

图中反映青藏高原地区共完成 26 个泥炭项目工作，分布于甘肃、四川、西藏，甘肃 4 项，四川 17 项，西藏 5 项。预查阶段有 18 项，普查阶段有 5 项，详查阶段两项，勘探阶段 1 项。

该项工作自 1957 年 3 月开始，至 1993 年 12 月完成。

（49）岩盐

图中反映青藏高原地区共完成 22 个盐矿项目工作，分布于甘肃、青海、四川、西藏、云南，甘肃 1 项，青海 10 项，四川 5 项，西藏 5 项，云南 1 项。钻进地质 1 项，预查阶段有 3 项，普查阶段有 12 项，详查阶段 3 项，勘探阶段两项，勘查阶段不详 1 项。

该项工作自 1955 年 12 月开始，至 1995 年 9 月完成。

（50）镁盐

图中反映青藏高原地区共完成 3 个镁盐项目工作，位于青海省内，预查阶段有两项，勘探阶段 1 项。

该项工作自 1960 年 3 月开始，至 2000 年 10 月完成。

（51）钾盐

图中反映青藏高原地区共完成 14 个钾盐项目工作，分布于青海、云南，青海 10 项，云南 4 项。预查阶段有 1 项，普查阶段有 6 项，详查阶段 4 项，钻进地质 1 项，勘探阶段两项，其中开发勘探 1 项。

该项工作自 1959 年 1 月开始，至 2007 年 12 月完成。

（52）砷

图中反映青藏高原地区共完成 9 个砷矿项目工作，分布于青海、四川、西藏、云南，青海 3 项，四川两项，西藏两项，云南两项。预查阶段有 1 项，普查阶段有 4 项，详查阶段两项，勘探阶段两项。

该项工作自 1960 年 3 月开始，至 1995 年 4 月完成。

（53）磷

图中反映青藏高原地区共完成 58 个磷矿项目工作，分布于甘肃、青海、四川、西藏、新疆、云南，甘肃 16 项，青海 20 项，四川 25 项，西藏 1 项，新疆 1 项，云南 3 项。预查阶段有 20 项，普查阶段有 28 项，详查阶段 4 项，勘探阶段 6 项，其中有 1 项为开发勘探阶段。

该项工作自 1958 年 3 月开始，至 2006 年 5 月完成。

（54）金刚石

图中反映青藏高原地区共完成 6 个金刚石项目工作，分布于甘肃、青海、四川、西藏，甘肃 1 项，青海 1 项，四川 1 项，西藏 3 项。预查阶段有 1 项，普查阶段有 6 项。

该项工作自 1966 年 11 月开始，至 2004 年 4 月完成。

（55）石墨

图中反映青藏高原地区共完成 19 个石墨项目工作，分布于甘肃、青海、四川、云南，甘肃两项，青海 10 项，四川 5 项，云南两项。预查阶段有 7 项，普查阶段有 10 项，勘探阶段两项。

该项工作自 1958 年 12 月开始，至 2007 年 7 月完成。

（56）水晶

图中反映青藏高原地区共完成 26 个水晶项目工作，分布于四川、新疆、云南，四川 23 项，新疆 3 项，云南 1 项。预查阶段有 7 项，普查阶段有 14 项，详查阶段 4 项，勘探阶段 1 项。

该项工作自 1959 年 2 月开始，至 1980 年 11 月完成。

（57）压电水晶

图中反映青藏高原地区共完成 9 个压电水晶项目工作，分布于甘肃、青海、四川、西藏、新疆、云南，甘肃两项，青海 20 项，四川 15 项，西藏 1 项，云南 1 项。预查阶段有 14 项，普查阶段有 175 项，详查阶段 7 项，勘探阶段 1 项。

该项工作自 1956 年 12 月开始，至 1980 年 10 月完成。

（58）熔炼水晶

图中反映青藏高原地区共完成 6 个熔炼水晶项目工作，分布于甘肃和四川两地，甘肃 4 项，四川两项。预查阶段有 4 项，普查阶段有两项。

该项工作自 1958 年 9 月开始，至 1971 年 12 月完成。

（59）工艺水晶

图中反映青藏高原地区共完成 1 个预查阶段的工艺水晶项目工作，为西藏波密县扎木区大兴公社羊雄塔水晶矿点踏勘简报。

该项工作 1973 年 12 月完成。

（60）石棉

图中反映青藏高原地区共完成 86 个石棉项目工作，分布于甘肃、青海、四川、西藏、新疆、云南，甘肃 7 项，青海 24 项，四川 37 项，新疆 14 项，云南 4 项。预查阶段有 18 项，普查阶段有 27 项，详查阶段 24 项，勘探阶段 17 项，其中含开发勘探两项。

该项工作自 1952 年 11 月开始，至 2003 年 8 月完成。

（61）石膏

图中反映青藏高原地区共完成 46 个石膏项目工作，分布于甘肃、青海、四川、西藏、新疆、云南，甘肃 20 项，青海 9 项，四川 5 项，西藏 4 项，新疆 7 项，云南 1 项。预查阶段有 16 项，普查阶段有 24 项，详查阶段两项，勘探阶段 4 项。

该项工作自 1947 年 5 月开始，至 2006 年 8 月完成。

（62）宝石

图中反映青藏高原地区共完成 13 个宝石项目工作，分布于甘肃、青海、四川、西藏，甘肃 1 项，青海 6 项，四川两项，西藏 4 项。预查阶段有 8 项，普查阶段有 5 项。

该项工作自 1983 年 12 月开始，至 2004 年 3 月完成。

（63）玛瑙

图中反映青藏高原地区共完成青藏高原地质勘查区域总计完成 1 项预查阶段玛瑙项目工作，位于甘肃省内，为甘肃省碌曲县郎木寺玛瑙矿点踏勘报告。

该项工作 1982 年 12 月完成。

（64）硼

图中反映青藏高原地区共完成 48 个硼矿项目工作，分布于甘肃、青海、四川、西藏，甘肃 1 项，青海 28 项，四川两项，西藏 19 项。预查阶段有 13 项，普查阶段有 22 项，详查阶段 8 项，勘探阶段 4 项，勘查阶段不详 1 项。

该项工作自 1954 年 12 月开始，至 2006 年 10 月完成。

（65）矿泉水

图中反映青藏高原地区共完成 30 个矿泉水项目工作，分布于青海、四川、西藏，青海 7 项，四川 18 项，西藏 5 项。预查阶段有 7 项，普查阶段有 6 项，详查阶段 1 项，勘探阶段 16 项，其中有 1 项为开发勘探阶段的项目工作，勘查阶段不详 1 项。

该项工作自 1985 年 12 月开始，至 2005 年 8 月完成。

（66）地下水

图中反映青藏高原地区共完成 14 个地下水项目工作，分布于青海和四川，四川 13 项，青海 1 项。普查阶段有两项，详查阶段 1 项，开发勘探 11 项。

该项工作自 1966 年 2 月开始，至 2008 年 3 月完成。

（67）建材及其他非金属矿

图中反映青藏高原地区共完成 4 个建材及其他非金属矿项目工作，西藏和青海省内，西藏 3 项，青海 1 项。预查阶段有两项，普查阶段有 1 项，详查阶段 1 项。

该项工作自 1995 年 5 月开始，至 2007 年 7 月完成。

（68）稀土

图中反映青藏高原地区共完成 11 个稀土矿项目工作，分布于甘肃、青海、四川，甘肃两项，青海 1 项，四川 8 项。预查阶段有 3 项，普查阶段有 3 项，详查阶段 1 项，勘探阶段 3 项，勘查阶段不详 1 项。

该项工作自 1960 年 2 月开始，至 2001 年 8 月完成。

（69）稀有稀土分散元素矿

图中反映青藏高原地区共完成 3 个预查阶段稀有稀土分散元素矿项目工作，甘肃、青海和四川三地各一项。

该项工作自 1959 年 7 月开始，至 2003 年 4 月完成。

（70）其他工作

图中反映青藏高原地区共完成青藏高原地质勘查区域总计完成 603 个不详矿种项目工作，分布于甘肃、青海、四川、西藏，甘肃 135 项，内蒙古 1 项，青海 118 项，四川 280 项，西藏 19 项，新疆 22 项，云南 37 项。预查阶段有 395 项，普查阶段有 179 项，详查阶段 8 项，勘探阶段 4 项，其中含 1 项为开发勘探阶段，勘查阶段不详 14 项。

该项工作自 1918 年开始，至 2007 年完成。

# 第二节　全国地质资料馆馆藏区域地质调查检索图集

## 一、编图目的

为了对全国地质资料馆馆藏的区域地质矿产调查成果资料进行系统清理总结，根据用户需求编制了成果地质资料检索图集，构建了空间图形检索查询体系，以方便用户快捷、方便地查找地质资料、了解区域地质矿产调查工作程度。

## 二、编制基础

截至 2007 年年底全国地质资料馆馆藏的 1∶100 万、1∶50 万、1∶25 万、1∶20 万、1∶5 万区域地质调查资料共计 4862 档。其中，1∶100 万区域地质调查资料 65 档，包括 41 个 1∶100 万图幅，覆盖国土面积 947.38 万 $km^2$，占国土面积的 98.7%；1∶50 万区域地质调查资料 65 档，包括 10 个 1∶50 万图幅，覆盖国土面积 88.6 万 $km^2$，占国土面积的 9.2%；1∶25 万区域地质调查资料 238 档，包括 189 个 1∶25 万图幅，覆盖国土面积 360 万 $km^2$，占国土面积的 37.5%；1∶20 万区域地质调查资料 1211 档，包括 1062 个 1∶20 万图幅，覆盖国土面积 691 万 $km^2$，占国土面积的 72.0%；1∶5 万区域地质调查资料 3284 档，包括 4211 个 1∶5 万图幅，覆盖国土面积 180.3 万 $km^2$，占国土面积的 18.8%。上述材料为编制本图集奠定了坚实基础。

## 三、编制方法

本图集采用以表格的形式列出资料的档案号、题名、形成日期等信息。为方便阅者快速、直观查询，编制了相应比例尺的区域地质调查资料索引图。其中 1∶100 万、1∶50 万、1∶25 万区域地质调查资料索引图是在地理底图上分别套合相应比例尺标准图幅接图表编制而成；1∶20 万区域地质调查资料索引图按行政区划分为东北区、华北区、华东区、华中区、华南区、西北区、西南区，在地理底图上套合 1∶20 万标准图幅接图表编制而成；1∶5 万区域地质调查资料索引图分 1∶50 万图幅编制，在地理底图上套合 1∶5 万标准图幅接图表编制而成。

地理底图采用了国家基础地理信息系统提供的中华人民共和国 1∶400 万 Shape 格式的地理底图。1∶100 万、1∶50 万、1∶25 万区域地质调查资料索引图的投影方法为：采用兰伯特等角割圆锥投影坐标系，中央经线为 105°E，第一标准纬线为 25°N，第二标准纬线为 47°N，投影原点纬度为 18°N，椭球参数采用北京 54/克拉索夫斯基 1940 椭球参数。

## 四、图集内容

（1）前言
图集前言介绍了全国地质资料馆藏地质资料情况及编制目的和编制方法。
（2）区域地质调查工作程度及馆藏成果地质资料综述
图集概略介绍我国区域地质调查工作程度及全国地质资料馆馆藏区域地质调查成果地质资料情况。
（3）序图
序图部分包括《中国政区图》《中国陆地卫星影像图》《中国地势图》《中国水系流域图》以及《中国地质图》。

（4）1∶100 万万区域地质调查资料索引

该部分包括检索图 1 张，目录 3 页。

（5）1∶50 万区域地质调查资料索引

该部分包括检索图 1 张，目录 2 页。

（6）1∶25 万区域地质调查资料索引

该部分包括检索图 1 张，目录 53 页。

（7）1∶20 万区域地质调查资料索引

该部分包括检索图 9 张，目录 30 页。

（8）1∶5 万区域地质调查资料索引

该部分包括检索图 77 张，目录 73 页。

## 五、区域地质调查工作程度及馆藏成果地质资料综述

### 1. 1∶100 万区域地质调查资料

我国 1∶100 万区域地质调查工作始于 20 世纪 50 年代。为保证工业建设的需求，从 1953 年开始实施的我国第一个国民经济发展五年计划，就对地质工作提出了明确的任务和要求，强调加强地质工作。为此，全国有计划地开展了 1∶100 万区域地质调查和矿产普查工作。该阶段以区域地质编图和编测相结合为主，利用过去的一些区域路线地质调查和矿区地质资料，进行综合归纳，并适当进行野外地质调查工作。50 年代末，基本完成了我国东部地区（108°E 以东）的 1∶100 万区域地质编图和编测工作，累计完成 1∶100 万区域地质调查面积 407.8 万 $km^2$，占国土面积的 42.5%，编制出版系列 1∶100 万地质图、矿产分布图、大地构造图、内生金属矿床成矿规律图及其说明书，对中国东部区域地质构造的基本特征、内生金属矿产的生成与分布规律等，进行了第一次较系统的总结和探索。

20 世纪 60 年代，原地矿部对西部地区 1∶100 万区域地质调查进行了全面的部署，经过近 30 年的艰苦工作，截至 1987 年，基本完成了全国陆域 1∶100 万区域地质调查，覆盖面积达 947.38 万 $km^2$，占国土面积的 98.7%。

全国地质资料馆藏有全部 1∶100 万区域地质调查资料 65 档，覆盖 41 个 1∶100 万图幅，资料料较为齐全。

### 2. 1∶50 万区域地质调查工作程度

1∶50 万区域地质调查工作开展于 1958～1992 年，主要集中在 20 世纪六七十年代，部署在新疆南部、华北平原等地。覆盖面积达 88.6 万 $km^2$，占国土面积的 9.2%。

全国地质资料馆藏有 1∶50 万区域地质调查资料 65 档，覆盖 10 个 1∶50 万图幅，资料齐全。全国地质资料馆还藏有覆盖全国的 1∶50 万地质图空间数据库，以数字化形式向社会提供服务。

### 3. 1∶20 万区域地质调查工作程度

我国 1∶20 万区域地质调查始于 1955 年，由在新疆组成的第一支中苏合作地质调查

队在阿尔泰、柯坪和西昆仑等地区开展1：20万区域地质调查试点工作、1956年又相继组成3支中苏合作地质调查队，分别在南岭、秦岭和大兴安岭地区进行1：20万区域地质调查。1958年4月起，陆续组建省（区、市）专业区域地质调查队，在全国大面积地开展1：20万区域地质调查。至20世纪90年代，除青藏高原大部分地区和大兴安岭局部地区外，其余地区已全部完成。共计完成1062幅，面积达691万km²，占国土面积的72%。

全国地质资料馆藏有1：20万区域地质调查资料1211档，1062个1：20万图幅。全国地质资料馆还藏有覆盖全国的1：20万地质图空间数据库，以数字化形式向社会提供服务。

### 4. 1：25万区域地质调查工作程度

1996年，根据国家地矿工作和区域地质调查工作改革的需要，我国开始进行1：25万区域地质调查试点填图。首先选择不同地质构造区（造山带）、不同岩类区、不同地理区和城市、经济开发区部署1：25万区域地质调查填图试点及填图方法研究。分别在河北省（承德地区承德幅）、黑龙江省（大兴安岭地区东方红林场幅）、广东省（城市、经济开发地区广州幅）、四川省（川西地区甘孜幅——松潘—甘孜复合造山带）、云南省（三江地区中甸等幅——西南三江造山带）、甘肃省（北山地区马鬃山幅——北山造山带）、青海省（兴海幅、冬给错纳幅——昆仑—秦岭复合造山带）、新疆维吾尔自治区（纸房幅——天山—兴安复合造山带）等8省（区）开展了9幅、139 459km²的区域地质调查填图试点及填图方法研究。

1999年国土资源大调查以来，开始在青藏高原和大兴安岭全面部署空白区1：25万区域地质调查，截至2005年，完成青藏高原和大兴安岭地区1：25万区域地质调查实测共计119个图幅161万km²，占国土面积的16.8%。至此，我国中比例尺区域地质调查实现全覆盖。

1999年以来，针对原有1：20万区域地质调查数据老化和质量不能满足当前形势需求的情况，开展了针对原1：20万区域地质调查数据进行更新的1：25万区域地质调查修测工作，在1：20万区域地质调查成果基础上，通过利用新技术新方法，按照数字填图技术要求开展区域地质调查修测，有计划地更新了部分中比例尺国家基础地质数据。截至2005年，在1：20万区域地质调查的基础上，完成1：25万区域地质调查修测累计127个图幅总面积199万km²，占国土面积的20.7%。

全国地质资料藏有1：25万区域地质调查资料238档，包括189个1：25万图幅。全国地质资料馆正在研发1：25万地质图空间数据库，以方便用户借阅。

### 5. 1：5万区域地质调查工作程度

我国正规的1：5万区域地质调查工作开始于1958年，当时1：5万区域地质调查工作还处于局部范围的试点阶段，工作方法参照前苏联1：2.5和1：5万区域地质调查工作规范，在北京西山、辽宁西部、山东沂蒙山等地开展1：5万地质填图试点。1960年，广东、新疆、贵州等省区也相应开展1：5万区域地质调查试点工作，主要进行区域地质、矿产等综合性地质调查。调查内容包括地质填图、水文地质、矿产普查、矿点检查、重砂测量、化探、伽马测量、磁法测量，局部地区进行重力和激电测量等工作，同时还施用浅钻验证和山地工程进行工程揭露，区域地质调查报告内容包括基础地质和矿产两部分，附有地质图和矿产图。

从 1974 年开始，原国家计委地质局重新部署和加强了 1∶5 万区域地质调查工作，1∶5 万区域地质调查安排在成矿条件有利、战略位置重要、交通方便或重点工矿区周围。

1983 年 11 月，原地矿部总结了二十多年来我国 1∶5 万区域地质调查所取得的成果和工作经验，明确了 1∶5 万区域地质调查与矿产普查的界线，在以"地质以找矿为中心"的指导思想和"区域展开，重点突破"方针指导下，1∶5 万区域地质调查工作的基本方针是：从基础地质调查入手，提高区域地质、区域矿产研究程度，从实际出发，因地制宜，加快区域地质调查工作进程，按轻重缓急有计划有步骤地系统进行 1∶5 万区域地质调查。

1986 年，原地矿部开展了 1∶5 万区域地质调查中地质填图方法研究，通过选择典型的试验区进行填图实践和研究，总结和创立了一套适合于我国地质特色的区域地质填图方法，出版了《花岗岩区 1∶5 万区域地质填图方法指南》《变质岩区 1∶5 万区域地质填图方法指南》和《沉积岩区 1∶5 万区域地质填图方法指南》三大岩石类型地区的 1∶5 万区域地质调查工作方法指南。

从"八五"计划实施开始，1∶5 万区域地质调查全面推广填图新方法，分别采用花岗岩区、变质岩区和沉积岩区填图工作方法开展区域地质调查工作，同时取消了原区域地质调查工作内容中的矿产调查，单纯进行区域地质填图，围绕解决我国重要经济区、重要成矿带和主要地质单元为重点的 1∶5 万区域地质调查按照"地质走廊"进行区域地质调查联测。

"九五"期间，重点开展了 1∶5 万区域地质调查片区总结工作，在 20 个省（区、市）部署了 1∶5 万片区总结，共 36 片涉及 796 幅 1∶5 万图幅。片区总结周期为 3 年。以现代地质理论为指导，应用最新科研成果资料，在充分消化、分析原有资料的基础上，通过室内综合研究和必要的野外工作，将不同历史时期填制的 1∶5 万地质图统一到一个新的认识水平上，编出新一代中比例尺 1∶25 万比例尺地质图，并应用计算机技术建立相应的数字地质图。

从"九五"计划开始实施以来，区域地质调查工作范围和调查内容进行了收缩，取消了调查内容中的矿产调查，单纯进行区域地质填图，并一直延续到"十五"末期。原地质矿产部在 1991 年发布的《区域地质调查总则（1∶50000）》（DZ：T0001-91）说明了区域地质调查工作内容的调整。

自 1999 年实施国土资源大调查工作以来，由于受国家财政专项投资规模的制约，区域地质调查工作重点投入在 1∶25 万区域地质调查，在有限投入的情况下，按照大调查纲要的计划，在资源和环境评价的重点地区及国家急需的重点地带开展了少量的 1∶5 万区域地质调查，部署并完成 1∶5 万区域地质调查 106 幅。

截止到 2005 年，全国 1∶5 万区域地质调查累计完成 4211 个图幅 180.3 万平方千米，占我国国土面积的 18.8%。

全国地质资料馆藏有 1∶5 万区域地质调查资料 3284 档，包括 4211 个 1∶5 万图幅，正在建设项 1：5 万地质图空间数据库，并将已完成的 1000 余幅数字化成果提供社会利用。

# 第三节　青海省玉树地震灾区基础地质图集

## 一、编图目的

基于全国地质资料馆和青海省国土资源博物馆馆藏地质资料为玉树地震灾区抗震救灾和灾后重建提供基础资料参考。

## 二、编制基础

以馆藏资料为基础，共收集了玉树地区自然地理图 4 张，基础地质及水文地质图 4 张，地球物理地球化学图 29 张、玉树地区 1：20 万区域地质调查工作程度图 1 张。收集整理了玉树地区地质资料 60 种，地质文献 582 条。上述工作为本图集编制打下良好基础。

## 三、编制方法

首先收集有关地震区所有的馆藏资料，再根据图集版面大小确定图形范围。对没有矢量化的图像文件按版面范围进行矢量化编辑，在 MapGIS 软件中生成理论图框，把经矢量化的文件通过 MapGIS 软件误差校正投影到理论图框中；对矢量化文件在 MapGIS 软件中直接进行拓扑裁切，修饰完整后交印刷厂出版。部分图件通过收集扫描后直接应用。

## 四、图集内容

### 1. 序图

该部分主要包括玉树地震灾区地势图、玉树地震灾区地貌图、玉树地震灾区行政区划图、玉树地震灾区道路交通图。

### 2. 基础地质、水文地质图

该部分主要包括青海省大地构造分区略图、玉树地震灾区大地构造图、玉树地震灾区地质简图、青海省活动断裂带分布图、玉树地震灾区综合水文地质图、玉树地震灾区环境地质图。

### 3. 地球物理、地球化学图

该部分包括玉树地震灾区布格异常平面等值线图，剩余重力异常平面等值线图，航空磁力异常平面等值线图，地球化学组合异常图，玉树地震灾区 Au 元素地球化学图，Cr 元素地球化学图，Cu 元素地球化学图，Bi 元素地球化学图，Ag 元素地球化学图，Be 元素地球化学图，Zn 元素地球化学图，Ba 元素地球化学图，Hg 元素地球化学图，F 元素地球化学图，Ni 元素地球化学图，B 元素地球化学图，Pd 元素地球化学图，U 元素地球化学图，Sb 元素地球化学图，Y 元素地球化学图，Sn 元素地球化学图，Ti 元素地球化学图，W 元素地球化学图，Nb 元素地球化学图，Mo 元素地球化学图，Cd、Co 元素地球化学图，La、As 元素地球化学图。

**4. 附录**

该部分共收集整理玉树地区馆藏地质资料 60 种，主要包括档案号、资料题名及提交单位等信息；玉树地区地质文献资料 582 种，主要包括篇名、作者、中文刊名、时间及刊期等信息。

## 五、利用服务

该图集较全面地收集了玉树地区自然地理、基础地质及水文地质、地球物理地球化学图等图件，同时提供了玉树地区地质资料 60 种、地质文献 582 条，为省抗震指挥部及承担灾后重建的相关部门提供了重要参考资料，在玉树重建中发挥了积极作用。

# 第四节　西藏自治区基础地质资料检索图集

为了给社会各界利用基础性、公益性地质资料提供方便快捷的手段，为有关部门部署地质工作提供参考依据，编制了《西藏自治区基础地质资料检索图集》。

## 一、工作基础

《西藏自治区基础地质资料检索图集》地理底图及行政区划依据 1 : 50 万西藏自治区地质图相关图层。地质资料目录来源于西藏自治区国土资源资料馆馆藏成果地质资料及目录数据库，各类地质工作范围均依据地质报告中的经纬度坐标确定。利用已建成的成果地质资料目录数据库，在修正目录数据库中地质资料分类、工作区经纬度坐标和内容提要等方面的错误的基础上编制图集。

## 二、编制方法

在 1 : 200 万西藏自治区行政区划图上，按照地质工作类别对地质资料进行分类，对同类地质资料按工作程度（比例尺）分别编制检索图，在图上标注每一种地质资料的工作范围、资料档号等信息，并在图后列出相应资料的总体目录和每种资料的形成单位、编著者、形成时间、工作范围坐标、内容提要、资料存档件数等基本信息。

## 三、主要内容

《西藏自治区基础地质资料检索图集》包括表4-1所列33项内容。

通过检索图，反映工作区地理位置、工作范围及相互关系和成果地质资料的档案号，在图后附各相应成果资料目录和内容提要中说明。查阅者可据此在检索图后面查阅有关地质工作和地质资料的基本情况，为进一步查询相关地质工作的详细情况提供参考。

表4-1 《西藏自治区基础地质资料检索图集》目录

| 序号 | 检索图名（资料目录名） | | 序号 | 检索图名（资料目录名） |
|---|---|---|---|---|
| 1 | 1：100万区域地质调查 | | 16 | 综合科学考察 |
| 2 | 1：100万区域矿产调查 | | 17 | 地质科研 |
| 3 | 1：100万区域物探（重力） | | 18 | 区域矿产资源调查评价 |
| 4 | 1：100万区域水文地质调查 | | 19 | 1：50万区域地球化学测量 |
| 5 | 1：25万区域地质调查 | ①已汇交尚未归档1：25万区域地质调查 | 20 | 1：20万区域地球化学测量 |
| | | | 21 | 特殊区域地球化学水系沉积物测量 |
| | | ②已完成工作尚未汇交的1：25万区域地质调查 | 22 | 水文地质调查 |
| | | | 23 | 水文地质勘查 |
| 6 | 1：20万区域地质调查 | | 24 | 工程地质勘查 |
| 7 | 1：20万矿产地质调查 | | 25 | 环境（灾害）地质勘查 |
| 8 | 1：5万区域地质调查 | | 26 | 县城环境（灾害）地质 |
| 9 | 小于1：100万路线地质调查 | | 27 | 特殊地区环境（灾害）地质 |
| 10 | 1：100万路线地质调查 | | 28 | 地震地质调查 |
| 11 | 1：50万路线地质调查 | | 29 | 航磁勘查 |
| 12 | 1：20万路线地质调查 | | 30 | 航磁异常检查 |
| 13 | 1：10万路线地质调查 | | 31 | 重力普查 |
| 14 | 1：5万路线地质调查 | | 32 | 地震反射波法 |
| 15 | 其他比例尺路线地质调查 | | 33 | 遥感地质调查 |

# 第五节  青海省公益性基础性地质调查成果资料检索图册

## 一、编图目的

公益性、基础性地质调查工作成果的信息集成和应用是一切地质工作的基础和先行，它渗透于国民经济建设的方方面面，始终贯穿于地质工作与研究的全过程。为了进一步贯彻落实《国务院关于加强地质工作的决定》的精神实质，不断满足于"公开信息、共享信息、方便查阅、服务社会"的新任务和新要求，编制《青海省公益性基础性地质调查成果资料目录检索图册》（简称《图册》），直观地揭示青海省基础地质调查工作成果现状，为"青藏高原地质矿产调查与评价"专项中进一步规划和部署新一轮基础地质调查研究工作及项目设置提供科学决策依据，同时也对引导社会各领域充分利用地质资料，发挥地质资料应有的作用与价值提供翔实的信息资源。

## 二、编制基础

《图册》重点以青海省五十多年来馆藏的基础性地质调查工作成果资料为基础，共收集了截止于 2008 年 12 月底馆藏的区域地质调查、水文地质调查、工程地质调查、地球物理勘探、地球化学勘探、遥感等专业地质调查成果资料 434 份，按比例尺分别进行归类统计。

1：50 万成果资料共 15 种，其中区域地质调查成果资料 3 种、水文地质调查成果资料 7 种、工程地质调查成果资料 2 种、环境地质调查成果资料 1 种、区域化探调查成果资料 2 种。

1：25 万成果资料共 19 种，其中区域地质调查成果资料 18 种、青海省 1：25 万区域水文地质调查成果资料 1 种。

1：20 万成果资料共 259 种，其中区域地质调查成果资料 79 种、区域矿产调查成果资料 72 种、水文地质调查成果资料 45 种、区域化探调查成果资料 44 种、区域地质测量成果资料 12 种、区域物探（重力）调查成果资料 6 种、区域遥感调查成果资料 1 种。

1：5 万成果资料共 141 种，其中区域地质调查成果资料 67 种、区域矿产调查成果资料 25 种、区域化探调查成果资料 40 种、区域综合物化探调查成果资料 5 种、区域水文地质调查成果资料 4 种。

本次收集其他参考图件 9 张，分别是：青海省影像图、青海省地势图、青海省交通现状图、青海省矿产分布图、青海省旅游线路分布图、青海省人口分布图、青海省矿产分布图、青海湖影像图、青海省自然保护区分区图。

## 三、《图册》编制方法

《图册》的编制是以青海省地形、地貌、水系为底图，分别套合了 1：50 万、1：25 万、1：20 万、1：5 万标准图幅接图表，按色区覆盖来区分已完成的成果调查报告的工作范围和图幅，同时在每个已完成的图幅或工作范围内标注了图幅名称、图幅编号、成果报告资料档号及该报告工作的年代，并按不同比例尺、分各专业地质调查情况分别建立目录检索图及目录检索表。

## 四、编图工作内容

编图工作内容分两部分，二者相互对应。

一是图面内容（图 4-1）：主要有全省地理信息为底图、图幅编号、范围、面积、图例、成果资料档案号等。

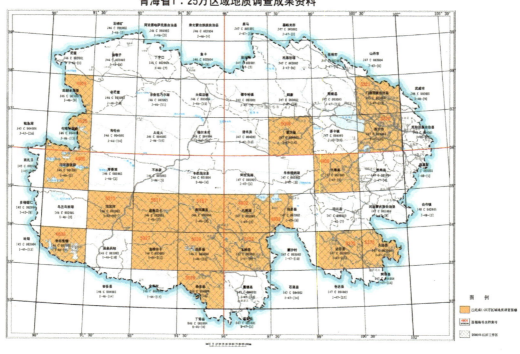

图 4-1  公益性基础性地质资料检索示意图

二是检索表内容（表 4-2）：主要包括序号、档号、图幅号、报告名称、经纬度、调查面积、形成单位、形成时间等信息。

表 4-2  馆藏 1：25 万区域地质调查成果资料一览表（示意表）

| 序号 | 档号 | 图幅号 | 报告名称 | 经纬度 | 调查面积（km²） | 形成单位 | 形成时间 |
|---|---|---|---|---|---|---|---|
| 1 | 4802 | I47C002001 I47C002002 | （扎陵湖幅）（玛多县幅、西半幅）1：25 万黄河源区生态环境地质调查报告 | 96°00′00″E ~ 98°15′00″E 34°00′00″N ~ 35°00′00″N | 22 923 | 青海省地质调查院、中国地质大学 | 1989 年 11 月 |
| 2 | 4808 | I47C001003 | 兴海幅 1：25 万区域地质调查报告 | 99°00′00″E ~ 100°30′00″E 35°00′00″N ~ 36°00′00″N | 15 102 | 青海省地质调查院 | 2001 年 3 月 |
| 3 | 4833 | I46C003001 | 赤布张错幅 1：25 万区域地质调查报告 | 90°00′00″E ~ 91°30′00″E 33°00′00″N ~ 34°00′00″N | 15 516 | 中国地质调查局宜昌地质调查中心 | 2003 年 2 月 |

## 五、利用服务

《图册》具有图表相互对照、清晰直观、检索方便等特点，深受广大用户的喜爱，利用率较高。用户可以利用该图册直观、全面地了解青海区域性地质调查工作的发展历史，工作范围及工作程度等信息，只要从图中找到所需图幅，就可以通过档案号快速找到相应的文字和图件，为其提供利用服务。

## 六、图册编制模式建议

（1）封面设计

封面设计要美观大方，以能代表地方特色标志或名胜风景区照片为底图，封面要注明图册名称、编制单位、日期等。

（2）前言

要说明编图的依据、目的、基础、方法及资料来源和截止日期等。

（3）图册内容

分两部分：一是图件部分，以本省地理信息为底图，按色区覆盖来区分已完成的成果资料工作范围和图幅，同时在每个已完成的图幅或工作范围内标注图幅名称、图幅编号、成果报告资料档号等信息。二是文字部分，以表格的形式反映档号、图幅号、报告名称、经纬度、调查面积、形成单位、形成时间等信息。

（4）参考文献

主要列举本次编图所参考的文献资料目录。

# 第六节　青海省矿产勘查地质资料检索图集

## 一、编图目的

青海省位于我国西部腹地的青藏高原东北部，是青藏高原的重要组成部分。截至 2008 年，青海省共发现各类金属矿产 48 种，矿产地约 2180 余处。全省上表金属矿产 28 种，其中黑色金属矿产 2 种；有色金属矿产 12 种；贵金属矿产 4 种；稀有、稀土分散元素金属矿产 10 种。全省金属矿产中铜、铅、锌、钴、金资源相对丰富，找矿潜力较大，为省内优势矿种。汞、镍、钼、银资源较多，黑色金属矿产及钨、锡、锑、铌钽和铂族元素资源不足，铋和铝为相对短缺矿种。该图册的编制以为青海省矿产资源的勘查开发管理及开展商业性地勘工作提供全面翔实的成果信息查询服务为目的，进一步推动我省找矿新突破和矿业经济大发展。

## 二、编制基础

该检索图集的编制，是以青海省50多年来全省主要金属矿产的勘查、成果地质资料为基础，共搜集整理了矿床、矿点、矿化点的地质矿产成果信息约1773条，其中黑色金属矿产（铁、铬、锰）611条；有色金属矿产（铜、铅、锌、镍、锡、钨、钼、钴、汞、锑）745条；贵金属矿产（岩金、砂金、银）417条。

## 三、编图方法

以实现地质资料基于青海省地形、地质图形的空间分布查询为主线，全面系统地对全省主要金属矿产——黑色金属、有色金属、贵金属三大类矿产的勘查成果信息，进行分类、统计、采集、整理，将各信息点经纬度投影到图上，并在图上注明每条信息所对应的资料档案号。文字说明以表格形式置于图件之后，达到文图一一对应。

## 四、图册内容

分两部分：一是图件部分（图4-2），在地理底图的基础上，标注了各矿点位置、规模及序号等信息。二是文字说明部分（表4-3），采集了档案号、矿产地名称、规模、经纬度、工作程度、勘查结论、开发现状及开发前景等信息。

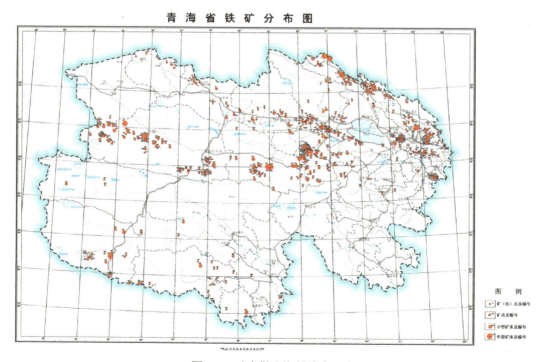

图 4-2　矿产勘查资料检索示意

表 4-3 矿产地信息一览表（示意表）

| 序号 | 档号 | 矿产地名称 | 经度 | 纬度 | 规模 | 工作程度 | 勘查结论 | 开发现状 | 开发前景 |
|---|---|---|---|---|---|---|---|---|---|
| 1 | 1723 | 冷湖镇联欢沟铜矿化点 | 92°51′16″E | 39°05′26″N | 矿化点 | 预查 | 暂无进一步工作必要 | 未勘查 | 暂无进一步工作前景 |
| 2 | 1723 | 冷湖镇五一沟口铁矿化点 | 92°48′17″E | 39°02′13N | 矿化点 | 预查 | 该矿石是寻找矽卡岩型富铁矿的方向和标志 | 未勘查、未开发 | 暂无进一步工作前景 |

# 第七节　青海省重要成矿带地质图集

## 一、编图目的

为系统地介绍青海省矿产资源状况、矿产资源成矿远景区划情况和目前各成矿带矿产资源概况，更好地为全省地质矿产勘查和经济建设服务，编制本图集。

## 二、编制基础

重要成矿带地质成果信息图的编制是以青海省第三轮成矿远景区划研究及找矿靶区预测为依据，该报告共划分出 2 个成矿域、5 个成矿省、26 个成矿带、31 个成矿亚带和 25 个矿带（田），该图集分别按 25 个成矿带形成图件并配文字说明。

## 三、编图方法

图集主要由青海省重要社会发展信息现状图集、青海省重要的参考性地质成果图集和青海省重要成矿带信息检索图集三部分组成，并配有文字总结和说明。所有的图件编制均在现有的信息数据库基础上，以青海省成矿区划略图为依据，采用 MapGIS 系统叠加集成后，矢量化完成，其精度要求符合有关规范标准。编撰时引用了《青海省区域地质概论》《青海省板块构造研究》、《青海省第三轮成矿远景区划研究及找矿靶区预测》以及《青海省地理》和有关社会经济发展统计资料。图集中所用编研成果资料信息截止于 2007 年底。

## 四、图集内容

（1）前言

主要介绍了青藏高原地质概况、图集编制目的。图集比较系统地总结了青海省新中国成立以来，特别是改革开放以来取得的一系列主要地、物、化及矿产勘查成果，基本反映了当前青海省地质矿产勘查和基础研究方面工作程度和现状。图集中所用编研成果资料信息截止于 2007 年底。

（2）自然经济地理概况

（3）序图

主要收集了青海省遥感影像图（1：350 万）、青海省地势图（1：350 万）、青海省交通图（1：350 万）、青海省人口分布图（1：350 万）、青海省自然保护区分区图（青海省社会经济发展概况）（1：350 万）等，直观地展现了青海省自然地理、交通、人口分布、自然保护区等现状。

（4）基础地质图件

主要收集编制了青海省基础地质信息、盐湖矿产地质、三大岩类资料、大地构造、金属非金属及能源矿产、成矿规律、航磁 $\Delta T\alpha$ 异常特征及 Au、Cu、Pb、Zn 地球化学异常特征等信息，编制了青海省地质图、盐湖矿产地质图、侵入岩地质图、火山岩地质图、变质岩地质图、大地构造图、金属矿产图、非金属矿产图、能源矿产图、成矿规律图、航磁异常图及 Au、Cu、Pb、Zn 地球化学图。

（5）重要成矿带地质成果信息图

主要由以下图件及文字说明组成：

青海省成矿区划略图（1：400 万）；

祁连成矿省

● 北祁连成矿带

● 中祁连成矿带

● 南祁连成矿带

● 拉脊山成矿带

● 日月山—化隆成矿带

东昆仑成矿省

● 阿卡腾能山成矿带

● 俄博梁成矿带

● 欧龙布鲁克—乌兰成矿带

● 寒什腾山—阿尔茨托拉山成矿带

● 柴达木盆地盐类矿产成矿区

● 祁温塔格—都兰成矿带

● 伯喀里克—香日德成矿带

布喀达坂—青海南山成矿省

● 雪山峰—希尔汗布达成矿带

● 宗务隆山成矿带

● 鄂拉山成矿带

● 同德—泽库成矿带

● 西倾山成矿带

● 布喀达坂峰—阿尼玛卿山成矿带

巴颜喀拉成矿省

- 北巴颜喀拉山成矿带
- 中巴颜喀拉山成矿带
- 可可西里—南巴颜喀拉山成矿带

唐古拉成矿省

- 西金乌兰—玉树成矿带
- 下拉秀成矿带
- 沱沱河—杂多成矿带
- 雁石坪成矿带
- 唐古拉山南坡成矿带

## 五、利用服务

该图集比较系统地总结了青海省新中国成立以来，特别是改革开放以来取得的一系列主要地、物、化及矿产勘查成果，基本反映了当前青海省地质矿产勘查和基础研究方面工作程度和现状。直观而详细地介绍了青海省重要成矿带地质概况，是一部具有工具性质的参考资料。

# 第八节　新疆公益性基础性地质调查成果资料检索图册

## 一、工作基础

以新疆地质资料馆馆藏 462 档基础地质资料为基础编制本图集。

（1）1：100 万图幅

1：100 万区域矿产调查成果资料 9 档；1：100 万区域地质调查成果资料 24 档；1：100万区域水文地质调查成果资料 2 档。

（2）1：50 万图幅

1：50 万区域调查成果资料 7 档；1：50 万水文地质调查成果资料 15 档。

（3）1：25 万图幅

1：25 万区域地质调查成果资料 29 档。

（4）1：20 万图幅

1：20 万区域地质调查成果资料 59 档；1：20 万地质测量调查成果资料 31 档；1：20万区域矿产调查成果资料 56 档；1：20 万区域水文地质调查成果资料 21 档；1：20 万区域化探调查成果资料 75 档；1：20 万区域物探调查成果资料 31 档。

（5）1：5 万图幅

1：5 万区域地质调查成果资料 103 档。

## 二、编制方法

（1）确定底图

以馆藏 1：550 万新疆维吾尔自治区地形、地貌、水系为底图。

（2）综合整理公益性基础性地质资料信息

建立新疆维吾尔自治区国土资源信息中心资料馆地质资料目录数据库，筛选分析收集公益性、基础性地质资料信息。根据收集资料绘制成果资料一览表，内容包括序号、档号、报告名称、形成单位、形成年代等内容。

（3）图件编制

图件的编制是以新疆维吾尔自治区地形、地貌、水系为底图，分别套合 1：100 万、1：50 万、1：25 万、1：20 万、1：5 万标准图幅接图表，依据截止于 2010 年 8 月底馆藏的区调、水文、矿产、物探、化探、遥感等专业地质调查成果资料，按色区覆盖来区分已完成的成果调查报告的工作范围和图幅，同时在每个已完成的图幅或工作范围内标注图幅名称、图幅编号、成果报告资料档号及该报告工作的年代，并按不同比例尺进行编制。

（4）形成最终成果

各公益性、基础性图件与不同比例尺的公益性、基础性调查成果资料一览表制作完成后，按照一张图对应一张表的形式将图表一一对应放置，分各专业地质调查情况建立目录检索图及目录检索表，形成最终的《新疆维吾尔自治区公益性基础性地质调查成果资料目录检索图册》。

## 三、主要内容

以 1：100 万、1：50 万、1：25 万、1：20 万和 1：5 万五种比例尺为基本分类，系统编制了区域矿产调查、区域地质调查、区域地质测量、区域化探调查、区域物探调查、水文地质调查等 6 个专题的地质调查成果资料目录信息检索图。

# 第五章　青藏高原地质资料信息提取挖掘类产品

地质资料信息提取挖掘类产品是在对馆藏地质资料进行充分分析研究的基础上，根据社会需求，挖掘提取地质资料中有用的关联信息，按有关规则展示给用户的一类服务产品。主要包括：成果摘要介绍、统计分析特定区域投入的主要实物工作量、统计分析该特定区域探明的各类矿产资源/储量及取得的主要地质成果、对区内已有地质资料综合评述等。

本次工作分析了青藏高原地质资料的地区、年代、类别等分布特征，评述了青藏高原的地质调查工作，统计了 2008 年以前完成的主要实物工作量，在地质资料信息提取挖掘类产品开发方面进行了初步试验。

## 第一节　青藏高原地质资料综合评述

截至 2008 年 12 月底，全国地质资料馆，成都地质调查中心、西安地质调查中心和西藏、青海、新疆、云南、四川、甘肃六省（自治区）地质资料馆共计有青藏高原地区成果地质资料 17 707 种（表 5-1）。

表 5-1　馆藏青藏高原地区成果地质资料

| 馆藏机构 | 成果地质资料（种） | 备注 |
| --- | --- | --- |
| 全国地质资料馆 | 8401 | |
| 西藏自治区国土资源资料馆 | 2194 | |
| 新疆维吾尔自治区国土资源信息中心 | 895 | |
| 青海省国土资源博物馆 | 5400 | |
| 云南省国土资源信息中心 | 477 | |
| 四川省国土资源资料馆 | 2379 | |
| 甘肃省国土资源信息中心 | 2120 | |
| 西安地质调查中心 | 337 | |
| 成都地质调查中心 | 312 | |
| 合计 | 17 707 | 排重后 |

### 一、成果地质资料的地区分布

青藏高原地区成果地质资料的地区分布如表 5-2 所示。其中青海省最多，共有 5710

种，占总量的 32.25%，其次为四川、甘肃省和西藏自治区，云南省和新疆维吾尔自治区较少。

表 5-2　青藏高原地区馆藏成果地质资料地区分布

| 省（自治区） | 成果地质资料（种） | 所占比例（%） |
|---|---|---|
| 西藏 | 2594 | 14.65 |
| 新疆 | 911 | 5.14 |
| 青海 | 5710 | 32.25 |
| 云南 | 592 | 3.34 |
| 四川 | 3961 | 22.37 |
| 甘肃 | 3179 | 17.95 |
| 跨省（自治区） | 760 | 4.29 |
| 合计 | 17 707 | 100.00 |

## 二、地质资料形成时间

全国地质资料馆，成都、西安地质调查中心，西藏等 6 省（自治区）馆藏成果地质资料的形成时间见表 5-3 和图 5-1。由图表可见，青藏高原地区成果地质资料绝大部分是西藏和平解放以后形成的，并且各年代形成的地质资料数量相对均衡。

表 5-3　馆藏青藏高原地区成果地质资料的形成时间

| 序号 | 形成时间 | 数量（种） | 比例（%） |
|---|---|---|---|
| 1 | 1949 年 10 月 1 日前 | 224 | 1.37 |
| 2 | 1950～1959 年 | 2464 | 13.86 |
| 3 | 1960～1969 年 | 3219 | 18.11 |
| 4 | 1970～1979 年 | 3253 | 18.30 |
| 5 | 1980～1989 年 | 3076 | 17.30 |
| 6 | 1990～1999 年 | 2974 | 16.73 |
| 7 | 2000 年以后 | 2424 | 13.64 |
| 8 | 时间不详 | 143 | 0.80 |
|  | 合计 | 17 707 | 100 |

## 三、成果地质资料类别

馆藏青藏高原地区成果地质资料共有 15 个类别 17 707 种。其中，矿产勘查类资料最多，共 8814 种，占总量的 49.58%，科研类资料次之，共 3310 种，占总量的 19.01%，资料数量较多的还有物化遥勘查成果资料、区域地质矿产调查成果资料、水文地质勘查成果

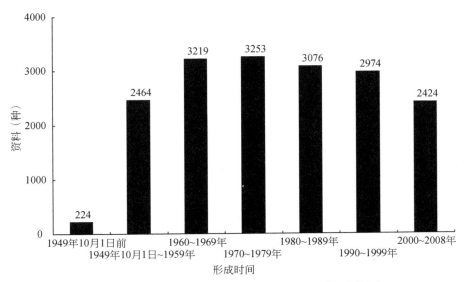

图 5-1　馆藏青藏高原地区成果地质资料形成时间柱状图

资料、物化探异常查证成果地质资料等（表 5-4）。

表 5-4　馆藏青藏高原地区地质资料类别统计表

| 序号 | 类别 | 资料数量（种） | 比例（%） |
|---|---|---|---|
| 1 | 区域地质矿产调查 | 1391 | 7.82 |
| 2 | 区域地球化学调查 | 235 | 1.32 |
| 3 | 区域地球物理调查 | 45 | 0.25 |
| 4 | 区域遥感地质调查 | 28 | 0.16 |
| 5 | 区域水工环地质调查 | 195 | 1.10 |
| 6 | 科研 | 3310 | 19.01 |
| 7 | 矿产勘查 | 8814 | 49.58 |
| 8 | 水文地质勘查 | 422 | 2.37 |
| 9 | 工程地质勘查 | 333 | 1.87 |
| 10 | 环境（灾害）地质勘查 | 208 | 1.17 |
| 11 | 水工环综 | 141 | 0.79 |
| 12 | 物化遥勘查 | 1707 | 9.60 |
| 13 | 物化探异常查证 | 391 | 2.20 |
| 14 | 生产技术方法研究 | 195 | 1.10 |
| 15 | 其他 | 292 | 1.64 |
| | 合计 | 17 707 | 100.00 |

## 1. 区域地质矿产调查资料

自 20 世纪 60 年代起，原地矿部系统开展了以小比例尺地质资料为主要目的的基础地质、水文地质和工程地质调查，到 20 世纪末，基本完成了青藏高原主体地区 1∶100 万的区域地质调查，编制出版了各省（自治区）地质志和矿产志。80 年代，在东昆仑和雅鲁藏布江等重要成矿区带开展了 1∶50 万 ~1∶20 万区域化探，但青藏高原主体仍属于中比例尺区域地质调查空白区（图 5-2）。

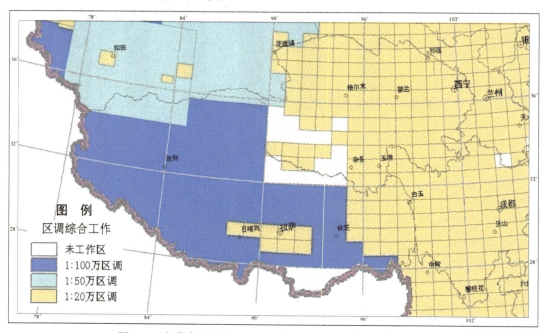

图 5-2　青藏高原地区 1∶100 万 ~1∶20 万区调工作程度图

1999 年国土资源大调查实施以来，中国地质调查局组织了近千人的精干队伍，历时 7 年，进行了大规模拉网式的区域地质调查。到 2005 年，全面完成了青藏高原 152 万 km² 地质调查空白区的 1∶25 万区域地质填图，为青藏高原国土规划、矿产资源勘查、旅游资源开发、生态建设和环境保护等提供了基础地质图件和资料。

1∶100 万区域地质调查覆盖全区，1∶50 万区域地质调查集中于新疆南部地区。1∶20 万区域地质调查主要分布于西藏东部、四川西部、云南西部和青海南部地区，青藏高原腹地仅在拉萨地区进行了 8 幅 1∶20 万区域地质调查工作。

1∶25 万区域地质调查覆盖青藏高原南部中比例尺区调的所有空白区（图 5-3）。

1∶5 万区域地质调查主要分布于西藏东部、四川西部、云南西部和青海南部地区，青藏高原腹地仅在拉萨地区进行了 8 幅 1∶5 万区域地质调查工作（图 5-4）。

区域地质矿产调查类资料按比例尺统计，以 1∶5 万最多，共计 561 种，占区域地质矿产调查类资料总量的 40%；其次为 1∶20 万，共 518 种、37%；1∶25 万区域地质矿产调查类资料，共 83 种、6%；1∶100 万、1∶50 万区域地质矿产调查类资料较少（表 5-5 和图 5-5）。

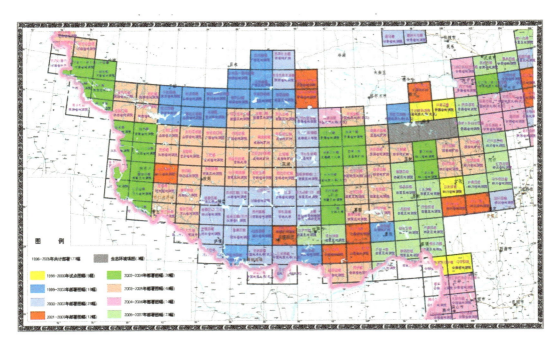

图 5-3 青藏高原地区 1∶25 万区调工作程度图

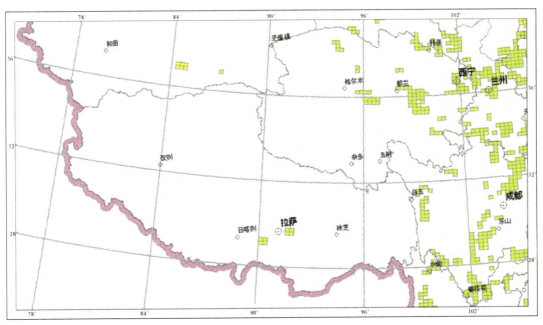

图 5-4 青藏高原地区 1∶5 万区调工作程度图

表 5-5　馆藏青藏高原地区区域地质矿产调查成果地质资料

| 比例尺 | 资料（种） | 比例（%） |
|---|---|---|
| 1：100 万 | 71 | 5.10 |
| 1：50 万 | 36 | 2.59 |
| 1：25 万 | 83 | 5.97 |
| 1：20 万 | 518 | 37.24 |
| 1：10 万 | 95 | 6.83 |
| 1：5 万 | 561 | 40.33 |
| 其他比例尺 | 27 | 1.94 |
| 合计 | 1391 | 100 |

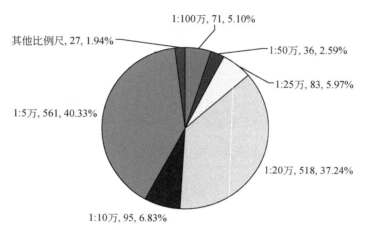

图 5-5　不同比例尺区域地质矿产调查成果地质资料构成

## 2. 区域物化探地质调查资料

截至 2006 年年底，青藏高原基本实现了 1：100 万区域重力调查、航磁调查和 1：25 万区域地质调查的全区覆盖；1：20 万区域重力调查完成 18%，1：20 万航磁调查完成 17%；1：20 万区域化探完成 40%。

表 5-6　馆藏青藏高原地区基础地质调查成果地质资料

| 比例尺 | 区域地球化学调查 | | 区域地球物理调查 | | 区域遥感地质调查 | | 区域水工环（灾害）地质调查 | |
|---|---|---|---|---|---|---|---|---|
| | 资料（种） | 比例（%） | 资料（种） | 比例（%） | 资料（种） | 比例（%） | 资料（种） | 比例（%） |
| 1：100 万 | | | 7 | 15.56 | | | 12 | 6.15 |
| 1：50 万 | 10 | 4.26 | | | | | 24 | 12.31 |
| 1：25 万 | | | | | 26 | 92.86 | 5 | 2.56 |
| 1：20 万 | 152 | 64.68 | 29 | 64.44 | | | 107 | 54.87 |
| 1：10 万 | 5 | 2.13 | | | | | 16 | 8.21 |

| 比例尺 | 区域地球化学调查 | | 区域地球物理调查 | | 区域遥感地质调查 | | 区域水工环（灾害）地质调查 | |
| --- | --- | --- | --- | --- | --- | --- | --- | --- |
| | 资料（种） | 比例（%） | 资料（种） | 比例（%） | 资料（种） | 比例（%） | 资料（种） | 比例（%） |
| 1：5万 | 60 | 25.53 | 9 | 20.00 | 2 | 7.14 | 15 | 7.69 |
| 其他比例尺 | 8 | 3.40 | | | | | 16 | 8.21 |
| 合计 | 235 | 100 | 45 | 100 | 28 | 100 | 195 | 100 |

区域地球化学调查类资料按比例尺统计，以1：20万最多，共计152种，占该类资料总量的65%；其次为1：5万，共60种、26%；1：50万、1：10万区域地球化学调查类资料较少（表5-6和图5-6）。

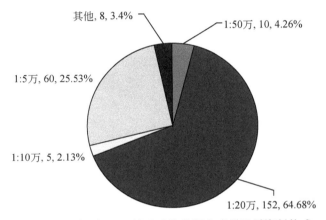

图 5-6　不同比例尺区域地球化学调查成果地质资料构成

区域地球物理调查类资料按比例尺统计，以1：20万最多，共计29种，占该类资料总量的64%；其次为1：5万，共9种、20%；1：100万共7种、16%（表5-6和图5-7）。

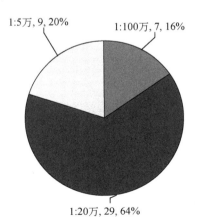

图 5-7　不同比例尺区域地球物理调查成果地质资料构成

### 3. 水文地质、环境地质调查资料

青藏高原水文地质、环境地质工作程度极低，仅开展过1：100万区域水文地质调查。20世纪80年代以后至上世纪末，相继开展了部分城镇及工矿企业供水水文地质勘查工作。国土资源大调查工作以来，开展了青藏高原地下水资源评价、西藏一江两河干旱地区地下水资源调查和以遥感为主要工作手段的1：50万地质灾害调查。在黄河源区开展了1：25万生态环境地质调查试点。

区域水文地质、工程地质、环境地质调查类资料按比例尺统计，1：20万最多，共计107种，占该类资料总量的55%；其他各种比例尺该类资料数量较少，为16种（表5-6和图5-8）。

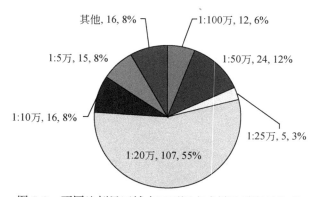

图5-8  不同比例尺区域水工环调查成果地质资料构成

### 4. 矿产勘查类成果地质资料

青藏高原地处特提斯—喜马拉雅成矿域，成矿地质条件优越，新中国成立以来，特别是国土资源大调查以来，发现大量矿产地，集中分布于冈底斯、班公湖—怒江、西南三江、东昆仑、柴北缘、祁连等成矿带中（图5-9）。

其中，冈底斯成矿带铜、富铁、铅、锌、铬铁矿、金、银、钼等优势突出。近年来，新发现驱龙铜矿、雄村铜金矿、冲江铜矿、朱诺铜矿、拉屋铅锌铜矿、亚贵拉铅锌矿等大中型矿产地二十余处；班公湖—怒江成矿带已发现铜、金、铁、铅、锌、钨、钼、铬等矿床（点）二百余个；西南三江成矿带中北段已发现铜、铅、锌、银、钨、锡、金、汞、砷、锑等内生矿产地246处，非金属矿产地118处。其中，玉龙铜矿带已查明铜资源储量超过1000万t；东昆仑成矿带近年来发现了火山喷流沉积型的驼路沟钴金矿、督冷沟铜钴矿以及斑岩型的卡而却卡、乌兰乌珠尔铜矿，构造蚀变岩型的大场、加给陇洼、果洛陇洼、瓦勒根金矿等；柴北缘成矿带已发现煤、铁、铬、锰、铜、铅、锌、钨、锡、钼、金等矿产地有60余处；祁连成矿带已发现的金属矿产有铁、铬、锰、铜、铅、锌、金、钨、锡、钼、钴、镍、锑、汞、铌、钽等，能源、非金属矿产有煤、石棉、蛇纹岩、滑石、菱镁矿、硫铁矿、玉石等。其中金属矿产地130余处。

此外，青藏高原湖泊星罗棋布，蕴藏着丰富的盐类矿产资源和盐湖生物资源。西藏地

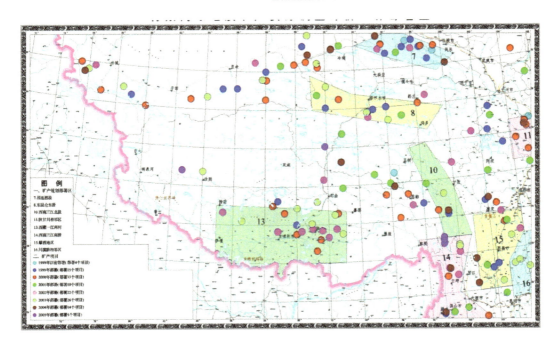

图 5-9　青藏高原地区主要矿产分布图（据成都地质调查中心 2008）

热资源丰富。先后完成了对西藏地热温泉显示区的科学考察工作，完成羊八井、羊易、那曲、拉多岗等地热田勘查研究工作。

馆藏矿产勘查类成果地质资料共 8814 种（表 5-7 和图 5-10），按矿产类型分：能源矿产共 1614 种、占矿产勘查类资料总量的 18.31%，贵金属矿产 1384 种、占 15.70%，非金属矿产 1379 种、占 15.65%，有色金属类 1217 种、占 12.67%，黑色金属类 1117 种、占12.67%，水气矿产、稀有稀土及分散金属类矿产较少。

需说明的是共有 1924 种成果地质资料为综合勘查，包含多个矿产类型。

表 5-7　不同矿产类型成果地质资料构成

| 矿产类型 | 黑色金属 | 有色金属 | 贵金属 | 稀有稀土及分散金属 | 非金属 | 能源 | 水气 | 未分 | 合计 |
|---|---|---|---|---|---|---|---|---|---|
| 资料（种） | 1117 | 1217 | 1384 | 120 | 1379 | 1614 | 59 | 1924 | 8814 |
| 比例（%） | 12.67 | 13.81 | 15.70 | 1.36 | 15.65 | 18.31 | 0.67 | 21.83 | 100 |

按工作程度分，普查类成果地质资料共 3799 种、占矿产勘查类总量的 43.10%，其次为预查，共 2977 种、占总量的 33.78%，详查、勘探、开发勘探及钻井地质资料相对较少（表 5-8 和图 5-11）。

表 5-8　不同工作程度矿产类型成果地质资料构成

| 工作程度 | 预查 | 普查 | 详查 | 勘探 | 开发勘探 | 钻井地质 | 其他 | 合计 |
|---|---|---|---|---|---|---|---|---|
| 资料（种） | 2977 | 3799 | 825 | 555 | 165 | 381 | 112 | 8814 |
| 比例（%） | 33.78 | 43.10 | 9.36 | 6.30 | 1.87 | 4.32 | 1.27 | 100 |

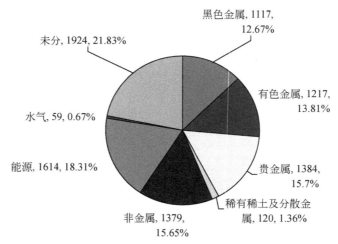

图 5-10  不同矿产类型成果地质资料构成

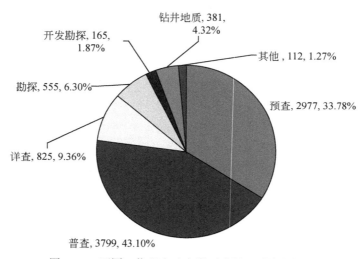

图 5-11  不同工作程度矿产类型成果地质资料构成

## 5. 地质科学研究资料

青藏高原是地质科学研究的"天然实验室"。在地质结构研究方面，20 世纪 80 年代开始，原地矿部、中国科学院及中法、中美等多个合作项目在青藏高原地区开展了大地电磁测深、天然地震、层析成像、深地震反射和 GPS 地壳形变测量等一系列的地球物理综合探测工作，以及地质结构和上地幔演化的研究工作。在矿产研究方面，原地矿部开展了青藏高原重要矿产成矿规律以及盐湖矿产研究等。在生态环境研究方面，中国科学院等先后在西藏、喀喇昆仑、昆仑山及可可西里地区开展综合科学考察。

## 四、报告提交单位

全国地质资料馆及西藏等六省（自治区）馆藏成果地质资料的汇交单位分布于全国31个省（市、自治区）的20个行业和部门（表5-9）。

共有20个行业、部门汇交成果地质资料（表5-10），其中地矿部门共汇交11814种，占总量的66.46%，汇交成果地质资料较多的行业、部门还有院校、石油、科研、冶金、有色、建材等。需说明的是，1949年前形成的成果地质资料未统计。

表5-9　成果地质资料汇交单位的地区分布

| 序号 | 省（市、自治区） | 资料（种） | 比例（%） | 序号 | 省（市、自治区） | 资料（种） | 比例（%） |
|---|---|---|---|---|---|---|---|
| 1 | 青海 | 4932 | 27.74 | 18 | 广西 | 16 | 0.09 |
| 2 | 四川 | 3777 | 21.25 | 19 | 广东 | 13 | 0.07 |
| 3 | 甘肃 | 3522 | 19.81 | 20 | 江苏 | 13 | 0.07 |
| 4 | 西藏 | 1731 | 9.74 | 21 | 辽宁 | 8 | 0.05 |
| 5 | 北京 | 1458 | 8.20 | 22 | 山西 | 7 | 0.04 |
| 6 | 新疆 | 745 | 4.19 | 23 | 浙江 | 7 | 0.04 |
| 7 | 云南 | 534 | 3.00 | 24 | 安徽 | 6 | 0.03 |
| 8 | 陕西 | 388 | 2.18 | 25 | 重庆 | 5 | 0.03 |
| 9 | 湖北 | 78 | 0.44 | 26 | 天津 | 4 | 0.02 |
| 10 | 河南 | 69 | 0.39 | 27 | 黑龙江 | 3 | 0.02 |
| 11 | 贵州 | 40 | 0.23 | 28 | 内蒙古 | 3 | 0.02 |
| 12 | 江西 | 31 | 0.17 | 29 | 上海 | 3 | 0.02 |
| 13 | 河北 | 24 | 0.14 | 30 | 福建 | 1 | 0.01 |
| 14 | 湖南 | 20 | 0.11 | 31 | 海南 | 1 | 0.01 |
| 15 | 山东 | 20 | 0.11 | 32 | 1949年前 | 224 | 1.26 |
| 16 | 吉林 | 18 | 0.10 | 33 | 单位不明 | 59 | 0.33 |
| 17 | 宁夏 | 17 | 0.10 | | 合计 | 17 707 | 100.00 |

按报告汇交单位所在省（市、自治区）统计，青海省汇交成果地质资料最多，共4932种，占总量的27.74%；其次为四川省、甘肃省，汇交成果地质资料分别为3777种、3522种，占总量的比例分别为21.25%、19.81%；汇交成果地质资料较多的（超过300种）还有西藏自治区、北京市、新疆维吾尔自治区、云南省和陕西省，其余省（市、自治区）较少。

由表可见，青藏高原地区的地质工作主要由青藏高原所辖及周边省（市、自治区）地区的单位进行，但全国其他省（市、自治区）也进行了大量工作，汇交成果地质资料占总量的14.26%。其中北京市最多，共汇交成果地质资料1458种、占总量的8.20%，主要是各部委、科研单位在西藏进行的地质科研类成果。

需说明的是，本次统计的馆藏成果地质资料仅为全国地质资料馆，成都、西安地质调查中心，西藏等6省（自治区）地质资料馆的馆藏成果地质资料，目前尚有大量成果地质资料分散在其他各省（市、自治区）的生产、科研单位中，没有向工作地区所在馆藏机构及全国地质资料馆汇交。

表5-10 成果地质资料汇交单位的行业分布

| 序号 | 部门 | 数量（种） | 比例（%） | 序号 | 部门 | 数量（种） | 比例（%） |
|---|---|---|---|---|---|---|---|
| 1 | 地矿 | 11 814 | 66.71 | 12 | 水利 | 145 | 0.82 |
| 2 | 院校 | 1537 | 8.68 | 13 | 农牧 | 129 | 0.73 |
| 3 | 石油 | 1464 | 8.26 | 14 | 核工业 | 94 | 0.53 |
| 4 | 科研 | 447 | 2.52 | 15 | 地震 | 65 | 0.37 |
| 5 | 冶金 | 353 | 1.99 | 16 | 铁道部 | 45 | 0.25 |
| 6 | 有色 | 340 | 1.92 | 17 | 化工 | 33 | 0.19 |
| 7 | 建材 | 292 | 1.64 | 18 | 电力 | 3 | 0.02 |
| 8 | 煤田 | 239 | 1.34 | 19 | 国外 | 2 | 0.01 |
| 9 | 部队 | 164 | 0.92 | 20 | 个人 | 1 | 0.01 |
| 10 | 政府 | 157 | 0.88 | 21 | 1949年前 | 224 | 1.26 |
| 11 | 企业 | 153 | 0.86 | 22 | 单位不详 | 6 | 0.03 |
| | | | | 合计 | | 17 707 | 100.00 |

## 五、部分具历史意义的成果地质资料介绍

全国地质资料馆和西藏等六省（自治区）地质资料馆保存有许多具历史意义的成果地质资料，主要有下列各种。

### 1. 形成时间最早的成果地质资料

馆藏形成时间最早的成果地质资料为日本人涩谷长之助编写的《黄河上游测量调查报告书》（日文），形成时间为1918年3月1日，现保存于青海省国土资源博物馆（档号：0258）。报告由"北支那开发株式会社调查局"完成，工作地区为青海省果洛藏族自治州地区黄河上游地段内。开展了水准测量工作，完成自托克托至牛龙湾纵断面图、不塔海地点横断面图、牛龙湾堰堤预定地附近地形图各1张。通过测量确定了牛龙湾托克托间水位落差，收集整理了黄河上游地区大量的资料，对研究该地区水文地质有一定参考价值。

### 2. 馆藏形成时间最早的由中国人编写的地质报告

馆藏形成时间最早的由中国人编写的地质报告为翁文灏编写的《甘肃省地震考》现保存于甘肃省国土资源信息中心"档号：0589"。报告详细列表记载了从公元前780年到公元1909年甘肃省发生地震的时间、地点及人员、财产损失情况。同时还简单地列表记载

了公元前 30 年到公元 1907 年甘肃省发生地震的时间地点情况。该地震考还叙述了地震的频度、地震的烈度、地震的继续。该地震考中的法文文字中，也记载了甘肃省地震发生的时间，并统计了从 14 世纪到 19 世纪，即 1301 年到 1900 年每 10 年甘肃省发生地震的次数。

### 3. 著名地质学家编写的地质报告

全国地质资料馆及西藏等六省（自治区）地质资料馆保存有我国著名地质学家翁文灏、谭锡畴、李春昱、叶连俊、关士聪、徐克勤、孙菽青、王曰伦、郭令智、袁见齐、李承三、冯景兰、孙建初、王曰伦、郭令智、程裕淇、侯德封、杨敬之、丁毅、薄绍宗、崔克信、叶连俊、关士聪、谷正伦、孙云铸、王钰、黄汲清、郭文魁、罗文柏、曾鼎乾、朱夏、朱森、郑绵平、杨钟健、张炳熹、涂光炽、盛莘夫等人编写完成的地质报告近百种。具有重要的历史意义和参考价值。

## 第二节　青藏高原地质调查研究评述

本产品为综合集成类产品，主要目的是在综合集成分析区域地质资料信息的基础上，汇总开展的各类地质工作，研究其地质调查历史和主要进展与成果，开展综合评述，形成综合性文字材料，使用户掌握基础地质工作信息。

青藏高原是我国地质调查的重要区域之一，研究青藏高原地质调查历史，对于了解青藏高原地质工作程度，促进青藏高原地质工作深入开展具有重要意义。

有记载的现代意义上的青藏高原地质调查研究始于 1807 年，至今已有 200 多年的历史。李廷栋院士将青藏高原地质调查研究大致分为四个阶段，分别为启蒙阶段（1807 ～ 1899 年）、奠基阶段（1900 ～ 1949 年）、大发展阶段（1950 ～ 1999 年）和深化研究阶段（2000 年以来）。

## 一、启蒙阶段（1807 ～ 1899 年）

### 1. 古代矿业开发

青藏高原地区矿业开发较早，池盐的开发利用可追溯到东汉时期，据藏文古籍《拉达克王统记》记载，藏王普德贡甲时期（公元 126 年前后）即开采铁、铜、银矿。隋唐以后，《旧唐书》（成书于 945 年）、《新唐书》（成书于 1060 年）、《西藏志》（成书于 1792 年）及藏文古籍《贤者喜宴》（成书于 1564 年）均记载有小规模采矿，开采矿种有金、银、铜、铁、铅、汞、盐、碱、硼砂、煤、油页岩、石油、陶土、绿松石、青金石、硫黄、云母等。

### 2. 十九世纪国外探险家、地质学家的地质调查研究

有记载的现代意义上的青藏高原地质调查研究始于 1807 年，至今已有二百多年的历

史。这一时期的地质调查研究多在青藏高原周边地区开展，主要地区有青藏高原西南边缘地带的喜马拉雅山、喀喇昆仑山、克什米尔及帕米尔高原地区，北部边缘的祁连山地区及青海湖地区等，调查者多为欧洲和印度的探险家和少数地质学家，主要工作内容为地形测量及粗略的路线地质调查。

1807年，英属印度殖民地政府组织人员赴喜马拉雅山和克什米尔地区进行地质调查研究，为首次有记载的青藏高原地质调查。

1829年，英国人盖拉德发表《西藏的石印石》，是迄今为止能检索到的首篇有关青藏高原的地质文献；1831年，盖拉德发表了《海拔17000英尺处西藏发现的化石记录》；1833年，英国人埃弗勒斯发表《发现于喜马拉雅山脉的贝壳化石纪实》。1852年，时任英国测绘局局长的埃弗勒斯对喜马拉雅山进行了测绘，1855年，为纪念埃弗勒斯对喜马拉雅山测绘工作的贡献，英国将珠穆朗玛峰称名为埃弗勒斯峰。

1848年和1851年，R. Strachey在伦敦地质学会季刊发表《论西藏地质》、《喜马拉雅山脉及西藏地质》，介绍了在西藏西部穿越中印边境的两条地质剖面资料，记述了第四纪冰川，讨论了地质构造的发展，并附有地质图和路线地质剖面图，首次系统阐述了青藏高原南部地质特征。1877年，以斯俊义、洛奇为首的匈牙利东亚考察团对青藏高原北部贵德、西宁一带的红层及祁连山区浅变质岩系进行了初步研究，建立"贵德系"和"南山砂岩"等地层单位，著有《东亚旅行报告》（1877~1880）。

1879年，俄国探险家普尔瓦尔斯基首次对青海湖进行采样分析，证明其矿化度较高，并含铷。此后，Ludwig V. Loczy于1880年至青藏高原东部巴塘一带、俄国地质学家K. L. Bogdanovich于1886年到青海湖地区、W. W. Rockhill于1891年至唐古拉山、巴塘地区进行探险及地质调查，沿途采集了大量岩石、化石标本。1894年，俄国著名地质学家奥勃鲁契夫到祁连山一带进行调查，认为祁连山东南之兰州—西宁地带为祁连山与昆仑山的交接地点。著有《中亚、中国北部与南山》。1899年起，俄国地学协会委员柯兹洛夫等用了近三年时间，在青藏高原北部进行路线地质测量800英里（1英里≈1.609km），采集岩石矿石标本超过1200件，获取大量宝贵地质资料。

该时期虽以探险旅游为主，但仍在三个方面取得了重要贡献：一是对喜马拉雅山开展的大地测量工作为地壳均衡论提供了重要例证；二是采集了大量古生物化石，探讨了地层时代，对古生界—中生界进行了初步划分；三是测制了部分地质剖面，识别出大型倒转褶皱在青藏高原的存在。这些研究成果开启了青藏高原地质调查的先河。

## 二、奠基阶段（1900~1949年）

### 1. 20世纪上半叶国外探险家、地质学家的地质调查研究

自19世纪末到西藏和平解放前的约50年时间，这一时期的地质调查研究除在青藏高原周边地区开展外，不少研究者已深入青藏高原腹地，调查者仍以旅行者和探险家为主，但地质学家已明显增多。

该阶段标志性事件为著名的旅行家Sven Hedin于1899年开始的对青藏高原的系统考

察研究。Sven Hedin 为著名地质学家 F. V. Richthofen 的学生，其本人虽不是地质学家，但他在旅途中大量采集岩石标本，旅行结束后，即将所得材料交地质专家研究。因此，他对青藏高原地质研究的贡献远超他之前的旅行家及地质学家。他在 1899～1908 年的 10 年间入藏三次，第一次（1899～1902 年）收集的资料经 H. Backstrom 和 H. Johansson 研究后发表于 Sven Hedin 主编的《中部亚洲》（*Central Asia*）中，部分成果与第二次（1906～1907 年）和第三次（1907～1908 年）采集的标本由 A. Henning 合并研究发表于 Sven Hedin 主编的《南部西藏》（*Southern Tibet*）第五卷，A. Henning 根据这些材料编制成西藏西南部地质图一幅，为青藏高原地区最早的地质图。

1903 年，O. T. Crosby 由克什米尔到新疆南部旅行，沿途记录有大量岩石和火山岩信息。

1903 年，H. Hayden 进入西藏沿途采集标本并测绘地质图，其研究成果发表于印度地质调查所专报中。1922 年，H. Hayden 二次进入青藏高原，继第一次的工作由拉萨开始，向北至唐古拉山，但因 H. Hayden 次年遇难，多数考察成果未能发表，仅所采石炭纪化石由 F. R. C. Reed 研究后发表于印度地质调查所古生物志中。

1903～1905 年，德国陆军中尉菲尔希纳到新疆南部、青海进行测量工作，为该区历史上重要的地形资料。

1907 年，印度地质调查所与印度测量局为纪念青藏高原地区地质调查 100 年，编辑出版了《喜马拉雅山和西藏地理地质概论》，共四册，其中第四册为地质部分。该书于 1908 年首次出版，1933～1934 年再版。

青藏高原西部的昆仑山、喀喇昆仑山和喜马拉雅山交汇之处，是进行地理、地质和探险多重研究的一个重要场所，南部的珠穆朗玛峰对探险家更有着极大的吸引力。20 世纪初，大批旅行者、探险家、地质学家和植物学家进入该区进行旅行、探险及科学考察，主要有：1913～1914 年由 F. de Filippi 带领的意大利考察队在喀喇昆仑山东部地区、1921 年 A. M. Heron 在珠穆朗玛峰及周边地区、1921 和 1925 年 C. Visser 先后两次在喀喇昆仑山西部地区、1927～1928 年及 1935 年 H. de Terra 和 C. Visser 两次在喀喇昆仑山东部地区、1929 年 A. Heim 在贡嘎山和道孚地区、1931～1935 年间 E. Norin 在喀喇昆仑山及昆仑山地区、1933 年 L. R. Wager 在珠穆朗玛峰及印度大吉岭地区、1933 年 F. Kingdon Ward 在藏南地区、1936 年 A. Heim 和 A. Gansser 在阿里地区、C. Brown 在云南西部和雅鲁藏布江大峡谷南部地区的考察等。

1928 年 2 月，印度喜马拉雅俱乐部（The Himalayan Club）成立，其宗旨是鼓励、支持喜马拉雅的旅行及调查，通过科学、艺术、文学、体育等活动增进和提高对喜马拉雅山及邻区山脉的认识。俱乐部每年出版一期杂志，不断支持和参与喜马拉雅山的探险活动和地学调查，开展大量的学术交流活动。在俱乐部成立后的数十年中，包括印度、英国、瑞士、奥地利、意大利、法国、荷兰、美国、波兰等各国组织了数十次地质探险、登山、旅游、滑雪等活动，吸引了数以百计的地质学家、气象学家、地理学家、测量学家、地球物理学家、动物学家、植物学家、登山家、新闻记者及学生参加。有效地促进了青藏高原地区地质调查工作。

1927 年，中国与瑞典政府组建"中瑞西北科学考察团"，由 Sven Hedin 任团长，瑞典方面有那林、步林、贝克塞尔等著名专家学者，中方有袁复礼、丁道衡等。考查团自 1927 年组建，至 1935 年结束，前后 8 年间，足迹遍及新疆、青海、西藏、甘肃等省区，是当时青藏高原地区规模最大、时间最长的一次地质调查活动，在地层、构造、古生物学研究及矿产调查等方面均取得了辉煌成就。

至此，国际上已有数十本外籍人士编写的有关青藏高原的探险、旅行游记传播，其中多为英国人、英籍印度人和俄国人所著。

### 2. 我国地质学家的地质调查研究

1902 年，清驻藏大臣有泰经川入藏，在藏四年，写了 32 册约 40 万字的日记，详细记述了沿途及西藏的景观及气象情况，为后来气象和气候学研究提供了翔实的资料。

我国地质学家对青藏高原的地质调查研究始于 20 世纪 20 年代。

1921 年，谢家荣调查了青藏高原北部兰州、西宁及大通河、祁连山等地，对 Ludwig V. Loczy 的认识提出了疑义。1927～1935 年，保林在青海省托素湖第三纪地层中发现化石——柴达木兽。

1929 年秋起，谭锡畴、李春昱克服了种种困难，冒着生命危险，深入青藏高原东部的川西高原，历时 25 个月，踏遍了甘孜、阿坝的广大地区，进行了开拓性的地质调查，成为最早进入这一地区开展地质调查研究的中国地质学家。这一期间他们撰写了 20 多篇论文论著，提出了许多新的认识和见解。此后出版的《西康东部地质矿产志略》（于 1931 年出版）和《四川西康地质志》（于 1959 年出版，附图 40 幅），全面记述了青藏高原东部地区的区域地质、构造及矿产资源状况，是研究和了解青藏高原东部地区地质矿产的一部启蒙性著作，至今不失其重要的参考价值。1929 年春，赵亚曾、黄汲清赴秦岭和四川进行地质调查，编绘有该区 1∶20 万和 1∶40 万地质图共 41 幅，著有《秦岭山及四川之地质研究》。

20 世纪 30 年代初，植物学家刘慎谔在完成中法西北考察团对新疆的考察任务后，沿青藏高原西侧只身前往西藏，经克什米尔抵达印度，采集标本 2000 余件；同期，中山大学组织中外科学家前往横断山脉贡嘎山进行地理与古生物考察；徐近之随西藏巡礼团自青入藏，沿途观察高程和气候，在藏三年，在拉萨建立了青藏高原第一个气象观测站，著有《拉萨的气候状况》《西藏之大天湖》。后来，徐近之在南京多方搜寻资料，将此前一个多世纪的英、德、法、俄、意多种文字资料的有关青藏高原的地质、水文、气候、植物等科学文献 5000 余条辑成《青康藏高原及毗连地区西文文献目录》四册，于 20 世纪 50 年代相继出版。

1935 年，孙菽青调查了青海金矿，著有《青海省门源化隆贵德三县金矿调查报告》。

1936 年，孙健初通过调查，对黄河上游、祁连山东部地层进行了划分，建立了较准确的地层层序，著有《南山及黄河之地质》；1938 年，孙健初通过考察研究，提出青海湖的断层成因说；1940～1941 年，孙健初又先后调查了门源、祁连、贵德等地的砂金和祁连的煤矿，著有《甘肃及青海之金矿》。孙健初为这一时期到青藏高原北部地区进行地质调查时间最长的地质学家之一。

1937 年，侯德封在其著作《黄河志》中描述了祁连山的南山系并对煤、铁矿产作了部分论述。

　　1940 年 5 月，由队长罗文柏率领的青海至云南公路选线调查队出现在金河西河的河滩上。他们从青海玉树出发，经昌都、芒康（宁静）、盐井、云南的德钦，于同年 9 月到达昆明。尤其难得的是队长罗文柏左足有残疾，依然率队南北行程数千里，在万般艰苦条件下完成了探险考查，只是因乘马上下极不方便，沿途未能采集化石标本，但对地质情况做了详尽的描述。当时他们随身携带的工具和仪器仅仅是地质锤、指南针和气压表。所用的地图也是印度测量局出版的一百万分之一的印度及其邻邦地形图。考查结束后，罗文柏先生著有《青康游后刍言》，对西藏的人文地理及地质情况做了较为详细的报道和论述。

　　1941 年，全国公路总局组织成立中印公路勘查队，地质工作由林文英担任，但因西藏当局阻挠，仅至盐井及南墩，未能完成任务，考查结束后，林文英先生著有《江流素隐》。

　　抗日战争期间，众多地质学家云集西南地区，赴川西、滇西进行地质调查的地质学家显著增多。其中北京大学、清华大学和南开大学等在抗日战争期间迁至昆明，改组成西南联合大学，其地质、地理、气象系与当时的资源委员会勘测处、云南省经济委员会地质调查组一起，共同对云南开展了较多的区域地质、构造地质、地层古生物的研究及矿产资源调查。著名地质学家孟宪民、程裕祺、袁复礼、冯景兰、孙云铸、尹赞勋、许杰、张席禔、王曰伦、卢衍豪、董申葆等，均对云南地质、矿产做过卓有成就的研究，部分工作涉及青藏高原东部地区。

　　位于重庆北碚的中国西部科学院地质研究所在抗日战争期间也对青藏高原东部地区进行了大量的地质调查研究。以路线地质调查和矿产勘查工作为主，勘查了涪江、嘉陵江、岷江、大渡河等流域的砂金矿并开展编图工作，编有 1：50 万地质图 6 幅、1：20 万地质图 28 幅。研究较多、较详的矿产有煤、铁、石油、天然气和盐类矿产。

　　抗日战争期间，孙健初、黄汲清、叶连俊、关士聪、李树勋、曾鼎乾、陈梦熊、梁文郁、徐铁良、陈贲、胡敏、何春荪、翁文波、李德生、黄劭显、刘乃隆、郭宗山、戴天富、宋叔和、路洮洽、王曰伦、尹赞勋、杨钟健、王尚文等人对青藏高原北部的青海省及祁连山地区的地层、构造、岩浆岩、变质岩、矿产等进行了专门调查，创建了许多重要地层单位，发现和研究了煤、油页岩、铜、金、锰、黄铁矿、汞、锑、萤石、石膏等十多种矿种的矿产地和一批古生代、中新生代的脊椎、无脊椎动物和植物化石；编写出数十份调查报告和专著。

　　李树勋、胡敏于 1945 年著有《青海民和新油苗之初步勘测》。1946 年，李树勋又随同青新公路勘查队自西宁沿柴达木南缘至阿尔金考察，著有《柴达木盆地》一文，记述了有关地质情况，并讨论了盆地的成因。"中央地质调查所"西北分所于 1947 年组成"青新边区及柴达木工矿资源调查队"在尕斯库勒湖和哈尔腾河一带调查，发现油砂山油苗，著有《青新地区及柴达木地质矿产报告》、《柴达木西部红柳泉油田地质初报》。这些工作为新中国成立后开展柴达木盆地地质调查工作具有重要的参考价值。

　　黄汲清是较早进入青藏高原进行地质研究的我国著名地质学家之一。在 1928～1929年，他先后从辽东出发，经西安至宝鸡，越秦岭入四川，由滇进黔，跋山涉水，步行万余里，获得了丰硕的科学成果。1930～1932 年陆续发表了《秦岭山脉及四川地质研究》《中国南部二迭纪珊瑚化石》等 6 部专著。1941～1943 年带队调查甘肃、新疆的石油地质。在其 1945 年发表的《中国主要地质构造单位》中，划分出中国若干地台和地槽褶皱带，又划分出古亚洲式、滨太平洋式和特提斯喜马拉雅式三大"构造域"。并对青藏高原的地质构造作了集大成的深刻分析，划分了构造单元，论证了包括昆仑山、祁连山、康滇、松潘、喀喇昆仑山、喜马拉雅山、冈底斯山等在内的各构造带的造山旋回，指出喜马拉雅地槽以寒武纪至始新世连续海相沉积为特征，喜马拉雅运动存在三个主要的造山运动幕，以及从喀喇昆仑山到喜马拉雅山再到恒河平原的构造迁移现象，书中论及的许多观点至今仍有重要的学术价值。

值得提出的是，中华与瑞典组成的"中瑞联合考察团"于 1920～1922 年在青藏高原北部的托素湖附近进行调查研究并采集部分古生物化石。该次考察为青藏高原地区首次中外联合科学考察。

### 3. 取得的主要成果

青藏高原地质调查研究受到国际上蓬勃发展的地质学、地层学、岩石学、矿物学等学科理论的影响，得到了长足发展。除在喜马拉雅山地区、克什米尔地区、帕米尔地区进行更详细的调查研究，厘定了前寒武纪至新近系地层系统，并与阿尔卑斯地区进行对比研究外，在构造研究上也获得巨大进展，基本奠定了喜马拉雅山地区的构造格架。此外，调查研究已深入到喀喇昆仑山、西藏东部、四川西部、云南西部及青藏高原腹部地区。

### 4. 馆藏青藏高原地区 1949 年 10 月 1 日前形成的地质资料

全国地质资料馆保存有 223 种青藏高原地区新中国成立前形成的地质资料，包括我国著名地质学家翁文灏、谭锡畴、李春昱、叶连俊、关士聪、徐克勤、孙菽青、王曰伦、郭令智、袁见齐、李承三、冯景兰、孙健初、郭令智、程裕淇、侯德封、杨敬之、丁毅、薄绍宗、崔克信、叶连俊、关士聪、谷正伦、孙云铸、王钰、黄汲清、郭文魁、罗文柏、曾鼎乾、朱夏、朱森、杨钟健、张炳熹、涂光炽、盛莘夫等人编写完成的地质报告近百种。具有重要的历史意义和参考价值。

## 三、大发展阶段（1950～1999 年）

西藏和平解放以来至新一轮国土资源大调查以前，原地质矿产部及石油、冶金、煤炭、水电、中国科学院等有关部门，以及中外合作项目等进行了大量的地质、矿产调查与行业调查。

1951～1953 年，中国科学院西藏工作队李璞等人进藏在川西、西藏东部、中部和南部作了路线地质调查，编写有《西藏东部地质及矿产报告》等专著。1956～1958 年，青海地质局对祁连山进行地质调查，1960～1963 年陆续出版《祁连山地质志》。1956 年地质部石油地质局石油普查大队在唐古拉与念青唐古拉之间开展 1∶100 万石油地质概查，在伦坡拉盆地作 1∶20 万草测地质图。1960～1961 年、1963 年和 1966～1968 年，国家组织了三次综合科学考察，对希夏邦马峰、珠穆朗玛峰及邻区进行了多学科考察，出版了《青藏高原地质考察丛书》。1965～1968 年，四川地质局第三区域地质测量大队与南京古生物所合作，对昌都地区的地层作了较为系统的研究。

自 20 世纪 60 年代中期开始至 80 年代末，地质部和各有关省、自治区在青藏高原开展了不同比例尺的地质调查、水文地质、工程地质与矿产普查勘探，基本完成了青藏高原主体地区 1：100 万的区域地质调查和航空磁测工作，完成了占高原总面积约 50% 的 1：20 万地质调查工作，编制出版了各省（自治区）地质志及相关地质图件和矿产志，开展了高原东部省区的 1：20 万、1：50 万地球化学探测工作。

1973～1980 年，中国科学院再次组织综合考察队，在更广泛地区开展了地质、地热、地貌、冰川、湖泊等多学科考察，出版了相应的系列专著。1973～1992 年，中国科学院以"青藏高原的隆升及其对自然环境和人类活动的影响"为主题，先后在西藏、横断山脉、喀喇昆仑、昆仑山及可可西里地区开展综合考察，编著了《青海可可西里地区地质演化》等 4 本专著、一部画册和一幅 1：50 万地质图。1980～1985 年，地矿部青藏高原地质调查大队（青藏高原地质研究所）组织实施了对"青藏高原形成、演化及重要矿产分布规律"的攻关，对青藏广大地区进行了多学科的地质考察，出版了相关的系列专著，编制出版了 1：150 万《青藏高原及邻区地质图》。同时期开展了中法合作"喜马拉雅地质构造与地壳上地幔的形成演化"研究。1993 年中国地质科学院完成的沱沱河—格尔木地震探测剖面；从八十年代后期开始，地矿部陆续组织实施的亚东—格尔木、黑水—花石峡—阿尔泰、格尔木—额济纳旗等地学断面计划，中国科学院在阿里地区开展的地震探测剖面等。地球物理探测剖面总长度约 4500km。1986～2000 年，地质矿产部实施"怒江、澜沧江、金沙江地区构造岩浆带的划分与主要有色金属、贵金属矿产分布规律"及"三江地区形成演化与成矿规律"等三轮重点科技攻关项目，对地区的地层构造、岩浆岩与矿产进行了较为系统的研究总结，出版了大量的地质专著和科研论文。1991～1997 年，地质矿产部直辖局组织全国各省、区完成地层清理工作和地层数据库的研建，区内各省区编写了岩石地层专著。1993～1997 年，中国科学院组织实施了"青藏高原形成演化、环境变迁与生态系统研究"的国家攀登计划项目，编著出版了系列专著。1993～1997 年，中国科学院组织实施了"青藏高原形成演化、环境变迁与生态系统研究"的国家攀登计划项目，出版了系列专著。1994～1998 年，中国石油天然气总公司勘探局青藏勘探项目经理部在青藏高原开始大面积的航磁、重、磁、电、遥感石油地质填图、石油地质等多学科、多手段的油气早期调查、勘探与研究工作，获得了大量的资料与成果。1999～2000 年，国土资源部中国地调局已完成全国 1：50 万数字地图的编制。

1980～1982 年，中法合作在藏南完成的佩古错—普莫雍错、藏北色林错—雅安多人工地震测深剖面及洛扎—那曲大地电磁测深剖面；1980～1984 年，中法合作《喜马拉雅地质构造与地壳上地幔的形成演化》研究。在此期间，还开展了中法喀喇昆仑地质合作研究，中日西藏高原地质合作研究，中意西藏地热勘查，中德意合作进行的喜马拉雅及青藏高原大地水准测量等。1985 年，中英青藏高原综合地质考察队对拉萨至格尔木地区开展综合地质考察，出版了"青藏高原地质演化"。1987～1990 年，中德合作开展了"雅鲁藏布—喜马拉雅沉积地质研究"。1991～2002 年，中美"龙门山—滇中及青藏东北部 GPS 测量地壳形变合作研究"。1992 年，开始了中美"国际喜马拉雅和西藏高原深地震反射剖面及合作研究"（INDEPTH）的相关工作。1992 年，开始中法"东昆仑及邻区岩石圈缩短机制"等项目研究。1996 年至今，中美开展了"青藏高原东北边缘东缘和东南缘地区的

GPS 测量地壳形变"合作研究。

总之，就青藏高原基础地质调查而言，已完成全区 1：100 万区域地质调查和中东部地区 1：20 万区域地质调查面积 135 万 km²。除西南部中印边界地区以外，省级国土资源遥感调查和 1：100 万航空磁测已覆盖全区。此外，开展了重点地区的水文地质、环境地质和物化探、工程地质等工作。普查找矿工作已基本遍布全区，并应用板块构造理论对高原形成前的板块构造与成矿进行了较为全面系统的研究，多次开展了以基础地质或矿产分布规律为主的综合研究或专题研究，系统总结了青藏高原的矿产特点和时空分布规律，编制出版了各省（区）矿产志及其相关地质矿产图件等。与此同时，进行了部分矿床的勘探。总结出大量的地质成果与专著，编制了多种比例尺的地质图与相应图件。

## 四、深化研究阶段（2000 年以来）

1999 年国家新一轮国土资源大调查专项的启动和 2000 年国家西部大开发战略的实施，推进青藏高原地质调查研究进入另一个崭新阶段。

### 1. 区域地质调查

按照温家宝总理"新一轮国土资源大调查要围绕填补和更新一批基础地质图件"的指示精神，中国地质调查局组织开展了青藏高原空白区 1：25 万区域地质调查攻坚战。调集 24 个来自全国省（自治区）地质调查院、研究所、大专院校等单位精干的区域地质调查队伍，每年近千人奋战在世界屋脊，徒步遍及雪域高原，开创了人类地质工作史的伟大壮举。至 2005 年，完成青藏高原空白区 1：25 万区域地质填图，实现了我国陆域中小比例尺区域地质调查的全覆盖。

2003～2005 年，中国地质调查局分青藏高原北部、南部片区，组织开展了区调成果资料的综合研究和区域重大问题的联合攻关。

2006～2010 年，立足于整个青藏高原地区，中国地质调查局组织有关单位对各项基础地质调查及地学研究成果进行全面、系统的综合集成，实现区域性基础地质成果资料的综合整装。

通过 10 年的努力，完成了 110 幅国际分幅 1：25 万区域地质调查，新发现矿床、矿点、矿化点 600 余处，新发现数以万计的古生物化石，重新厘定和建立了一批地层单位，全面更新和完善了青藏高原地层系统；新发现和确认了 20 条蛇绿岩带和 16 条高压—超高压变质带；新发现和确认了一大批岩浆岩，查清了岩浆岩分布和时空演化规律；新发现和确定了一系列重要地质界面，厘定了一批重要地质事件；获得了大量高原隆升、环境变化资料；查明了大量地质灾害的空间分布，对其危害性进行了研究和评估；新发现地质旅游景点七百余处，研究和总结了旅游资源的分布规律。这些成果的取得，为资源勘查、国土规划、环境保护、重大工程规划与建设、地质科学研究等提供了基础图件，实现了我国陆域区中比例尺区域地质调查的全覆盖。

### 2. 区域地球物理调查

完成了青藏高原地区 1：100 万航磁和区域重力调查，实现了全国陆域 1：100 万航磁和区域重力调查的全覆盖，完成冈底斯、西南三江等重要成矿区（带）和青藏铁路沿线等重点地区的1∶20万航磁调查及西南三江地区1∶20万区域重力调查，编制了1∶150万航磁和区域重力系列图件。为区域地质调查、资源潜力评价、矿产资源勘查、环境保护、基础测绘、重大工程建设项目提供了基础地球物理资料。

### 3. 区域地球化学调查

1999年以来，围绕提高重要成矿区带区域化探工作程度和基础图件更新，昆仑—阿尔金、班公湖—怒江、冈底斯、西南三江等重要成矿区带开展1∶20万~1∶50万区域地球化学测量，获得了海量高精度地球化学数据和大批地球化学图件，查明39种元素的区域地球化学分布分配特征，圈定出大量地球化学异常为基础地质研究、资源潜力评价、矿产资源勘查等提供了重要地球化学资料。

### 4. 遥感地质调查

至2010年，已完成青藏高原全部地区1∶25万遥感解译和青藏高原环境地质遥感工作。

### 5. 矿产资源调查评价

1999年，田国土资源大调查启动以来，在青藏高原地区主要围绕东昆仑、昆仑—阿尔金班公湖—怒江、冈底斯、雅鲁藏布江、西南三江等重要成矿区带开展矿产资源调查评价工作，经过十余年的工作，发现大批矿产地，评价或探明了大量铜、钼、铅锌、铁、金、钾盐等矿产资源量，初步形成了藏中铜矿等7个矿产基地，对成矿区带地质背景、成矿规律、资源潜力、找矿方向的认识不断深入，显著提高了重要成矿区带的地质工作程度。

冈底斯成矿带发现大中型矿产地39处，新增资源量：铜超过1100万t、铅锌超过990万t、银16 951t、铬42万t，已形成我国最大的千万吨级铜矿基地；西南三江成矿带新发现大中型矿产地75处，新增资源量：铜728万t、铅锌1660万t、银19 379t、金253t，有望形成千万吨级铜矿基地；班公湖—怒江成矿带新发现矿产地60处，新增资源量：铜700万t、铁15 000万t、金173t，资源远景有远新增铜资源量1000万t、金200t；昆仑—阿尔金成矿区新发现矿产地30处，新增资源量：铜121万t、银1225.6t、铁矿21 481万t、铅锌160万t、钨锡14.78万t、钾盐2579万t。

藏中铜矿基地于2002年，在西藏墨竹工卡县发现了驱龙特大型铜矿，后又陆续发现了朱诺、山南、雄村、甲玛等一大批铜多金属矿，查明资源储量超过2000万吨，逐步形成了以驱龙铜矿为中心，沿雅鲁藏布江分布的，基础设施较为完善的国家级铜业基地。其中，驱龙铜矿探获资源量达1036万t，伴生钼50万t，成为我国最大的千万吨级铜矿。朱诺铜矿资源量116万t。山南铜多金属矿集区提交资源量铜接近100万t，钨大于20万t，钼大于10万t。商业性勘查发现雄村、甲玛铜金矿，探获资源量铜450万t，金275t，铅锌70万t，银6000t。这些矿床的发现奠定了藏中有色金属开发基地建设的资源基础。

滇西北有色金属资源基地相继发现了云南普朗铜矿、羊拉铜矿、白秧坪铜铅锌多金属矿等一批大型有色金属矿，均已进入商业性勘探开发阶段，找矿成果转化率居全国前列，一个新的国家级有色金属、贵金属资源基地已基本形成。普朗铜矿资源量436万t，羊拉铜矿123万t，白秧坪铜铅锌多金属矿铜37万t、银4598t、铅锌79万t。全区预测资源量铜1000万t、铅锌2000万t、银2000t。普朗、羊拉、白秧坪均已进入矿山建设阶段，规划建成10万~15万t精炼铜、20t白银的资源基地。

新疆乌拉根铅锌资源基地自2001年以来，在新疆乌恰县乌拉根一带新发现并评价了一个超大型铅锌矿床——乌拉根铅锌矿，和一个中型铜矿——萨热克铜矿，并获得10个资源评价潜力区，其中乌拉根铅锌矿探获铅锌资源量448万t，远景资源量1000万t以上，潜在经济价值1500亿元。萨热克铜矿探获铜资源量15万t，伴生镍168t，远景资源量铜50万t，潜在经济价值250亿元。

西藏念青唐古拉山有色金属基地于青藏铁路沿线念青唐古拉山地区实现了地质找矿重大进展，新发现亚贵拉、拉屋、蒙亚阿、沙让、没洞中松多、冲给错、野达松多等大中型矿床（点）17处，探明铅锌资源量900万t。其中亚贵拉铅锌银矿提交资源302万t，远景1000万t，拉屋铅锌矿资源量236万t。

祁漫塔格有色金属基地目前区内已发现钨、锡、铁、铜、铅、锌、金及砂金等矿产。新发现白干湖钨锡矿，其中的柯可卡尔德矿段获得钨锡详查资源量20万t，外围的巴什尔希和戛勒赛矿区规模更大，找矿前景十分可观。新疆维宝矿区探获铅锌资源量61万t，矿床规模具大型远景。迪木那里克沉积变质型铁矿探获铁资源量近亿吨。在青海地区，新发现卡尔却卡斑岩型铜矿、虎头崖矽卡岩型铅锌矿、四角羊—牛苦头多金属矿，探获铜铅锌资源量200万t，远景资源量可达500万t。尕林格矿区新增铁矿石资源量1.5亿t。

青海大场金资源基地大场金矿处于青海省的巴颜喀拉山金锑成矿带的中段。在青海格尔木曲麻莱县发现大场超大型金矿和加给陇洼、扎拉依陇洼、稍日哦、扎家同哪等4个中型金矿床。大场地区已控制的矿体估算金资源量150t，预测整个大场地区的金资源量总量超过300t，其主矿带已达到勘探程度，正积极载展开发前的准备工作。另外，沟里金矿61t、五龙沟金矿40t、瓦勒根金矿27t，东昆仑东段成矿带远景可达500t。

柴达木盆地古近系发现多层卤水含水层，最大总厚度达694米，显现出良好的找矿前景，初步估算钾盐资源量2.14亿t，有望形成钾盐生产基地。西藏扎布耶盐湖地表卤水、晶间卤水及固体矿物中均含有碳酸锂，总资源量达246万t，居我国第一位，是世界三大百万吨级盐湖锂矿之一。

# 第三节　青藏高原地区完成的主要实物工作量

根据馆藏17 707种地质资料，统计了2008年前在青藏高原地区地质工作投入的主要实物工作量（表5-11）。

表 5-11  青藏高原地区地质工作完成的主要实物工作量一览表（2008 年前）

| 项目 | 比例尺 | 单位 | 工作量 |
|---|---|---|---|
| 区域地质调查 | 1：50 000 | km² | 989 150.939 |
| | 1：100 000 | km² | 759 866.5 |
| | 1：200 000 | km² | 5 279 862.529 |
| | 1：250 000 | km² | 455 388.84 |
| | 1：500 000 | km² | 1 337 941.35 |
| | 1：1 000 000 | km² | 3 202 730.748 |
| | 其他比例尺 | km² | 5 209 080.086 |
| 地质剖面测量 | 比例尺未分 | km | 96 800 453.8 |
| 地球化学测量（方法未分） | 1：1000 | km² | 0.114 |
| | 1：2000 | km² | 9.81 |
| | 1：5000 | km² | 39.92 |
| | 1：10 000 | km² | 623.48 |
| | 1：20 000 | km² | 75.85 |
| | 1：25 000 | km² | 1474.74 |
| | 1：50 000 | km² | 6656.3 |
| | 1：200 000 | km² | 41 676.18 |
| | 1：500 000 | km² | 54 572.5 |
| | 1：1 000 000 | km² | 1 513 332 |
| | 其他比例尺 | km² | 11 781.79 |
| 水系沉积物测量 | >1：25 000 | km² | 10 056.83 |
| | 1：50 000 | km² | 179 358.22 |
| | 1：100 000 | km² | 41 142.96 |
| | 1：200 000 | km² | 785 406.3 |
| | 1：500 000 | km² | 237 747.84 |
| 土壤地球化学测量 | >1：1000 | km² | 5.2 |
| | 1：1000 | km² | 6.16 |
| | 1：2000 | km² | 3.89 |
| | 1：5000 | km² | 89.375 |
| | 1：10 000 | km² | 3883.201 |
| | 1：25 000 | km² | 2415.08 |
| | 1：50 000 | km² | 9566.106 |
| 化探剖面 | 比例尺未分 | km | 34 752.5161 |

| 项目 | 比例尺 | 单位 | 工作量 |
|------|--------|------|--------|
| 重砂测量面积 | 1∶10 000 | km² | 196.5 |
| | 1∶50 000 | km² | 19 437.79 |
| | 1∶200 000 | km² | 65 981.62 |
| | 1∶250 000 | km² | 25 |
| | 1∶500 000 | km² | 10 |
| | 其他比例尺 | km² | 2767.8 |
| 磁法测量 | 1∶1000 | km² | 14.9647 |
| | 1∶2000 | km² | 12 387.8775 |
| | 1∶5000 | km² | 10 273.938 |
| | 1∶10 000 | km² | 8631.415 |
| | 1∶20 000 | km² | 2580.06 |
| | 1∶25 000 | km² | 12 748.43 |
| | 1∶50 000 | km² | 92 796.065 |
| | 1∶100 000 | km² | 26 073.5 |
| | 1∶200 000 | km² | 57 450.03 |
| | 1∶250 000 | km² | 5.116 |
| | 1∶500 000 | km² | 200 000 |
| | 1∶1 000 000 | km² | 16 303 |
| | 其他比例尺 | km² | 12 409.186 |
| 电法测量 | 1∶1000 | km² | 17 |
| | 1∶2000 | km² | 49.3615 |
| | 1∶5000 | km² | 486.342 |
| | 1∶10 000 | km² | 776.016 |
| | 1∶25000 | km² | 401.78 |
| | 1∶50 000 | km² | 5830.63 |
| | 1∶100 000 | km² | 1973 |
| | 1∶200 000 | km² | 942.5 |
| | 1∶250 000 | km² | 42.5 |
| | 1∶500 000 | km² | 0 |
| | 1∶1 000 000 | km² | 6263 |
| | 其他比例尺 | km² | 6364.47 |

续表

| 项目 | 比例尺 | 单位 | 工作量 |
|---|---|---|---|
| 重力测量面积 | 1∶1000 | km² | 1.34 |
| | 1∶2000 | km² | 14 638.344 |
| | 1∶5000 | km² | 1478.2842 |
| | 1∶10 000 | km² | 165.692 |
| | 1∶20 000 | km² | 244.65 |
| | 1∶50 000 | km² | 23 789.331 |
| | 1∶100 000 | km² | 59 103.26 |
| | 1∶200 000 | km² | 152 832.82 |
| | 1∶250 000 | km² | 0 |
| | 1∶500 000 | km² | 121 145 |
| | 1∶1 000 000 | km² | 137 952.3 |
| 地震测量 | 1∶25 000 | km² | 2.2 |
| | 1∶50 000 | km² | 4666.39 |
| | 其他比例尺 | km² | 69 414.42 |
| 地震剖面测量 | 比例尺未分 | km | 142 441.3186 |
| 重力剖面测量 | 比例尺未分 | km | 45 665.633 |
| 电法剖面测量 | 比例尺未分 | km | 358 262.6708 |
| 物探剖面（方法未分） | 比例尺未分 | km | 9010.7933 |
| 电测深点 | | 个 | 31 847 |
| 重力基本点 | | 个 | 66 289 |
| 测井 | | m | 1 595 294.567 |
| 遥感地质调查面积 | 1∶1000 | km² | 4.07 |
| | 1∶5000 | km² | 25 |
| | 1∶10 000 | km² | 16 080.87 |
| | 1∶25 000 | km² | |
| | 1∶50 000 | km² | 86 568.79 |
| | 1∶200 000 | km² | 81 576 |
| | 1∶250 000 | km² | 346 455 |
| | 1∶500 000 | km² | 0 |
| | 1∶1 000 000 | km² | 1 501 635.2 |

续表

| 项目 | 比例尺 | 单位 | 工作量 |
|---|---|---|---|
| 矿区地质调查 | >1：1000 | km² | 176 522.494 |
| | 1：1000 | km² | 19 070.700 68 |
| | 1：2000 | km² | 32 626.095 02 |
| | 1：5000 | km² | 39 555.6865 |
| | 1：10 000 | km² | 120 440.6529 |
| | 1：20 000 | km² | 142 066.24 |
| | 1：25 000 | km² | 75 534.031 |
| 样品数 | 各项样品合计 | 件 | 12 876 600 |
| 地质点 | | 个 | 15 311 598 |
| 槽探（含剥土） | | m³ | 26 384 953.11 |
| 浅井 | | m | 1 471 142.633 |
| 钻探 | | m | 23 783 116.6 |
| 坑探 | | m | 1 512 298.071 |

# 第六章　地质资料综合集成产品

本类产品属于专业类综合集成产品，本次工作选择青藏高原地质调查专项中的西藏雅鲁藏布江成矿带、新疆西昆仑成矿带、青海东昆仑成矿带等三个重要成矿区（带）进行矿产勘查开发现状编研，主要目的是在充分收集分析区域地质矿产勘查开发资料数据的基础上，对研究区域地层、构造、区域成矿、成果地质资料现状、基础地质工作现状、地质矿产勘查现状、地质矿产开发现状等进行综合集成，形成总结性的总体展示成果，并提供了区域地质资料目录清单和相关摘要信息，能为新进入本区开展工作的人员提供基础地质资料信息。

开展青海省地质环境与地质灾害现状研究，主要目的是开发一个水工环产品模式，为水工环工作开展提供服务，着重于资料的汇总与分析，而且不脱离资料原内容。能够提供区域基本情况，能为区域水工环工作提供支撑。

## 第一节　雅鲁藏布江成矿带铜金勘查开发研究

根据全国矿产资源潜力评价项目《技术要求总论（试用版）》（国土资源部，2007 年 5 月）之"全国成矿区（带）划分"方案，雅鲁藏布江成矿带（三级）属雅鲁藏布江—唐古拉成矿省（简称"西藏成矿省"），位于该成矿省南部，统一名称为"Ⅲ-80 冈底斯—念青唐古拉中生代、新生代铜钼金铁铬盐类成矿带"，西藏及西南地学界简称"雅鲁藏布江成矿带"。其地理坐标为 87°～93°E，29°～31°N。它由 3 个子成矿带组成：北部为念青唐古拉中生代岛链铅锌银多金属成矿带，中部为冈底斯火山岩浆铜金多金属成矿带，南部为雅鲁藏布江结合带铬铜金铂钯成矿带。交通位置如图 6-1 所示。

### 一、区域地质矿产特征

雅鲁藏布江成矿区属于世界三大斑岩铜矿成矿域之一的特提斯—喜马拉雅成矿域，大地构造位于冈底斯—念青唐古拉板片，是东特提斯构造域中晚古生代以来具有独特演化历程的一个多岛弧碰撞造山带。冈底斯—念青唐古拉板片南北界于雅鲁藏布江结合带和班公湖—怒江结合带之间，东西两侧分别与西南"三江"构造带和帕米尔—喀喇昆仑构造带相连。其独特的大地构造位置，以及晚古生代以来南北两大板块之间俯冲、碰撞及陆内造山作用引起的强烈火山—岩浆活动和复杂的地质构造演化历程，使该区发生了不同地球构造圈层间物质、能量交换等深部过程，并伴随着强烈的流体作用和成矿作用。

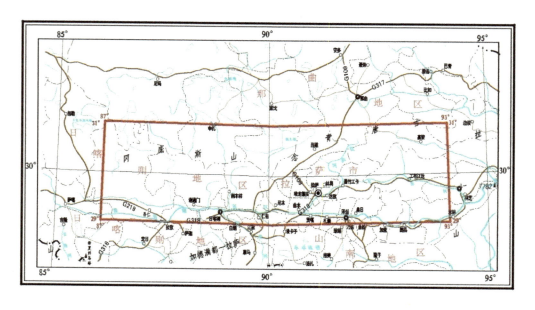

图 6-1　雅鲁藏布江成矿带地理及交通位置图

## 1. 地层

雅鲁藏布江成矿区处于滇藏地层大区南部，由前震旦系念青唐古拉群变质杂岩构成的陆壳结晶基底之上，晚古生界石炭系—新生界的地层均较发育，其中尤以三叠系—白垩系地层分布最广，出露最多。

地层区跨越了冈底斯—腾冲区和雅鲁藏布江区，地层分区包括了拉萨—察隅地层分区、隆格尔—南木林地层分区、措勤—申扎地层分区、日喀则地层分区、雅江蛇绿岩分区、拉孜—曲松地层分区、仲巴—扎达地层分区，其中拉萨—察隅和隆格尔—南木林两个地层分区是冈底斯铜多金属矿带中最主要的地层分区，两者之间以念青唐古拉山前大断裂为界。对于不同的构造单元，念青唐古拉岛链带主要由前震旦系念青唐古拉群、前奥陶系松多岩群组成；朱拉—门巴陆内裂谷带由二叠系洛巴堆组、蒙拉组地层组成；日多—拉萨弧间盆地由中侏罗统却桑温泉组含火山碎屑岩建造、上侏罗统多底沟组碳酸盐建造、下白垩统林布宗组、楚木龙组含煤碎屑岩建造、塔克那组碳酸盐建造、上白垩统设兴组红色碎屑岩建造组成，后期有大面积第三系沉积超覆，沉积物以陆相火山岩为主；冈底斯火山—岩浆弧由在拉萨以东局部分布的中侏罗统叶巴组，南部广泛分布的上侏罗—下白垩统桑日群钙碱性岛弧火山岩、碎屑岩建造及滞后的燕山晚期中酸性侵入岩组成；日喀则弧前盆地主要由白垩系日喀则群的一套复理石碎屑岩系组成，由下而上包括冲堆组、昂仁组、帕达那组、曲贝亚组；雅鲁藏布江缝合带除仲巴—扎达微地块发育有古生界—三叠系稳定型浅海沉积外，其余多为上三叠—下白垩统蛇绿混杂岩。

## 2. 构造

综合前人研究资料及综合分析，研究区由北向南可以划分为那曲弧前盆地、班戈—嘉黎侏罗—白垩纪岩浆弧、纳木错—九子拉中生代碰撞结合带、念青唐古拉中生代岛链带、米拉山—松多晚古生代碰撞结合带、冈底斯侏罗—白垩纪火山—岩浆弧、雅鲁藏布江结合带等7个次级构造单元。这些构造单元总体均呈近东西向展布，不同时期形成的弧—弧（陆）碰撞结合带与夹于其中的多个不同时期形成的火山—岩浆弧呈条块状镶嵌，构成了区域内复杂的大地构造基本格局。研究区区域构造主线呈东西向展布，既有因南北两大板块碰撞挤压而形成的以近东西向为主的超岩石圈断裂，也有因构造转换而形成的以拉张为特征的北东向和近南北向构造及因岩浆活动、热穹窿引起的环形构造。

## 3. 岩浆岩

雅鲁藏布江成矿区以发育巨大花岗岩基和广泛出露中、新生代火山岩为特征。侵入岩与火山活动关系密切，在空间上侵入岩与火山岩伴生，时间上侵入岩稍晚于火山岩，一般见侵入岩与火山岩呈侵入接触。侵入岩的形成与火山活动表现出明显的对应关系，二者岩石成分特征十分相似，构成本区内同源异相的二元结构。造成冈底斯岩浆岩带的主要地质作用为喜马拉雅—特提斯洋壳向北的俯冲消亡作用、印度板块与欧亚板块的碰撞造山作用，以及碰撞后的板内汇聚造山作用。

冈底斯带内侵入岩非常发育，其中尤以中酸性岩石最多，分布最广，岩石类型也最复杂。其中，基性—超基性侵入岩主要沿雅鲁藏布江缝合带呈构造混杂岩形式出现，另有少量以岩脉或小岩株形式在冈底斯—念青唐古拉板片内产出，岩石类型主要为纯橄岩、橄榄岩、辉长岩、苏长辉长岩、辉绿岩、辉长闪长岩等；中性—酸性侵入岩则主要产于冈底斯造山带中，呈复式岩体（基）、岩株、岩墙、岩脉等形式产出，岩石类型较复杂，包括闪长岩、石英闪长岩、花岗闪长岩、英云闪长岩、石英闪长玢岩、二长花岗岩、斑状黑云母二长花岗岩、石英斑岩、二长花岗斑岩、钾长花岗岩、白岗岩等。

区内火山岩分布非常广泛，在古生代以来的地层中几乎均含有火山岩，集中发育于二叠纪—第四纪。火山岩的形成伴随着从拉张形成洋盆到碰撞造山结束整个过程，按构造环境可以分为引张背景下和挤压背景下产出的两大类，其次还有少量由挤压环境后期派生的碱性火山岩。

研究区引张型火山岩分布相对较局限，主要呈近东西向带状分布于雅鲁藏布江两岸、洞中松多—洛巴堆和隆格尔—南木林等地。其中，雅鲁藏布江地区的引张型火山岩与雅鲁藏布江洋盆拉张开裂作用有关，形成时代主要为早二叠世，火山岩地层以下二叠统西兰塔组和曲嘎组为代表，岩性组合为安粗熔岩、玄武岩、细碧岩、火山碎屑岩、凝灰岩等中基性火山岩，主要夹杂于由生物碎屑灰岩、微晶灰岩、石英砂岩、板岩、千枚岩等构成的沉积地层中；洞中松多—洛巴堆和隆格尔—南木林地区的引张型火山岩主要与该地区的陆内裂谷活动有关，形成时代在中晚二叠世，代表性火山岩地层主要为洛巴堆组（东部）和下拉组（西部），岩性组合为玄武岩、安山岩、凝灰岩等中基性火山岩，夹杂于由灰岩、大理岩和砂岩等构成的沉积地层中。

研究区挤压型火山岩分布非常广，大面积分布在冈底斯带中，与不同时期的侵入岩一同构成了著名的"冈底斯火山—岩浆弧"。形成时代跨越整个中、新生代，其中中生代火山岩主要与新特提斯洋壳向北的俯冲作用有关，而新生代火山岩与碰撞造山及陆内汇聚造山作用有关。早—中三叠世，新特提斯洋壳开始向北俯冲，形成的火山岩地层主要有下三叠统查曲浦组、下侏罗统甲拉浦组、中侏罗统叶巴组、上侏罗统—下白垩统麻木下组、下白垩统比马组、上白垩统设兴组和竞柱山组，岩性组合主要为玄武安山岩、安山岩、英安质凝灰岩、火山角砾岩等中性—中酸性火山岩；以当雄—大竹卡断裂为界，东部地区的火山岩发育较全，而西部地区缺失三叠纪—中侏罗世的火山岩，这与该时期东部地区为弧间盆地接受火山岩沉积、西部普遍遭受剥蚀有关。白垩纪末—古新世，洋壳俯冲殆尽发生强烈的碰撞作用，形成了以林子宗群为代表的中酸性火山岩，在全区内广泛分布，是全区分布最广最重要的火山岩，出露面积约占了全区火山岩的 60% ~ 70%；据莫宣学等研究（2003），林子宗群火山岩早期带有较多的陆缘火山岩特征，中期开始出现标志板内岩浆活动的钾玄岩，晚期更多地显示了加厚陆壳条件下火山岩的特点，记录了由新特提斯俯冲末期过渡到印度—亚洲大陆主碰撞的信息；林子宗群火山岩在东西两区中的分布也略有不同，其中在西部的分布明显比东部要广得多，显示该阶段西部地区的火山作用明显要强于东部。渐新世—上新世的含火山地层分别为日贡拉组、芒乡组和邬郁群，岩性组合均为含砾砂岩、粉砂岩、页岩（灰岩）等夹中性—中酸性火山岩，具有造山带火山岩—造山后陆相碱性火山岩的过渡特征。

另外，在研究区外西部仲巴县麦嘎地区发现有少量第四纪火山岩的分布，岩性为橄榄玄武粗安岩，为形成于板内的与造山带有关的碱性火山岩。

## 4. 变质岩

研究区内的变质作用主要表现为由 B 型俯冲引起的双变质带：雅鲁藏布江高压低温变质带和冈底斯高温低压变质带，两者在空间上平行，时间上相近。

雅鲁藏布江高压低温变质带主要沿雅鲁藏布江缝合带分布，受变质的地层主要有上三叠统修康群以及上侏罗—下白垩统嘎学群，以出现蓝闪石类、硬柱石和黑硬绿泥石等为代表的低温—高压变质矿物为特征。

冈底斯变质岩带大致沿冈底斯山脉呈东西向展布，分布范围大致与冈底斯岩浆岩带吻合。区内除第四系、新近系地层外，其余时代地层均发生了不同程度的变质作用，形成了一系列中—低温变质岩系，以出现红柱石、矽线石等为代表的高温—低压变质矿物为特征。变质作用类型主要为区域动力变质和热液接触变质，而动力变质作用次之。其中，对区内影响广泛的是燕山—喜山期低压区域动力变质作用，使侏罗—白垩系地层普遍达到低绿片岩相；热液接触变质作用主要发生于中酸性侵入岩的接触带；而动力变质作用则主要沿大型断裂带形成碎裂岩、糜棱岩等，与金属成矿作用密切相关。

## 5. 区域矿产

雅鲁藏布江成矿区矿产非常丰富，包括黑色金属矿产、有色金属矿产、贵金属矿产、燃料矿产、建筑材料及非金属矿产、地热资源等，其中有色金属（铜、铅、锌等）、建筑材料和地热资源是本区的优势矿产，燃料矿产是紧缺矿产。总体上，冈底斯成矿带矿产具有种类多、储量大、优势矿种明显、勘查程度低、找矿前景大等特点。

黑色金属矿产矿种包括铁和锰。其中，铁矿主要分布于研究区中偏北部，成因类型以热液型为主，其次是接触交代型，另有少量火山—沉积型；矿石矿物以磁铁矿为主，其次是镜铁矿、褐铁矿等。锰矿主要分布在堆龙德庆县境内，富矿地层主要为设兴组、典中组和年波组火山岩或碎屑岩，成因类型为热液型，受构造控制明显。本区黑色金属矿产多以矿点为主，品位变化大，能够开采利用的矿床较少。

有色金属矿产矿种包括铜、铅、锌、钼等，是本区最主要最多的矿产，其中尤以铜矿为本区特色。铜矿的主要类型为斑岩型，其次为矽卡岩型和热液型；矿床主要产于冈底斯火山岩浆杂岩带，成矿一般与中新世浅成—超浅成侵位的小斑岩体和中侏罗世含碳酸盐岩地层相关；矿床规模一般均较大，储量超过1000万t，具有很大的经济价值。铅锌矿是该区目前开采利用最广泛的矿种，其主要类型为喷流型和矽卡岩型，其次是热液脉型；矿床主要产于拉萨—日多弧间盆地和洛巴堆—洞中松多陆内裂谷带中，其成矿作用分别与中侏罗世和晚二叠世含碳酸盐岩地层相关；矿床规模一般较大，品位较高，可利用性好。钼矿在本区内主要以伴生矿种产于斑岩型铜矿、矽卡岩型多金属矿床中，单独的矿床少见。

贵金属矿产主要为金矿，另有极少量银矿。金矿类型主要为火山热液型，其次为蚀变岩型、矽卡岩型、斑岩型和沉积型砂金。其中，火山热液型金矿主要产于谢通门—南木林一带的火山岩浆弧内，成矿作用与晚白垩世—第三系火山岩有关，矿床明显受构造控制，品位变化大；砂金主要产于研究区西部河谷中，矽卡岩型和斑岩型金矿则主要是以伴生金的形式出。总体上，本区金矿具有规模小、品位低、数量少等特点，可利用性差，这可能与研究程度、成矿规律未查明有关。

燃料矿产包括煤和泥炭。其中，煤矿主要产于研究区中北部，赋矿层位主要为侏罗系上统—白垩系下统林布宗组中，其次是秋乌组和嘎扎村组；规模均较小，多为矿点，次为小型煤矿；煤质多为中—高硫高灰质无烟煤，少数煤质较好。泥炭也主要产于研究区中北部，几乎全形成于第四纪全新世；成因类型有湖缘沼泽型、山间洼地沼泽型及河流阶地沼泽型，其中湖缘沼泽型泥炭具有一定规模（小型），其他多为矿（化）点；属低灰质，高氮、高钾、高腐殖质、高发热量的优质草本泥炭。

建筑材料及非金属矿产包括大理岩、水泥黏土、石灰岩、花岗岩、天然油石和宝玉石（碧玉、水晶、刚玉等）等。其中比较丰富的为花岗岩和石灰岩，主要分布于冈底斯火山岩浆弧、拉萨—日多弧间盆地和洛巴堆—洞中松多陆内裂谷其他矿产分布较分散，储量和规模均较小。

地热资源是本区的特色矿产之一，全区有大小热泉点上百个，其中大热田主要集中在当雄—羊八井一带，其次是日多—德仲一线。该区内比较有名地热温泉有羊八井、德仲、日多等，其中羊八井地热田还建立了地热发电站；热泉的形成与区域性断裂、断陷盆地边缘活动断裂等相关，类型可分为低温热泉（20～40℃）、中温热泉（40～60℃）、高温热泉（60～80℃）和过热水泉（≥80℃）。

## 二、雅鲁藏布江成矿带成果地质资料

截至 2010 年年底，全国地质资料馆和西藏自治区国土资源资料馆馆藏有雅鲁藏布江成矿带成果地质资料 892 种。

从成果地质资料形成时间看，主要是 20 世纪 70 年代以后形成的（表 6-1）。

**表 6-1　雅鲁藏布江成矿带成果地质资料形成时间统计表**

| 序号 | 形成时间 | 数量（种） | 比例（%） |
|---|---|---|---|
| 1 | 1950～1959 年 | 33 | 3.69 |
| 2 | 1960～1969 年 | 58 | 6.5 |
| 3 | 1970～1979 年 | 275 | 30.83 |
| 4 | 1980～1989 年 | 161 | 18.05 |
| 5 | 1990～1999 年 | 197 | 22.09 |
| 6 | 2000 年以后 | 165 | 18.5 |
| 7 | 时间不详 | 3 | 0.34 |
| | 合计 | 892 | 100 |

从地质资料类别来看，以矿产勘查、地质科学研究和区域地质矿产调查为主（表 6-2）。

**表 6-2　雅鲁藏布江成矿带成果地质资料类别分布统计表**

| 序号 | 类别 | 数量（种） | 比例（%） |
|---|---|---|---|
| 1 | 区域地质矿产调查 | 55 | 6.17 |
| 2 | 区域物化探调查 | 9 | 1.01 |
| 3 | 区域水工环地质调查 | 11 | 1.23 |
| 4 | 其他专项区调 | 121 | 13.57 |
| 5 | 矿产勘查 | 281 | 31.5 |
| 6 | 水文地质勘查 | 11 | 1.23 |
| 7 | 工程地质勘查 | 14 | 1.58 |
| 8 | 环境（灾害）地质勘查 | 21 | 2.35 |
| 9 | 水工环综 | 5 | 0.56 |
| 10 | 物化遥勘查 | 76 | 8.52 |
| 11 | 物化探异常查证 | 51 | 5.72 |
| 12 | 地质科学研究 | 220 | 24.66 |
| 13 | 技术方法研究 | 17 | 1.9 |
| | 合计 | 892 | 100 |

矿产勘查成果地质资料又以有色金属矿产勘查类为主，且以铜为主，其次为黑色金属矿产、能源矿产等（表 6-3 和图 6-2）。

表6-3　不同矿产类成果地质资料分布表

| 矿产类型 | 黑色金属 | 有色金属 | 贵金属 | 非金属 | 能源 | 水气 | 未分 | 合计 |
|---|---|---|---|---|---|---|---|---|
| 资料（种） | 60 | 84 | 37 | 32 | 54 | 5 | 9 | 281 |
| 比例（%） | 21.35 | 29.89 | 13.17 | 11.39 | 19.22 | 1.78 | 3.2 | 100 |

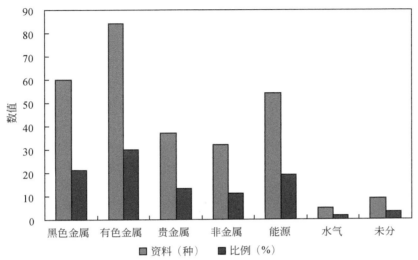

图6-2　雅鲁藏布江成矿带不同矿产类型成果地质资料分布图

## 三、雅鲁藏布江成矿带基础地质工作现状

### 1. 区域地质矿产调查

青藏高原的地质调查与研究已有近200年的历史，西藏和平解放以前，只有少数外国旅行家深入到高原地区作过少量的路线地质调查工作，有零星的地质资料。

自20世纪60年代起，原地质（地矿）部及其相关省地质（地矿、地勘）局在西藏开展了系统的中、小比例尺基础、水文和工程地质调查，到20世纪末，基本完成了1：100万的区域地质调查和航空磁测工作，雅鲁藏布江成矿带作为西藏自治区中心，完成了1：20万区域地质调查、1：20万和1：50万区域化探测量工作，编制出版了自治区的地质志、矿产志及相关地质图件。但作为青藏高原主体的西藏全区仍属中比例尺区域地质调查空白区。

1999年国土资源大调查实施以来，按照温家宝总理"新一轮国土资源大调查要围绕填补和更新一批基础地质图件"的指示精神，中国地质调查局调集了全国24个省（自治区、直辖市）地质调查院、研究所、大专院校等单位精干的区域地质调查队伍，人员近千人，进行了大规模拉网式的区域地质调查。到2005年，历时七年，完成了青藏高原空白区全部152万 $km^2$ 1：25万区域地质填图，包括雅鲁藏布江成矿带的8幅1：25万区域地质图。在地质、矿产、环境、灾害等方面取得了重要的新发现、新成果，系统查明了区域成矿和地质环境背景，为青藏高原地区国土规划、矿产资源勘查、旅游资源开发、生态建设和环境保护等提供了基础资料。

国土资源大调查实施以前，就有许多不同部门、行业单位在雅江成矿带开展过矿产资源调查和评价工作，但从整体上看，由于矿产勘查工作程度低，这些评价工作仍属于局部性的。国土资源大调查实施以来，从青藏高原的全局着眼，在西南三江成矿带、雅鲁藏布江成矿带和昆仑—阿尔金成矿带开展了矿产资源调查评价和矿产远景调查工作，取得了一批新发现、新成果与新认识，对雅江成矿带的评价更加全面、具体。

在取得基础地质资料成果的基础上，中国地质调查局组织开展并完成了青藏高原基础地质调查成果数据库建设，编制了地质、资源和环境等系列图件，为区域国土资源规划和地质工作提供了基础资料。

青藏高原1∶5万区域地质调查工作，主要集中在东部的西南三江、祁连和东昆仑地区，而雅鲁藏布江成矿带内仅在拉萨附近完成14个图幅。正在实施的1∶5万矿调基本覆盖雅江成矿带东段，对雅江成矿带东段特别是西藏中部地区矿产资源调查、地质环境评价提供了基础资料，为西藏区域经济社会的可持续发展提供了决策依据。

## 2. 区域物化遥调查

青藏高原区域物化遥调查工作进展滞后，工作程度极低。西藏境内的区域化探调查，开始于 20 世纪 80 年代，主要位于藏东三江成矿带和雅鲁藏布江成矿带及其周围，高原丘陵区域以 1∶50 万为主，高原峡谷区域以 1∶20 万为主。区域物探调查和少量遥感地质调查始于 90 年代初，主要开展过区域重力调查和航磁测量工作，以雅鲁藏布江成矿带为主要工作区，工作比例尺 1∶25 万。直至 1999 年国土资源大调查实施以来，青藏高原区域物化遥调查工作才有所推进，完成了青藏高原空白区 1∶100 万航磁概查 114 万 km²、1∶100 万区域重力调查 120 万 km²、1∶50 万化探 6 万 km²、1∶20 万航磁调查 27 万 km²、1∶20 万区域重力调查 12 万 km²、1∶20 万区域化探 37 万 km²；完成 1∶25 万区调前期遥感地质调查 40 万 km²，开展过区域性矿产资源和地质灾害遥感调查研究；利用青藏高原近 30 年来的 ETM 和 MSS 两期卫星遥感数据，对青藏高原现代冰川、雪线、湖泊、地质灾害等进行了生态地质环境遥感调查与监测工作。雅鲁藏布江成矿带内，上述工作基本完成，一些资料尚在整理中。

## 3. 区域水工环地质调查

青藏高原地区环境地质工作总体上可以分为两个阶段：第一阶段，主要指上世纪末以前，配合国家建设项目（主要交通干线）零星分散的开展工程地质工作；第二阶段，国土资源大调查实施以来，以遥感为主要工作手段开展了 1∶50 万区域环境地质调查评价。区域灾害地质调查和地质灾害勘查治理、监测等工作也随着上述基础地质工作的完成而逐步开展。

西藏境内区域水工环地质调查工作基础薄弱，地质环境总体状况不清。除了城镇及铁路沿线等局部地区外，绝大多数地区工作程度极低，主要工作精度为 1∶100 万区域水文地质调查。西藏 1∶100 万水文地质普查面积 120 万 km²，已覆盖全区，于 1995 年就已完成，由于当时的工作任务归属国土资源部地质环境监测院（原水文勘测院）管理，相关地质资料一直未能完整汇交到我区。

20世纪80年代以后至20世纪末，国家逐步开展了地下水资源调查评价，为适应国民经济建设和城镇发展需要，相继开展了城镇及工矿企业供水水文地质勘查工作。西藏完成了第一轮地下水资源评价工作，完成1∶10万城市供水水文地质调查面积10 000km²，主要工作区位于雅江成矿带内拉萨、日喀则两地区。国土资源大调查工作以来，完成了新一轮的地下水资源评价，开展了西藏"一江两河"地区干旱县地下水资源调查以及日喀则地区地下水勘查示范工程等工作。西藏开展地热资源专项调查工作较多，先后完成了对西藏地热温泉显示区的科学考察工作，完成羊八井、羊易、那曲、拉多岗等地热田地质勘查与研究工作。雅鲁藏布江成矿带内，中、大比例尺区域水文地质工作程度低，区域环境地质调查缺乏足够的地面调查工作，生态环境地质问题调查不够深入，地质灾害调查与监测工作刚刚起步。

### 4. 地质科研

20世纪80年代以来，国内外的科研单位和院校在青藏高原相继开展了多学科的地质科研工作，取得了一批重要科研成果。1980～1986年，由西藏、四川、青海等省区地勘单位及中国地质大学、遥感中心等十四家单位联合完成了《青藏高原形成演化》《青藏高原主要矿产及其分布规律》等课题；1980～1986年，中法联合考察队开展了《喜玛拉雅地质构造与上地幔的形成与演化》的多学科综合考察，对高原隆升机制进行了科学研究。至80年代末，西藏地质科研所完成了《1∶150万西藏板块构造—建造图说明书》。1993年以来，西藏地质六队与成都地质矿产研究所合作完成了《西藏甲马赤康多金属矿床成矿条件、物质组分及其评价应用报告》《西藏甲马多金属矿床控矿条件及成矿模式》以及《西藏甲马多金属矿床成矿机制、控矿因素及远景预测》研究报告。西藏地质矿产厅完成了《西藏自治区一江两河中部流域铬、金、铜成矿远景区划"九五"至2010年找矿地质工作部署建议》、地质专报《西藏自治区区域地质志》，地质专报《西藏自治区区域矿产志》《西藏自治区岩石地层》《西藏他念他翁山链构造变形及其演化》《西藏板块构造—建造图》《西藏区松县罗布萨铬铁矿找矿预测》《冈底斯中段构造演讲演化与金银多金属成矿关系》《西藏金矿成矿条件及找矿方向》《西藏谢通门县洞嘎金矿床成矿及找矿方向研究》《西藏尼玛县屋素拉—罗布日俄么岩金成矿规律研究》；西藏地质矿产勘查开发局第六地质大队专列《西藏自治区谢通门县洞嘎金矿区东段（雄村）成矿规律及找矿方向研究》《西藏措美县马扎拉金锑矿控矿因素与成矿规律研究》《西藏中南部中生代大陆边缘复合型锑、铜矿床研究》等，取得了大量的地质、矿产研究成果。这些多学科的交叉综合研究，提高了研究区的区域地质、矿产地质、成矿地质背景、区域构造演化的研究程度。

综上所述，在西藏境内，雅鲁藏布江成矿带属全区地质工作程度相对较高的地区，对全区的区域地质背景和成矿条件有一定的认识，但仍属青藏高原工作程度极低地区，中、大比例尺基础地质工作较少；对已取得的中、小比例尺的成果资料，缺乏较系统的综合和全面总结，地质资料开发利用程度相对较低。

## 四、雅鲁藏布江成矿带以铜为主的矿产勘查现状

### 1. 勘查阶段

研究区矿产地质勘查工作程度属较低地区，已有矿产地质勘查重点集中于拉萨市周围及东西两侧，大致沿雅鲁藏布江流域和冈底斯山展布，按照工作内容和工作时间可以将雅江成矿带的研究历史划分为三个阶段。

（1）20世纪80年代中期以前

20世纪80年代中期以前，主要开展了以煤、地热等能源矿产，国家急需黑色金属、有色金属、贵金属矿产和化工原料、建材等为主的1：50万~1：20万路线地质调查和矿产调查，以及小比例尺的重、磁物探工作及重、磁异常查证工作，发现了甲马、厅宫、罗布莎、东巧、设兴、拉萨水泥厂等一批矿化线索。

（2）20世纪80年代后期至90年代末

20世纪80年代后期至90年代末，主要依据1：20万区域地质调查和1：20万、1：50万区域化探的工作成果，开展了以铜、金、铅锌、锑矿产为主的异常查证工作，发现了拉抗俄、达布、冲江等斑岩铜矿（化）点。这一阶段，加强对第一阶段发现的重要矿产地的矿产勘查工作，使甲马大型铜多金属矿床、厅宫中型斑岩铜矿床的地位得以显现。然而，这一时期的矿产勘查评价工作零乱，没有统一规划，在雅江带的总体找矿效果不理想。

（3）1999年以来

1999年以来，中国地质调查局国土资源大调查的启动和国家西部大开发战略的实施，有效地促进了雅鲁藏布江成矿带矿产勘查工作的开展。1999~2004年，先后评价并发现了驱龙超大型斑岩铜矿床、冲江大型斑岩铜矿床、朱诺大型斑岩铜矿床、吉如大型斑岩铜矿床、蒙亚啊大型铅锌矿床、洞中松多大型铅锌矿床，新发现了待评价的得明顶、懂师布、德曲、象背山等斑岩铜矿点以及洞中拉、巴洛、也达松多、色日吉窝等多金属矿点或重大找矿线索，自此掀开了雅江成矿带矿产勘查历史的崭新一页。2005~2010年，在雅鲁藏布江成矿带的有利成矿区段内先后部署了朱诺、吉如、冲江、驱龙、启龙多等项目（各四幅）的1：5万区域矿产调查和仁布等四幅区域地质调查，通过近三年的工作，又新发现了江热铜多金属矿、乃普铜多金属矿、帮桑贡巴铅锌矿、扒拉郎铜矿、夹巴次多金属矿、尼龙郎铜铅锌矿、董白拉矽卡岩型铜铁矿、夺空郎铁矿、母郎钼锌矿、铁雅铁铜矿、者拉北铜多金属矿、勒斤铜多金属矿、唐巴铜铅锌矿等一大批矿产地。仅新发现的包括驱龙铜矿、雄村铜金矿、甲马铜多金属矿、冲江铜矿、朱诺铜矿、拉屋铜铅锌矿、尤卡郎银铅矿等20余处中—大型重要矿产地，累计探获资源量铜超过1000万t、铅锌542万t、铁矿石11 000万t。新发现矿产地如图6-3所示。

根据青藏高原地质矿产规划，在今后一个时期内，在雅鲁藏布江成矿带上，将部署以1：5万比例尺的地质矿产填图、化探、物探、遥感等面积性工作，择优开展重要矿产地勘查示范，引导商业性矿产勘查工作，充分利用新的找矿理论和综合信息技术方法，圈定

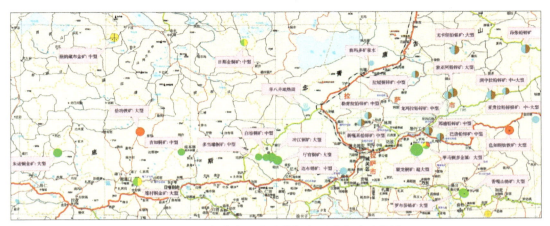

图 6-3　雅鲁藏布江成矿带新发现矿产地示意图

找矿靶区，开展矿产检查，研究区域成矿条件和成矿规律，开展区域矿产远景调查与资源潜力评价，进一步预测相应的找矿远景区，形成一批新的矿产地质勘查资料，为区域经济社会发展规划提供科学依据。

### 2. 勘查成果与结论

通过基础地质调查和矿产勘查工作，得出以下基本结论：

1）雅鲁藏布江成矿带是中生代以来经历了独特演化历程的一个多岛弧碰撞造山带，拥有独特的成矿地质背景和极为丰富的矿产资源，其中铜、富铁矿、铅、锌、铬铁矿、金、银、钼等具有突出的优势。

2）雅鲁藏布江成矿带以铜、富铁矿、铅锌为主要矿种，成矿类型以斑岩型铜（钼）矿、矽卡岩型铜多金属矿、次火山热液型铜金矿、矽卡岩型铅锌多金属矿、矽卡岩型铁矿为主要类型。

3）矿床的形成与本区漫长的构造演化密切相关，在不同的演化阶段，特定的构造环境中形成不同的矿产。冈底斯斑岩铜矿带中的斑岩成岩年龄变化于 20～13Ma，斑岩蚀变年龄变化于 17～13Ma；斑岩型矿化年龄范围为 17～13Ma，峰值为 16～14Ma；与斑岩铜矿化相关的矽卡岩型矿化年龄变化于 18～15Ma；从东往西（吹败子→驱龙→达布→冲江、厅宫→吉如等），成矿年龄略有减小，但相差不大。根据成岩成矿年龄与地质研究的结果进行对比表明，青藏高原 25～18Ma 和 13～7Ma 这两次碰撞造山快速隆升之间的松弛阶段为 18～13Ma，与冈底斯斑岩型矿化年龄范围 17～13Ma、峰值 16～14Ma 是一致的。可以说根据成岩成矿年龄确定的冈底斯斑岩铜矿成矿阶段、与其构造演化阶段——陆内造山隆升向伸展走滑转换阶段的时间是一致的。因此，冈底斯斑岩铜矿形成于陆内造山向伸展走滑转换阶段的过渡时期。与环太平洋斑岩铜矿床的成矿年龄相比，冈底斯带斑岩铜矿的成矿年龄比较集中，矿化持续时间不长（变化范围仅有 2～3Ma），阶段性不明显，斑岩体侵位与斑岩成矿具有相对集中爆发的特征。

值得研究的是，在冈底斯多岛弧的长期演化历史阶段，尚没有发现有与之有关的斑岩型矿化，明显不同于环太平洋斑岩铜矿带所处的岛弧或活动大陆边缘造山环境，也不同于南科迪勒拉及安第斯成矿带（成矿年龄 50～60Ma），显示出冈底斯斑岩铜矿带成矿的特殊性。

4）雅鲁藏布江成矿带东段斑岩型铜矿成矿富集规律有如下特点：①矿化岩体多为复式岩体，常呈岩株产出；岩体与围岩接触线复杂，岩枝发育者矿化较好；②岩体由内向外矿化由弱到强，有的中心部位出现无矿核（冲江）；③矿体大于岩体，下接触带较上接触带矿化好（驱龙）；④岩体与砂岩接触，岩石较破碎者矿化较好；与大理岩接触者则生成矽卡岩型铜矿（帮浦）；⑤矿化与石英——绢云母化强弱有关，强烈地段矿化较好；⑥一般次生富集带不发育。

综上所述，通过西藏地勘队伍几代人的地质勘查工作，不仅证实了地处青藏高原主体的西藏存在着受大地构造控制的成矿聚集区，而且现有的矿产信息已经充分展现出仅雅鲁藏布江成矿带就具有巨大的资源远景。西藏的矿产资源在全国具有举足轻重的地位，雅鲁藏布江成矿带是西藏最主要的矿产资源优势区。通过加强这一区域的矿产勘查工作，有望新形成一批可供开发的国家级铜多金属资源接替基地和战略资源储备基地，对缓解我国矿产资源对经济社会可持续发展的制约将起到至关重要的作用。但是，在雅鲁藏布江成矿带内，矿产资源评价工作程度极低，且各矿区（点）、矿种之间工作程度差异较大，除铜铅锌多金属矿外工作程度相对较高，亦仅个别矿区达到普查，极少数可达详查、勘探程度。除铜、铅锌、金矿产外，其余绝大多数矿种或矿区（点）未开展系统的勘查评价，尚有一大批亟待勘查的重要矿产地。

### 3. 主要勘查区简介

为了方便了解雅鲁藏布江成矿带以铜为主的矿产资源地质勘查现状，按成矿背景和勘查对象将雅鲁藏布江成矿带划分成六个成矿带，在主要的成矿带上，介绍六个成矿较好、工作程度相对较高的典型勘查远景区，以便对成矿区域的特点有一个较清楚的了解。

（1）达孜—墨竹工卡铜钼铅锌金矿勘查区

地处西藏达孜县、墨竹工卡县，面积 3500km$^2$。大地构造位于冈底斯中新生代火山—岩浆弧，出露地层为 C-P 碳酸盐—碎屑岩系、上侏罗统—始新统的一套弧型火山—沉积岩系，燕山晚期—喜山期中酸性侵入岩发育，岩性主要为二长花岗岩、钾长花岗岩、花岗斑岩、花岗闪长岩等。

1:20 万区域化探成果圈出拉抗俄、驱龙、甲马、松多雄、帮浦、同龙卜、吹败子、雪拉、汤不拉等 Cu、Mo、Ag、Pb、Zn、Cd、Bi、W、Au 异常，这些异常强度高，成矿元素（Cu、Mo、Au 等）套合好，浓集中心明显，找矿潜力较大。

区内已发现甲马大型矽卡岩型铜多金属矿床、驱龙大型斑岩铜钼矿床，拉抗俄、吹败子等斑岩型铜钼矿点，知不拉、象背山、夏马日、普下、帮浦等矽卡岩型铜多金属矿点。其中甲马矿区详查报告提交 Cu+Pb+Zn 资源量大于 100 万 t，驱龙铜钼矿详查获得铜资源量（332+333）780 万 t，Mo 资源量 47 万 t（332+333）。

（2）尼木—曲水铜钼金矿勘查开发区

位于西藏尼木县、曲水县，面积 2300km$^2$。大地构造位置属冈底斯中新生代火山—岩浆弧。控矿地质因素主要有古新世火山盆地边缘、喜山期斑岩体。

1：20万区域化探成果在区内圈出冲江、厅宫、松多握、达布等 Cu、Mo、Ag、Pb、Zn、Cd、Bi、W、Au 等地球化学异常，这些异常强度高，成矿元素（Cu、Mo、Au 等）套合好，浓集中心明显。目前已在冲江、厅宫、白容 3 个异常区内初步控制具大型矿床远景的斑岩铜矿床。新近完成的 1：5 万水系沉积物测量结果显示，冲江矿区周围仍有较大的找矿潜力。

区内已发现的冲江、厅宫、白容等具大型矿床远景的斑岩铜矿床，以及沉布、松多屋等矿点，伴生钼、金银等，预测资源量：铜 600 万 t 以上。

（3）谢通门—南木林铜金铅锌铁矿勘查开发区

位于西藏昂仁县、谢通门县、南木林县，面积 7200km$^2$。大地构造位置属冈底斯中新生代火山—岩浆弧；雅鲁藏布—唐古拉成矿省，冈底斯—念青唐古拉中生代、新生代铜钼金铁成矿带。

区内出露地层为上侏罗统—始新统的一套弧型火山—沉积岩系，燕山晚期—喜山期中酸性侵入岩发育，岩性主要为二长花岗岩、钾长花岗岩、花岗斑岩、花岗闪长岩等。控矿地质因素主要有侏罗系、白垩系火山岩、燕山期—喜山期花岗岩、NW 向剪切带。

1：20 万 ~1：50 万区域化探成果圈出麦热、吉如、洞嘎、勒宗、安张、仁钦则、宗嘎等 Cu、Mo、Au、W、Pb、Zn、Ag、Bi、Cd 异常，其强度高、浓集中心明显、元素套合好。通过对其中部分异常进行查证，发现了洞嘎、雄村、则莫多拉、安张、麦热等铜金矿床（点）。近年来 1：5 万水系沉积物测量新圈定朱若、吉如、勒宗等一批 Cu、Mo 组合异常。

区内已发现的雄村、洞嘎普、安张、麦热、朱诺等斑岩型铜金矿床，预测资源量：铜 1000 万 t、金 500t、铅+锌 600 万 t、富铁 2 亿 t。

（4）林周—工布江达铅锌矿勘查开发区

位于西藏林周县、墨竹工卡县、工布江达县、嘉黎县、当雄县一带，面积 7900km$^2$。大地构造位置属冈底斯中新生代火山—岩浆弧；雅鲁藏布—唐古拉成矿省，冈底斯—念青唐古拉中生代、新生代铜钼金铁成矿带。

地处念青唐古拉隆起带南侧，出露地层有前震旦系变质基底、石炭系旁多群及下二叠统洛巴组弧内裂陷盆地细碎屑岩、碳酸盐岩夹火山岩建造，具有形成火山岩型铜多金属矿的有利地质条件。林周盆地广泛分布第三系林子宗组陆相火山岩，具有形成斑岩—浅成低温热液矿床的有利条件。燕山—喜山期花岗岩发育。控矿地质因素主要有碳酸盐岩地层、燕山期花岗岩体、近东西向断裂构造。

1：50 万水系沉积物 Cu、Pb、Zn、Au、Ag 多金属化探异常 28 处，在区内圈出新嘎果（曲-9）、重达（那-96）、金达（那-100）、尤卡朗—同德、拉屋—嘉黎等多个强度高、浓集中心明显、套合好的 Cu、Pb、Zn、Ag 化探异常。目前已在新嘎果异常区内发现新嘎果铅锌矿，在金达异常区（面积达 800km$^2$）北部发现洞中松多、洞中拉、哈拉航日、亚贵拉等铅锌铜矿点，在重达异常区（面积达 500km$^2$）北部发现蒙亚啊铅锌矿；在尤卡朗—同德异常发现尤卡朗铅锌银矿、拉屋—嘉黎异常发现拉屋铅锌银矿。

区内已发现的拉屋铜锌矿、尤卡朗铅锌银矿、昂张铅锌矿、勒青拉锌铜矿、亚贵拉

（Mo-Cu-Pb-Zn）、新嘎果铅锌铜矿以及蒙亚、洞中松多、洞中拉、哈拉航日等铅锌铜银多金属矿，沙让钼矿，预测资源量：Pb+Zn+Cu 可达 2000 万 t。

（5）仁布—曲松铬金铜矿勘查开发区

位于西藏曲松、仁布县，雅江南侧，海拔 4100~5400m，面积 2000km²。大地构造位置属雅鲁藏布江缝合带；雅鲁藏布—唐古拉成矿省，雅鲁藏布江铬成矿带。

罗布莎超基性岩体侵位于上三叠统与上白垩统之间。南缘为上三叠统类复理石建造，与岩体呈断层接触和强烈挤入的接触关系，岩体北界除了西段与上白垩统为断层接触外，中段与东段岩体均与第三系罗布莎群（RL）为断层接触。

沿雅鲁藏布江分布长达 1500km 的超基性岩，目前主要在罗布莎、泽当、仁布等三个超基性岩体之中发现了铬铁矿。其中以罗布莎超基性岩体地质工作研究程度最高，所发现的铬铁矿体规模及数量名列我国之首。矿石储量已经超过 500 万 t，预测资源量 750 万 t，最近发现的深部隐伏矿大于 100 万 t。而其他两个超基性岩体，作了地表初步评价工作，仅了解矿体地表分布特征，尚需对矿体向深部的延伸情况作进一步了解。

区内已完成 1：100 万重磁、1：25 万区调、1：50 万区域化探。危机矿山项目——"西藏曲松县罗布莎 VII 矿群、香卡山 VIII、IX、XVI 矿群、康金拉矿区铬铁矿接替资源勘查"，在该区进行了 1：5000 高精度磁测，1：5000~1：2000 高精度重力测量，发现多个隐伏矿体。

（6）江孜—浪卡子锑金铅锌矿勘查开发区

位于西藏定日县、萨迦县、康马县、浪卡子县、江孜县，面积 4000km²。大地构造位置属喜马拉雅板片之北喜马拉雅被动陆缘褶冲带；雅鲁藏布—唐古拉成矿省，喜马拉雅喜山期锑金多金属成矿带。

勘查区位于藏南拆离带，喜山期造山作用形成密集西北—西、南北向断裂和一系列变质核杂岩体、燕山—喜山期岩浆活动强烈、地层为三叠—白垩系海相含碳岩系夹中基性火山岩，形成一套富含 Au-Sb-Cu-Pb-Zn-Ag 等矿源层。控矿地质因素有西北—西向和近南北向断裂、变质核杂岩体、燕山—喜山期岩浆岩，T-J 含炭黑色岩系。

1：50 万区域化探测量结果显示，在拉轨岗日变质核杂岩西侧、普弄抗日变质核杂岩北侧、康马变质核杂岩和然乌变质核杂岩之间分布有数十多个 Au-Sb-Cu-Pb-Zn 组合异常。区内已完成 1：100 万重磁、1：25 万区调、1：50 万化探。

已发现白巴洛洛锑矿、巴布低铅锌矿、多吉浦铅矿等矿点，矿化类型主要为沉积改造型。浪卡子金矿、沙拉岗锑矿床以及乌拉堆锑金矿、哈翁金矿等矿点为浅成低温热液型矿床。

# 五、雅鲁藏布江成矿带金铜矿产开发现状

## 1. 历史回顾

西藏人民开发利用矿产资源的历史，可以追溯到公元初期。由于改善生产工具的需要，在一世纪古吐蕃国恰赤赞普时期，已开始掌握铁铜冶炼技术。公元 7 世纪（唐朝）西

藏第 30 代达布夏西赞普时期已普遍使用铁犁和铁制工具。之后，由于佛像、寺庙和宫殿建筑装饰需要，采金和使用矿物涂料也有悠久历史。藏医的历史始于公元 4 世纪，许多矿物类药物已开始应用，在《四部药典》中已有使用硼的记载。此外，生活所需的食盐和泥炭开采，利用狩猎火器所需的铅矿开采利用，用于生活和建筑装饰的宝玉石采掘和高岭土的开采等等，都可追溯到很早的历史时期。

以地质勘查为基础，较为正规的矿产开发，是在新中国成立以后开始的。20 世纪 50 年代末至 60 年代，主要开采煤和硼砂，开采矿区主要是土门格拉的煤和班戈、杜佳里的硼矿，曾经达到较大的开采规模。70 年代开始开采铬铁矿和开发利用地热资源，在安多县东巧铬铁矿区建立了开采铬铁矿的东风矿山；羊八井地热电站从 1979 年建厂发电，同时开采水泥灰岩、砂金、泥炭、石膏、食盐、花岗岩和瓷土等。80 年代以来，矿业开发有了较大的发展，东风矿从东巧搬迁到罗布莎开始了新矿山的建设，同时，山南地区、曲松县及拉萨市的一些企业都在罗布莎、香卡山建立了乡镇企业或集体地方采矿企业。山南的矿业发展，极其显著的经济效益带动了日喀则、那曲、阿里等地的矿业发展。日喀则地区除仁布县组织开采铬铁矿外，在西部开发硼矿；那曲地区主要开采铬铁矿、砂金、硼矿和铅锌矿，阿里主要开采砂金、硼砂、硼镁石、盐湖锂矿等。1986 年随着国家颁布《矿产资源法》等一系列法律法规以来，自治区政府也积极制定了相应的地方法规，将矿业发展纳入法制轨道。自治区下属各地区（市）都相应成立了矿产管理机构，使矿业得到了蓬勃发展。

### 2. 开发现状

进入 21 世纪，西藏矿业发展速度较快，在国民经济和社会发展中的地位越来越重要。

2003 年，在矿业开采方面，年开采铬铁矿石超过 11.27 万 t，硼砂 1500t，硼镁石超过 1.6 万 t，另外，罗布莎铬铁矿、山南铬铁矿的建设已竣工投产。

2004 年，矿业作为自治区"十五"计划的重点发展的特色支柱产业之一，开始有重点地鼓励开展更深入的勘查工作，有力拉动了我区有色金属加工业、交通运输业和第三产业，促进了地区经济发展。

2001～2005 年间，西藏完成 322 项公益性地质调查项目，新发现 500 多处矿产地，初步评价铜资源量约 1130 万 t、铅锌资源量约 928 万 t、铁资源量约 4.7 亿 t，特别是初步确定了雅鲁藏布江、冈底斯山东段等大型成矿带，与已发现的驱龙、冲江、朱诺、雄村等一系列铜矿一起，有望成为西藏新的超大型铜矿接替基地，新增矿产资源潜在价值在 1800 亿元以上。其中 2005 年，西藏新发现矿产地 3 处，有 2 种矿产新增探明储量；地质勘查完成机岩钻探工作量 1.07 万 m。

2005 年起，西藏开始加大矿产资源的勘探力度，提高后续资源的储备，重点开发有市场需求的优势矿产资源，如玉龙铜矿、扎布耶盐湖等矿区的开发建设。与此同时，西藏还不断提高矿产品加工的深度和精度，以优势矿产资源为主，建设不同特色的矿业开发经济带或经济区，着手组建矿业企业集团。

2006 年，西藏通过不断加大优势矿产资源的勘探开发，促使全区的地质矿产业实现稳步的发展。全区共生产铬矿石 12.18 万 t，铅矿石 41.5 万 t，铜矿石 126 万 t，水泥 166.67

万 t。全区的建筑用砂石等普通建材的开采量也大幅度增加，年产量达 500 万 m³，产值超亿元。

2006 年，西藏投入 8000 万元以上资金用于矿产资源勘查，承担国土资源大调查、矿产资源补偿、局管普查等项目计 130 个。同时，加强了重点矿种和成矿区带的勘查，取得了一批地质找矿成果。勘查结果显示，西藏拥有丰富的矿产资源，已勘查出矿种 101 种，发现矿产地两千多处，潜在经济价值在 1 万亿元以上，其中铬、铜、硼砂等 13 种矿产的储量居全国前列。预计在 5～10 年内，西藏矿业年总产值有望达到 100 亿元以上，矿业将占到西藏生产总值的 1/3，成为最大的产业之一。

截至 2007 年年底，全区国营、集体、民营矿山企业共有 201 家，矿山企业从东到西，从南到北都有分布，但矿业开发主要分布在交通、气候、能源条件较好、经济较发达的雅鲁藏布江成矿带区域。矿业开发主要为铬铁矿、硼矿、铜矿、铅矿、锌矿、锑矿、煤矿、铁矿、地热资源、矿泉水和建筑材料（表 6-4），其中具有一定开采规模的矿产为：

**表 6-4　雅鲁藏布江成矿带矿产利用情况表**

| 矿产分类 | 正在利用矿产 |
| --- | --- |
| 能源矿产 | 煤、地热 |
| 黑色金属 | 铬、铁 |
| 有色金属 | 铜、铅、锌、锑、锡 |
| 贵金属 | 金 |
| 化工原料 | 硼、盐 |
| 建材及其他非金属 | 水泥用石灰岩、石膏、饰面大理岩、花岗岩、火山灰、黏土矿、水晶、仁布玉等 |
| 水气矿产 | 矿泉水 |

铬铁矿、铅锌矿、铜多金属矿，其产值占开发利用矿种的主要部分。矿业已经成为西藏经济的重要产业之一，矿业产值在工业总产值中的比例明显增加，西藏矿业的崛起，对国民经济的发展和地方的脱贫致富已经显示出不可低估的效果和作用。

墨竹工卡县甲马铜多金属矿区位于达孜—墨竹工卡铜钼铅锌金矿勘查区，矿山以开发铜、铅锌矿产为主，综合开发利用伴生钼、金等矿产。

1995 年，墨竹工卡县甲马铜多金属矿区于由拉萨市矿业公司在墨竹工卡县甲马乡龙达村建设 120t/日选厂，开始在矿区 0～16 线从事铜铅锌多金属矿的开采。截至 2007 年年底，相继有甲马乡扶贫公司在 0～7 线进行开采，西藏甲马矿业公司在 16～40 线进行开采，西藏丹璐资源有限责任公司在 0～80 线开采。2008 年进行资源整合，已暂停开采，并由中国黄金集团西藏华泰龙矿业有限责任公司进行补勘工作。

该矿山自 1995 年至 2007 年均为小规模的开采，上述矿山企业依据矿体赋存条件，大体采取了以下采矿技术指标：

矿体厚度为 1～35m，一般厚数米至十余米，矿体倾角为 40°～60°，矿脉和围岩都比较稳固（本矿赋矿岩石有矽卡岩、角岩、大理岩和斑岩，都很稳固，顶板为红柱石板岩、底板为灰岩）。对于矿脉厚度大于 8m 的矿体，采用 01～38 型凿岩机平巷深孔留矿法进行开采。采场出矿用人力手推车将矿石卸入矿溜井，然后运至地表矿仓。其采场要素的构成为：基本按照矿块沿矿脉走向布置，即长度为 40m；矿块高度，即中段高度，垂高 50m；矿块厚度，即矿脉的水平厚度一般为 12m 左右；间柱宽，即 5m；顶柱高度，即垂高 5m；底柱高度，即垂高 9m。选矿工艺采用铜、铅、锌优先浮选和铜铅混合浮选—分离两套流程。

# 第二节　新疆西昆仑成矿带铜矿地质资料开发研究

新疆西昆仑成矿带铜矿地质资料属于专业类综合集成产品，主要目的是在充分收集分析区域地质矿产勘查开发资料数据的基础上，对研究区域地质资料现状、矿床分布现状、多金属矿勘查开发现状等进行综合集成，详细总结了区域地层划分与对比情况，偏重于基础地质资料分析与研究，专业性有所增强，但仍以掌握资料的综合集成为主，能为新进入本区开展工作的人员提供基础地质资料信息。

## 一、西昆仑成矿带多金属矿地质资料概况

西昆仑地区由于自然地理、经济条件和交通极差，地质勘查工作程度相对较低，地质研究工作始于 20 世纪早期，新中国成立之前，仅有少量零星的路线地质观察和矿产概查工作涉及测区，少部分编制有 1∶100 万、1∶50 万、1∶20 万和 1∶10 万的概略路线地质草图或个别矿种的概查报告，其中比较重要的成果有 B·M 西尼村和 H·A 别良耶夫斯基 1940～1946 年合编的《西昆仑山喀喇昆仑山塔里木盆地和邻区地质》（附 1∶100 万地质图）和黄汲清 1944～1945 年所著的《中国主要地质构造单位》，对该区的区域地质调查研究做出了开拓性的贡献。

从馆藏铜矿地质资料分析，西昆仑地区地质工作研究程度总体较低。解放前该区的地质调查工作几乎为空白，仅有少数学者进行过简单的路线地质调查。新中国成立之后，为适应我国经济建设对矿产资源的需要，测区内的地质工作得到迅速加强和展开。研究（工作）形式有区域地质、矿产调查、区域地球化学调查、专题研究及区域地质编图，涉及地层、岩石、构造、矿产等各个方面。

自 1999 年新一轮国土资源大调查开展以来，西昆仑地区矿产勘查工作取得了突破性的进展，先后在该区开展了多项矿产资源评价项目，发现或证实了一大批新的矿产地。同时，基础地质工作研究所涉及的大地构造背景、区域演化为该区成矿的地球动力学环境、成矿地质条件、成矿规律及成矿系列的研究提供了一定的理论基础，并取得了可观的找矿成果，增加了资源储量，为资源开发提供了后备基地。

当前，西昆仑地区矿产资源远景评价工作已全面展开，研究工作同时也在加大力度，对于工作程度较低的研究区来说，基础地质、矿床地质、影响找矿的重点地质问题，相信在不远的将来都会得到解决，揭开西昆仑地区的神秘面纱，使其真正面貌得以完全展现于世人。

### 1. 区域地质调查资料

测区的区域地质调查工作在形式上有路线调查和面积性调查两种，早期工作以路线调

查为主。

1872～1874 年，ф. 弗斯托列契甫在调查区南部穷布斯萨依一带进行过路线地质调查。

1889～1890 年，K. П. 博格达诺维奇在调查区南部考库亚一带进行过路线地质调查。

1909 年，格盖林茨在调查区中部进行过路线地质调查。

1914 年，格盖德在苏古鲁克-木吉一带进行过路线地质调查。

1941～1942 年，卓拉夫在坑希维尔一带进行过路线地质调查。

1945 年，H. A. 别良耶夫斯基在阿克萨依巴什山北坡进行了 1∶100 万路线地质调查。

1946 年，B. M. 西尼村在调查区西部进行过 1∶100 万路线地质调查。

1952～1953 年，前苏联地质保矿部第十三航空地质大队，在喀什西部进行过 1∶20 万综合性的地质测量，编写了《新疆喀什西北—克孜勒苏河流域 1∶20 万地质测量及普查工作报告》（俄文），1976 年，新疆地质局区测大队在此基础上编译出了《1∶20 万喀什地区地质图及说明书》（又名喀什专报），是涉及测区的第一份系统地质资料。

1956 年，地质部十三地质大队在调查区南部进行过 1∶50 万地质调查；同年，新疆冶金局 702 队在调查区东南部进行过 1∶20 万地质调查。

1958 年地质部第十三大队完成《棋盘幅（J-43-ⅩⅩⅢ）西昆仑托赫塔卡鲁姆山脉北坡 1∶20 万地质测量与普查工作报告》《昆仑山西北部（J-43-ⅩⅩⅨ、J-43-ⅩⅩⅢ）1∶20 万地质测量与普查工作报告》《克里阳幅（J-43-ⅩⅩⅩ）1∶20 万地质测量与普查工作报告》《西昆仑山北坡 1∶20 万地质测量与普查工作报告》，涉及本图幅大部分基岩出露区。这是按照国家的统一部署、在区内开展的 1∶20 万正规区域地质调查工作，是区内首次开展的面积性、综合性地质调查，对地层、岩石、构造、矿产均进行了系统的综合研究，为以后的地质矿产调查与研究奠定了基础。

1958 年后，新疆地质局第二地质大队先后多次在区内进行了大量的普查和勘探工作。西北煤田地质局 156 队普查组在 1964 年对煤田地质作了较详细的工作。

1959 年，新疆石油局喀什专题研究队在阿克萨依巴什山北坡进行了 1∶20 万地质调查。

1961 年，新疆地质局喀什大队在调查区西北部进行过 1∶20 万区域地质调查。

1965 年，地质部地质研究所根据前人资料，编写出版了喀什幅 1∶100 万地质图及说明书。

1967 年，新疆地质局区测大队在木吉—塔什库尔干一带进行了 1∶100 万路线地质、矿产调查。

1979 年，新疆地质局地质科学研究所根据前人资料编制了新疆超基性岩及铬铁矿报告。

1981 年，青藏高原普查一分队沿中巴公路进行了路线地质调查，其成果反映在 1982 年出版的由姜春发等编著的《昆仑开合构造》一书中。

1982～1983 年，新疆地质局第二地质大队编制了 1∶50 万西昆仑地区矿产图，对成矿的分布特征作了初步的论述，对矿床成因提出了不同的见解。

1983 年，新疆地质矿产局第一区域地质调查大队编制了新疆维吾尔自治区 1∶200 万地质图及说明书。

　　1984 年新疆地矿局第一区域地质调查大队完成了《西昆仑山叶尔羌河上游地区 1：100 万区域地质调查报告》，涉及本图幅西南部，对地层进行了比较系统的划分，初步建立了叶尔羌河上游地区的地层层序，在地层时代厘定方面获取了不少新的古生物化石依据；对岩浆岩、变质作用、地质构造及矿产也进行了较系统研究。

　　1985 年，新疆地质矿产局第一区域地质调查大队开展了 1：100 万地质矿产调查，圈定了成矿远景区。同年，新疆矿产地质局第二地质大队编制了 1：50 万新疆南疆西部矿产图及说明书，较为详细地探讨了区内矿产分布和形成的时空分布规律，指出了找矿方向，对本次工作有较强的指导意义。

　　1986 年，新疆地质矿产局第二地质大队在图幅西北部萨瓦亚尔顿一带进行了非正规的 1：5 万化探异常检查工作。

　　1987 ~ 1991 年，中国科学院青藏高原综合科考队潘裕生、法国人 P. Tapponnior 等在中国科学院和法国科学研究中心资助下开展了喀喇昆仑山—西昆仑山地区喀什—红旗拉甫路线考察，对该区地质历史及板块构造机制等进行了深入研究，并于 1991 年 5 月召开了国际讨论会，1992 年出版了《喀喇昆仑—昆仑综合科学考察导论》。

　　1994 年，新疆地质矿产局第二区域地质调查大队三分队在调查区中部进行了 1：5 万奥依塔克幅（J-43-43-B）、阿克塔什幅（J-43-31-C）区域地质调查，出版了地质报告和地质图，新疆地质第二地质大队完成了《西昆仑西部 1：50 万区域化探》，获取了系统的区域地球化学资料，圈定了大量地球化学异常，同年编制了 1：50 万找矿远景区划图，为测区矿产普查提供了很多有用的信息。

　　1997 年，新疆区调一大队四分队在萨瓦亚尔顿地区开展了 1：5 万奥依巴拉、吉根等 8 幅区域地质矿产调查，涉及测区西北部部分地区。

　　1998 年，新疆地质调查院第二地质调查所在调查区中部进行了 1：5 万坑希维尔南半幅（J43E004011）、克其克托尔北半幅（J43E005011）、喔尔托克幅（J43E005012）、波斯坦铁列克幅（J43E005013）、苏古鲁克幅（J43E006014）区域地质调查，提交了地质报告、分幅地质图和说明书，其中坑希维尔南半幅、克其克托尔北半幅、喔尔托克幅在本次工作区内。

　　1998 ~ 2000 年，中国国土资源航空物探遥感中心在调查区进行了 1：100 万航磁测量，覆盖了区内大部分面积。

　　2003 年，中国国土资源航空物探遥感中心在调查区进行了 1：25 万航空遥感地质解译工作，提交了 1：25 万遥感解译地质图说明书。克克吐鲁幅、塔什库尔干塔吉克自治县幅、塔什库尔干塔库尔干、塔什库尔干幅、英吉沙县幅、艾提开尔丁萨依幅、恰哈幅、康西瓦幅、阿克萨依湖幅、岔路口幅、神仙湾幅、麻扎幅都在测区范围之内。

　　2004 ~ 2005 年，河南省地质调查院在调查区进行了 1：25 万艾提开尔丁萨依幅、英吉沙幅、叶城县幅、克克吐鲁幅、塔什库尔干塔吉克自治县幅、塔什库尔干塔库尔干幅区域地质调查，提交了各图幅的区域地质调查报告。

## 2. 区域矿产调查资料

　　矿产勘查工作从 20 世纪 50 年代起步，发现和落实了一批矿产地，为其后的矿产勘查工作提供了依据。

　　主要在霍什布拉克一带开展工作，进行群众报矿、踏勘和路线地质找矿，工作粗略而简单。冶金工业部新疆有色金属 702 队在霍什布拉克区域进行了铜矿检查，分别提交了霍什布拉克区域 1：20 万路线找矿工作报告、（新疆叶城县）1957 年叶城检查组叶城南部 1：20 万路线找矿工作报告。

　　新疆地质局 753 队在塔里木盆地西南缘莎车凹地喀什地区莎车、叶城区等工作，提交了塔里木盆地西南缘莎车凹地喀什地区莎车、叶城区石油普查地质报告 1：20 万。

　　1960 年新疆地质局和田地质大队，对康赛音—卡尔赛一带进行 1：20 万路线地质简测及矿点检查。提交了（民丰县）1960 年在康赛音—卡尔赛一带进行 1：20 万路线地质简测及矿点检查报告。

　　1955 年苏联地质十三号航空地质勘测队，对喀什噶尔西北部进行 1：20 万普查测量工作。提交了喀什噶尔西北部 1：20 万比例尺的普查测量工作报告。

　　1958 年新疆石油管理局地质调查处，对莎车—皮山一带进行 1：20 万地质普查工作。提交了石油工业部新疆石油管理局地质调查处　莎车—皮山地质普查总结报告比例尺 1：20 万。

　　1956 年地质部新疆第 13 大队，对新疆昆仑山西北部进行 1：20 万踏勘性地质测量工作。提交了新疆昆仑山西北部进行比例尺 1：20 万踏勘性地质测量工作报告（J-43-17.23 的部分地区）。

　　1958 年新疆地质局 13 大队第 5 中队，对新疆昆仑山西北部进行 1：20 万区域地质测量及普查找矿工作。提交了 1957 年 1：20 万比例尺区域地质测量及普查找矿工作报告（J-43-23）。

　　1958 年新疆第 13 大队 8 中队，对新疆昆仑山西北坡进行 1：20 万地质测量和普查工作。提交了 1957 年昆仑山西北坡进行 1：20 万比例尺地质测量和普查工作报告（J-43-23.24.30）。

　　1989 年新疆地矿局第 1 区调大队，提交了克孜勒幅（J-43-17）1：20 万区域地质调查报告地质部分。

### 3. 区域物化探资料

　　1958 年新疆地质局第一区调大队在西昆仑地区进行了 1：20 万放射性元素顺便普查工作。提交了《1957 年西北昆仑区 1：20 万放射性元素顺便普查报告（J-43-30 的一部分）》《1957 年昆仑山西北部 1：20 万放射性元素顺便普查地质报告（J-43-29 北部、J-43-23 南部）》《1957 年西昆仑托赫塔卡鲁姆山脉北端 1：20 万放射性元素顺便普查报告（J-43-23）》。

　　1953 年中苏石油公司喀什物理探勘大队在塔里木西北坡做 1：20 万重力测量，提交了《1953 年塔里木西北坡重力工作总结报告》。

　　1989 年新疆地矿局第二地质大队在新疆阿克陶县木吉西南部进行了区域化探扫面工作，提交了《新疆阿克陶县木吉西南区域化探扫面成果报告》。

### 4. 综合研究及编图

1985 年新疆地质矿产局第二地质大队编制完成 1 ：50 万《新疆南疆西部地质图、矿产图及说明书》，详细划分了该区的地层、岩浆岩，较为详细地探讨了区内矿产分布和形成的时空规律，指出下一步矿产工作应注意加强研究的方向，对本次工作的矿产工作有较强的指导意义。

1986 年新疆地矿局第一区域地质调查大队编制完成《新疆维吾尔自治区大地构造图（1 ：200 万）及说明书》《新疆维吾尔自治区变质图（1 ：200 万）及说明书》，对新疆大地构造、变质作用及其分布进行了系统总结。

1991 ~ 1993 年，丁道桂等承担了八五国家科技攻关项目 "新疆塔里木盆地西南部和西昆仑造山带形成、演化与油气关系" 研究，1996 年出版了专著《西昆仑造山带与盆地》。

1993 年新疆维吾尔自治区地质矿产局编制并公开出版《新疆维吾尔自治区区域地质志》，对新疆 1985 年年底之前的地质调查、研究成果进行了全面、系统的总结。

1994 年，为三十界国际地质大会作准备，新疆地矿局开展了中巴公路地质旅游路线调查，1995 年出版了由李永安等著的《中国新疆西部喀喇昆仑羌塘地块及康西瓦构造带构造演化》一书。

1994 ~ 1995 年，郝诒纯等在地质矿产部和西北石油地质局资助下开展了 "塔里木盆地西南缘海相白垩系—第三系界线研究"，2001 年出版了同名专著。

1995 年，贾群子等承担了地质矿产部定向科研项目 "西昆仑块状硫化物矿床成矿条件和成矿预测" 研究，1999 年出版了同名专著。

1999 年新疆维吾尔自治区地质矿产局编写并公开出版《新疆维吾尔自治区岩石地层》，对全区地层按多重划分对比进行了系统厘定。

2000 年王元龙、王中刚等编写并公开出版《昆仑—阿尔金岩浆活动及成矿作用》，对岩浆岩地质与演化特征进行了总结，指出了岩浆岩类型与成矿作用的关系，并划分出成矿远景区，对本区进一步找矿有一定的指导意义。新疆地质矿产局第一区域地质调查大队和遥感中心编制了《1 ：100 万数字版新疆维吾尔自治区地质图》，是本次工作主要的参考资料。

1996 ~ 2000 年，孙海田等承担了国家 305 项目 "西昆仑贵金属、有色金属大型矿床成矿远景及靶区预测" 课题，提交了综合研究报告，2003 年出版了专著《西昆仑金属成矿省概论》；汪东坡等承担了本项目子课题，编写了 "塔木—卡兰古铅锌矿带成矿条件及评价研究" 报告。

除上述提到的研究项目和论著以外，涉及本区的重要论著还有：《喀喇昆仑—昆仑山地区地质演化》《塔里木板块周缘的沉积—构造演化》《塔里木盆地中新生界沉积特征与石油地质》《中国天山西段地质剖面综合研究》《新疆古生界（上、下）》《塔里木盆地震旦纪—二叠纪地层古生物》《塔里木盆地生物地层和地质演化》《新疆塔里木盆地西部白垩纪至第三纪海相地层及含油性》《塔里木盆地西南缘石炭纪地层及其生物群》《塔里木盆地西部晚白垩纪至早第三纪海相地层及沉积环境》等。

多年来许多地质学家在测区及邻区进行了大量针对某些地质问题的专门研究，如程裕淇、汪玉珍、姜春发、郝诒纯、肖序常、高振家、丁道桂、何国琦、管海晏、王学佑、童晓光、梁狄刚、康玉柱、陆表、杨志荣、曾亚参、邓万明、张雯华、张志得等对元古宙、古生代、中—新生代地层、超基性岩类、中酸性岩类、大地构造及重要断裂带、库地蛇绿岩等的研究，他们的研究成果在区内甚至全国产生了较大的影响，大大提高了区域地质研究程度。对本区地质调查总结整理如表 6-5 所示。

**表 6-5　调查区地质调查历史简表**

| 序号 | 调查时间 | 成　果　名　称 | 作　者 | 出版时间 | 出　版　单　位 |
|---|---|---|---|---|---|
| 1 | 1952~1953 年 | 1∶20 万喀什西北-克孜勒苏河流域地质测量及普查工作报告 | л. Б. 翁加兹，B. A 法拉暂夫 | 1953 年 | 前苏联地质保矿部第十三航空地质大队 |
| 2 | 1966~1967 年 | 1∶100 万西昆仑地区木吉-塔什库尔干一带地质、矿产调查报告 | 新疆地质局区测大队二分队 | 1967 年 | 新疆地质局区测大队 |
| 3 | 1983~1985 年 | 1∶100 万西昆仑布伦口-恰尔隆地区区域地质调查报告 | 田阔邦等 | 1985 年 | 新疆地质矿产局第一区域地质调查大队 |
| 4 | 1986~1989 年 | 1∶20 万克孜勒幅（J-43-ⅩⅤⅡ）区域地质调查报告 | 甄保生等 | 1989 年 | 新疆地质矿产局第一区域地质调查大队 |
| 5 | 1991~1995 年 | 1∶5 万奥依塔克等 2 幅区域地质调查报告及说明书 | 张东生等 | 1995 年 | 新疆地质矿产局第二区域地质调查大队 |
| 6 | 1994~1998 年 | 1∶5 万奥依巴拉、吉根等 8 幅区域地质调查报告 | 贺卫东等 | 1998 年 | 新疆地质矿产局第一区域地质调查大队 |
| 7 | 1994~1998 年 | 1∶5 万喔尔托克等 4 幅区域地质调查报告及说明书 | 高鹏等 | 1998 年 | 新疆地质调查院第二地质调查所 |
| 8 | 1983~1985 年 | 1∶50 万新疆南疆西部地质图、矿产图说明书 | 汪玉珍等 | 1985 年 | 新疆地矿局第二地质大队 |
| 9 | 1984~1986 年 | 新疆维吾尔自治区 1∶200 万大地构造图及说明书 | 陈哲夫、黄河源等 | 1986 年 | 新疆地矿局第一区域地质调查大队 |
| 10 | 1994 年 | 西昆仑西部 1∶50 万区域化探 | 杨万志等 | 1994 年 | 新疆地矿局第二地质大队 |
| 11 | 1982~1988 年 | 新疆维吾尔自治区区域地质志 | 陈哲夫等 | 1993 年 | 新疆地矿局 |
| 12 | 1991~1995 年 | 新疆维吾尔自治区岩石地层 | 蔡土赐等 | 1999 年 | 新疆地矿局 |
| 13 | 2000 年 | 1∶100 万新疆地质图（数字版） | 王福同等 | 2000 年 | 新疆地矿局第一区调大队和遥感中心 |
| 14 | 2001 年 | 青藏高原中西部 1∶100 万航磁调查 | 熊盛青等 | 2001 年 | 中国国土资源航空物探遥感中心 |
| 15 | 1987~1991 年 | 喀喇昆仑—昆仑综合科学考察导论 | 潘裕生等 | 1992 年 | 科学出版社 |
| 16 | 1991~1993 年 | 西昆仑造山带与盆地 | 丁道桂等 | 1996 年 | 地质出版社 |

| 序号 | 调查时间 | 成 果 名 称 | 作 者 | 出版时间 | 出 版 单 位 |
|---|---|---|---|---|---|
| 17 | 1994 年 | 中国新疆西部喀喇昆仑羌塘地块及康西瓦构造带构造演化 | 李永安等 | 1995 年 | 新疆科技卫生出版社 |
| 18 | 1994~1995 年 | 塔里木盆地西南缘海相白垩系—第三系界线研究 | 郝诒纯 | 2001 年 | 地质出版社 |
| 19 | 1996~2000 年 | 西昆仑金属成矿省概论 | 孙海田等 | 2000 年 | 地质出版社 |
| 20 | 1996~2000 年 | 塔木—卡兰古铅锌矿带成矿条件及评价研究 | 汪东坡等 | 2000 年 | 国家 305 项目办公室 |
| 21 | 1957~1958 年 | 棋盘幅（J-43-ⅩⅩⅢ）西昆仑托赫塔卡鲁姆山脉北坡 1∶20 万地质测量与普查工作报告 | 吕正等 | 1958 年 | 地质部第十三大队 |
| 22 | 1957~1958 年 | 昆仑山西北部（J-43-ⅩⅩⅨ、J-43-ⅩⅩⅢ）1∶20 万地质测量与普查工作报告 | 陈哲夫等 | 1958 年 | 地质部第十三大队 |
| 23 | 1957~1958 年 | 克里阳幅（J-43-ⅩⅩⅩ）1∶20 万地质测量与普查工作报告 | 张良臣等 | 1958 年 | 地质部第十三大队 |
| 24 | 1966 年 | 西昆仑地区木吉—塔什库尔干一带 1∶100 万路线地质、矿产调查报告 |  | 1967 年 | 新疆地质局区域地质测量大队 |
| 25 | 1957~1958 年 | 西昆仑山北坡 1∶20 万地质测量与普查工作报告 | 吴文奎等 | 1958 年 | 地质部第十三大队 |
| 26 | 1996~1999 年 | 1∶5 万班迪尔幅（J43E014015）区域地质图及说明书 | 刘振涛等 | 2000 年 | 新疆地质调查院 |
| 27 | 1996~1999 年 | 下 1∶5 万拉夫迭幅（J43E015015）区域地质图及说明书 | 刘振涛等 | 2000 年 | 新疆地质调查院 |
| 28 | 1981~1984 年 | 西昆仑山叶尔羌河上游地区 1∶100 万区域地质调查报告 | 白光群等 | 1984 年 | 新疆地矿局第一区域地质调查大队 |
| 29 | 1983~1985 年 | 1∶50 万新疆南疆西部地质图、矿产图 及说明书 | 汪玉珍等 | 1985 年 | 新疆地质矿产局第二地质大队 |
| 30 | 1996~2000 年 | 昆仑—阿尔金岩浆活动及成矿作用 | 王元龙、王中刚等 | 2000 年 | 新疆三○五项目办公室 |
| 31 | 1993~1994 年 | 西昆仑西部 1∶50 万区域化探 | 杨万志等 | 1994 年 | 新疆地矿局第二地质调查大队 |
| 32 | 1984~1986 年 | 新疆维吾尔自治区区大地构造图（1∶200 万）及说明书、新疆维吾尔自治区变质图（1∶200 万）及说明书 | 陈哲夫、黄河源等 | 1986 年 | 新疆地矿局第一区域地质调查大队 |

| 序号 | 调查时间 | 成 果 名 称 | 作 者 | 出版时间 | 出 版 单 位 |
|---|---|---|---|---|---|
| 33 | 1991～1995 年 | 新疆维吾尔自治区岩石地层 | 蔡土赐等 | 1999 年 | 新疆维吾尔自治区地质矿产局 |
| 34 | 1982～1988 年 | 新疆维吾尔自治区区域地质志 | 陈哲夫等 | 1993 年 | 新疆维吾尔自治区地质矿产局 |
| 35 | 1952～1953 年 | 一九五三年塔里木西北坡重力工作总结报告 | 则柯夫 B·H | 1953 年 | 中苏石油公司喀什物理探勘大队 |
| 36 | 1952～1955 年 | 喀什噶尔西北部 1：20 万比例尺的普查测量工作报告 | Л·6·翁加兹 | 1955 年 | 苏联地质十三号航空地质勘测队 |
| 37 | 1956 年 | 新疆昆仑山西北部进行比例尺 1：20 万踏勘性地质测量工作报告【J-43-17.23 的部分地区】 | | 1956 年 | 地质部新疆第 13 大队 |
| 38 | 1956～1961 年 | 新疆塔里木盆地南缘莎车凹陷皮山—洛甫区石油普查初步地质报告1：20 万 | 蔡乾忠，唐吉阳，李炳岗 | 1956 年 | 新疆地质局七五三队 |
| 39 | 1957～1958 年 | 【新疆】第八中队在昆仑山 J-43-23. J-43-29 和 J-43-30 图幅面积上顺便探铀成果的简报 | | 1957 年 | 地质部新疆第 13 大队 |
| 40 | 1956～1957 年 | 塔里木盆地西南缘莎车凹地喀什地区莎车、叶城区石油普查地质报告 1：20 万 | 韩文昭 | 1957 年 | 新疆地质局 753 队 |
| 41 | 1957～1958 年 | 1957 年昆仑山西北坡进行 1：20 万比例尺地质测量和普查工作报告【J-43-23.24.30】 | 吴文奎〔等〕 | 1958 年 | 新疆第 13 大队 8 中队 |
| 42 | 1958 年 | 石油工业部新疆石油管理局地质调查处 莎车—皮山地质普查总结报告比例尺 1：20 万 | 梁应福 | 1958 年 | 新疆石油管理局地质调查处 |
| 43 | 1958 年 | 霍什布拉克区域 1：20 万路线找矿工作报告 | 宋明普，胡剑辉 | 1958 年 | 冶金工业部新疆有色金属 702 队 |
| 44 | 1957～1958 年 | 【新疆叶城县】1957 年叶城检查组叶城南部 1：20 万路线找矿工作报告 | 何凯旋〔等〕 | 1958 年 | 冶金部新疆有色金属公司 702 队 |
| 45 | 1958 年 | 1957 年 1：20 万比例尺区域地质测量及普查找矿工作报告【J-43-23】 | | 1958 年 | 新疆地质局 13 大队第 5 中队 |

| 序号 | 调查时间 | 成　果　名　称 | 作　者 | 出版时间 | 出版单位 |
|---|---|---|---|---|---|
| 46 | 1957~1958 年 | 1957 年西北昆仑区 1：20 万放射性元素顺便普查报告（J-43-30 的一部分） | 王永福，寇鸿去，陶恩清〔等〕 | 1958 年 | 新疆地质局第一区调大队 |
| 47 | 1957~1958 年 | 一九五七年昆仑山西北部 1：20 万放射性元素顺便普查地质报告（J-43-29 北部、J-43-23 南部） | 陈哲夫，高芝先，石振源 | 1958 年 | 新疆地质局第一区调大队 |
| 48 | 1957~1958 年 | 1957 年西昆仑托赫塔卡鲁姆山脉北端 1：20 万放射性元素顺便普查报告（J-43-23） | | 1958 年 | 新疆地质局第一区调大队 |
| 49 | 1958~1959 年 | 塔什库尔干幅 J-43-22 拱盘幅 J-43-23 1：20 万区域地质调查报告 | 吕正、朱诚顺、贝颂章 | 1959 年 | 新疆地质局喀什地质队区测分队 |
| 50 | 1960~1961 年 | 【民丰县】1960 年在康赛音—卡尔赛一带进行 1：20 万路线地质简测及矿点检查报告 | 唐象久〔等〕 | 1961 年 | 新疆地质局和田地质大队 |
| 51 | 1979~1980 年 | 莎车幅、叶城幅、克里阳（北半幅）1：20 万区域水文地质普查报告 | 刘岳松，谈善金，张懋等 | 1980 年 | 中国人民解放军零零九二四部队 |
| 52 | 1979~1980 年 | 塔里木盆地西南部重力勘探成果报告（1：20 万） | 柴玉甫，冯培光 | 1980 年 | 石油部勘探局普查大队 |
| 53 | 1979~1980 年 | 皮山幅 J-44-〔19〕、桑株巴札幅 J-44-〔25〕1：20 万区域水文地质普查报告 | 于建都 | 1980 年 | 中国人民解放军零零九二四部队 |
| 54 | 1987~1989 年 | 克孜勒幅 J-43-17 地球化学图说明书、水系沉积物测量、比例尺 1：20 万 | 司迁、刘红建 | 1989 年 | 新疆地质局一区调大队 |
| 55 | 1987~1989 年 | 新疆阿克陶县木吉西南区域化探扫面成果报告 | 杨万志 | 1989 年 | 新疆地矿局第二地质大队 |
| 56 | 2003 年 | 克克吐鲁幅、塔什库尔干塔吉克自治县幅、塔什库尔干塔库尔干、塔什库尔干幅、英吉沙县幅、艾提开尔丁萨依幅、恰哈幅、康西瓦幅、阿克萨依湖幅、岔路口幅、神仙湾幅、麻扎幅 1：25 万遥感地质解译 | 赵福岳、曹文玉、刘刚、刘照祥等 | 2003 年 | 中国国土资源航空物探遥感中心 |

| 序号 | 调查时间 | 成 果 名 称 | 作 者 | 出版时间 | 出 版 单 位 |
|---|---|---|---|---|---|
| 57 | 2004~2005年 | 艾提开尔丁萨依幅、英吉沙幅、叶城县幅、克克吐鲁幅、塔什库尔干塔吉克自治县幅、塔什库尔干塔库尔干幅区域地质调查 | 卢书炜、王世炎等 | 2005年 | 河南省地质调查院 |

## 二、西昆仑成矿带多金属矿概况

新疆西昆仑地区共发现各类金属矿产10种（表6-6、图6-4）。其中黑色金属矿产3种（铁、铬、锰），有色金属矿产6种（铜、铅、锌、钨、钼、铍），贵金属矿产1种［金（伴生金）］。

在发现的矿种中，分布最多的为有色金属，占总数的60%；其次为黑色金属，占总数的30%；最少的为贵金属，仅占总数的10%。

表6-6 新疆西昆仑地区已发现的金属矿产种类分类表

| 矿产分类 | 矿种数小计 | 所占比例（%） |
|---|---|---|
| 黑色金属 | 3 | 30 |
| 有色金属 | 6 | 60 |
| 贵金属 | 1 | 10 |
| 总计 | 10 | 100 |

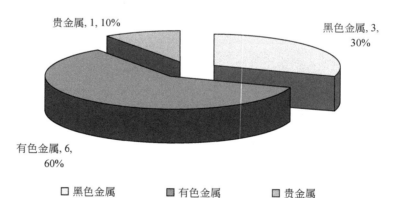

图6-4 新疆西昆仑地区已发现的金属矿产种类分类图

在发现的129处矿产地中，黑色金属矿产（铁、铬、锰）小计23处，有色金属矿产（铜、铅、锌、钨、钼、铍）小计97处，贵金属矿产（岩金、砂金）小计9处（表6-7和图6-5）。

在发现的矿产地中，分布最多的为有色金属，占总数的75.19%；其次为黑色金属，占总数的 17.83%；分布最少的为贵金属，占总数的 6.98%。

表 6-7　新疆西昆仑地区已发现的金属矿产地分类表

| 矿产分类 | 矿产地小计 | 所占比例（%） |
|---|---|---|
| 黑色金属 | 23 | 17.83 |
| 有色金属 | 97 | 75.19 |
| 贵金属 | 9 | 6.98 |
| 总计 | 129 | 100 |

129 处矿产地中，矿点或矿化点 45 处，小型 81 处，中型 2 处，大型 1 处。

从表 6-8 和图 6-6 中可以看出，在 129 处矿产地中，分布最多的小型矿产，占总数的 62.79%；其次为矿点或矿化点，占总数的 34.88%；中型占总数的 1.55%；分布最少的为大型，仅占总数的 0.78%。

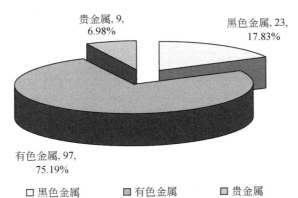

图 6-5　新疆西昆仑地区已发现的金属矿产地分类图

表 6-8　新疆西昆仑地区已发现的金属矿产规模分布表

| 矿产规模 | 小计 | 所占比例（%） |
|---|---|---|
| 矿点或矿化点 | 45 | 34.88 |
| 小型 | 81 | 62.79 |
| 中型 | 2 | 1.55 |
| 大型 | 1 | 0.78 |
| 总计 | 129 | 100 |

新疆西昆仑地区金属矿产有 7 种工作程度，分别为预查、普查、详查、勘探、勘查、区域地质调查、储量核实。其中预查小计 13 处，占总数的 10.08%；普查小计 51，占总数的 39.53%；详查小计 13 处，占总数的 10.08 %；勘探小计 3 处，占总数的 2.33 %；勘查小计 1 处，占总数的 0.78 %；区域地质调查小计 46 处，占总数的 35.66 %；储量核实小计 2 处，占总数的 1.55 %（表 6-9 和图 6-7）。

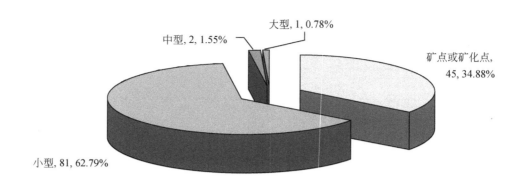

图 6-6　新疆西昆仑地区已发现的金属矿产规模分布图

表 6-9　新疆西昆仑地区已发现的金属矿产工作程度分布表

| 工作程度 | 小计 | 所占比例（％） |
|---|---|---|
| 预查 | 13 | 10.08 |
| 普查 | 51 | 39.53 |
| 详查 | 13 | 10.08 |
| 勘探 | 3 | 2.33 |
| 勘查 | 1 | 0.78 |
| 区域地质调查 | 46 | 35.66 |
| 储量核实 | 2 | 1.55 |
| 总计 | 129 | 100 |

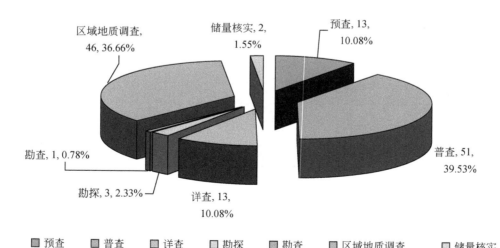

图 6-7　新疆西昆仑地区已发现的金属矿产工作程度分布图

## 三、西昆仑成矿带多金属矿勘查现状

西昆仑总体来看，大部分铜矿床（点）水文地质、工程地质条件较为简单，便于开采。但大部分矿床全区平均海拔约4000m为中高山地区，地形切割较弱，相对高差1500～4000m，交通条件不便，供水供电困难，给开发带来一定难度。

调研区铜矿资源有以下几个特点。

1）勘查程度偏低，详查以上的矿产地没有，绝大多数为预查、普查程度。

2）矿床规模小，116处有资源储量的矿床点，只有少数求出了资源量。以小型和矿点为主，无大中型矿床。

3）许多铜矿共、伴生有用组分较多，可综合利用。特别是布伦口铜矿和沙子沟铜矿共、伴生有铅、锌、金、银等有益元素，需综合开发利用。

4）开发利用的外部条件差，主要表现为海拔高（4000m以上）交通不便、供电、供水困难。

5）目前仅有阿克陶布伦口铜矿和沙子沟铜矿在开采，产能小，年产矿石仅万t左右。简单采选以销售矿粉为主，当地没有相应的冶炼厂家，矿业生产附加值较低，对当地经济效益拉动不大。

6）由于当地地质工作程度较低，交通不便，经济不发达，矿产资源开发力度较弱，没有大型的矿产企业，如果提高勘查工作程度，探明矿产资源详细分布及储量，可以招商引来大型矿产企业，对当地经济能产生拉动和带动作用。

# 第三节　青海省东昆仑成矿带铁矿地质资料开发研究

本产品属于专业类综合集成产品，主要目的是综合研究分析区域地质资料、地质工作程度、铁矿勘查开发现状，详细总结了区域成矿规律认识和成矿预测成果，为区域地质找矿提供支撑，更加偏重于找矿方面的研究，但仅是前人成果的总结与对比，专业性更加强，能为本区开展工作的人员提供基础地质资料信息。

东昆仑成矿带地处青海省境内的东昆仑山之大部，西起青新两省（区）边界，东以哇洪山—温泉断裂为界，北邻柴达木盆地，南止东昆仑南断裂带，横跨昆北、昆中、昆南三条横贯全区的区域性大断裂。该带东西长约800km、南北宽281km，面积约12.8万km$^2$，地理坐标：91°41′～99°48′E，35°13′～37°41′N。东昆仑成矿带经历了多期俯冲、拼合、碰撞的大地构造演化及岩浆活动和成矿作用，形成了独特的成矿系列。

## 一、东昆仑成矿带地质矿产工作程度

### 1. 基础地质

（1）区域地质调查

20世纪50～60年代，首次对青海东昆仑地区进行1：50万和部分1：20万路线地质调查工作，随后在野马泉、都兰一带以铁矿调查为目标，进行了1：50万、1：20万、1：10万、1：5万的路线地质调查，完成了J-46-[20]、J-46-[21]、J-46-[26]、J-46-[27]四幅区域地质图，基本查明了区内地层、岩石（沉积岩、岩浆岩、变质岩）、构造的特征，并发现了一批矿点，为区内进行矿产勘查、地质科研及后续开发工作提供了基础地质资料。

20世纪70年代中期到90年代早期，在近20年的时间内，基本完成了青海东昆仑—西秦岭的1：20万区域地质调查工作，面积约13.7万$km^2$；1：50万可可西里及邻区地质图说明书，调查面积5.72$km^2$；柴达木盆地西北缘1：50万地质（矿产）图说明书，调查面积0.68万$km^2$；1：20万区域地质调查48幅，调查面积约29.97万$km^2$；东昆仑成矿带1：5万区域地质调查56幅，调查面积约23 328$km^2$。近几年又相继开展了10余幅1：5万区域矿产地质调查，调查面积约4185$km^2$。

20世纪80年代中期以来，相继开展了"青海省区域地质研究"和"青海省地层岩石单位清理"等研究工作，编撰出版了《青海省区域地质志》和《青海省岩石地层》，全面重新厘定了本省、本区的基础地质资料。1996年开展了1：25万区域地质调查的试点工作，完成了兴海县幅、可可西里幅、布喀达坂峰幅、库郎米其提幅共4幅，调查面积约40000$km^2$。

（2）区域物化遥调查

20世纪80年代，青海化探队、物探队及区调队相继承担了青海东昆仑地区区化扫面工作，完成了研究区大部分地段的化探扫面工作。对92°E线以东进行了1：50万、1：20万航磁测量和1：100万非正规重力测量，在尕林格—中灶火一带做1：20万重力测量和1：100万区测工作，为该地区基础地质工作建立了基本格架。

1988～1993年青海省化勘院开展东昆仑1：50万化探扫面工作，涉及16个图幅，约81 000万$km^2$；其余图幅均已完成1：20万区化扫面，涉及9个图幅，面积5万$km^2$。圈定了一大批以Au、Cu、Pb、Zn、Cr、Ni等元素为主的一系列组合异常。完成了青海省东昆仑地区地球化学编图（1：100万）、完成了麻多幅、扎陵湖幅、玛多幅及野马泉、肯德可克等地区1：20万区域化探扫面工作，确定了区域地球化学背景，划分了找矿靶区。青海省物勘队在乌兰和都兰地区开展了以地下水评价为目标的1：20万垂向电测深工作，覆盖面积13 000$km^2$。20世纪80年代末，完成1：50万遥感地质解译工作，取得了一定的基础地质资料及地质构造的解译推断成果；随后在本区北部约6万$km^2$范围内进行了1：5万彩红外航空摄影。1992年起，青海省物勘队及青海地调院完成了《兴海幅》《格尔木东农场幅》《东温泉幅》《埃肯德勒斯特幅》《阿拉克湖》的1：20万区域重力调查工作，其余地区重力资料主要为总参测绘局所作的水文重力水准成果，点密度很稀，约600～700$km^2$一个点。

2003年辽宁省地质矿产调查院在东昆仑腾格里—布青山地区开展了1：5万水系沉积物测量（省档号5334）。重点阐述了12种元素在工区的分布规律和浓集特征，为区域地质找矿提供了基础地球化学资料。圈定了12处综合异常，其中甲类异常2处，乙1类异常4处，乙2类异常6处。划分了两个地球化学异常带，3个找矿远景靶区，为今后在本区开展普查找矿工作提供了地球化学依据。2007年青海省地质调查院在青海东昆仑东段开展1：20万区域重力调查并提交了调查报告（省档号5166）。

（3）区域水工环地质调查

该区水文地质调查始于20世纪80年代，现已完成1：20万水文地质调查14幅，查明了区内水文地质条件。

## 2. 矿产勘查

矿产勘查工作从 20 世纪 50 年代起步，发现和落实了一批铁多金属矿产地，为其后的矿产勘查工作提供了依据。

20 世纪 50~60 年代以青海地矿局为主体，冶金、煤炭、建材、核工业等地勘部门在青海东昆仑地区开展了铁矿资源调查或勘查工作。提交了都兰县沙柳河铬铁矿、大石桥磁铁矿、洪水河铁矿、跃进山铁铜矿、红云鄂博铁矿、诺木洪南小庙铁矿、清水河铁矿、大石球根磁铁矿、白石崖铁矿、海寺铁矿等矿点检查报告。基本建立了区域地层系统，划分了侵入岩期次，探讨了区域构造系统，并发现了一批矿产地，为总结本地区构造演化和矿产分布规律提供最基本资料、数据。在肯德可克发现 M36.M37.M16.M17 等 4 处磁异常。

20 世纪 70 年代青海省第六地质队、第八地质队、青海冶金八队、冶金五队等，对都兰县清水河、跃进山、海寺、白石崖、南戈滩等铁矿进行了普查；对格尔木野马泉、五龙沟、五一河等铁矿进行了普查和详查。

20 世纪 80~90 年代青海地矿局第三地质队、第四地质队、第八地质队及省有色地勘系统分别完成了本区以铁、铜、金和多金属矿产为主的第一轮区划工作。矿产勘查已由以铁为主转向以多金属为主，同时还评价了一批非金属矿产。

2000 年以来随着矿业权市场的逐步深化，铁矿地质勘查投资呈现多元化，青海有色地质勘查局八队、青海省柴达木综合地质勘查大队、青海省有色地质矿产勘查局地质矿产勘查院、青海省第一地质矿产勘查大队、青海省格尔木市玉丰有限责任公司、青海西旺矿业开发公司、青海省格尔木市新工贸矿业开发有限责任公司、四川省冶金地质勘查局 604 大队、青海庆华矿业有限责任公司、青海省地质调查院等开展了新一轮的铁多金属矿的勘查工作，勘查成果显著。

## 3. 地质科研

自 20 世纪 50 年代以来，众多的科研院所、高等院校及地勘单位在该区开展过一系列的科学研究工作，提高了整个成矿带的研究工作程度。

1990 年开展《青海省区域地质志》（省档号 3539）的研究编著；1992 年开展《昆仑开合构造》的研究编著、《东昆仑—柴达木盆地地质图及说明书》（省档号 2836）的研究和编制；1995~1997 年青海省地球化学勘查技术研究院进行了《青海省东昆仑地区地球化学编图》（4963）的编制；2001 年开展了《柴南缘成矿环境及找矿远景研究》工作，2003~2004 年进行了《东昆仑地区找矿预测》工作。以上科研工作均涉及东昆仑地区。

1999~2005 年中国地质科学院矿产资源研究所完成的"东昆仑地区综合找矿预测与突破"（省档号 5350）项目涉及本区。2001~2005 年吉林大学承担的"青海—新疆东昆仑成矿带成矿规律和找矿方向的综合研究"（省档号 5111）项目涉及本区。

## 4. 地质调查评价

自 1999 年国土资源大调查启动后，战略性矿产资源调查评价已成为国土资源大调查的一项重要内容。目前，青海地调院、青海有色地勘局、辽宁地调院、吉林地调院、新疆地调院、山西地调院、河南地调院等单位正在该区开展矿产资源调查评价工作。取得了一系列新的成果，发现和证实了一批重要的矿床（点），对某些矿床的矿床类型和规模的有了新的认识和见解。

## 二、馆藏东昆仑成矿带成果地质资料概述

对东昆仑成矿带铁矿地质、物探、化探、遥感等方面资料的系统收集，现馆藏有东昆仑地区成果地质资料200种，铁矿点信息186处。

### 1. 地质资料类别

东昆仑成矿带矿产勘查类资料最多，共计90种，占成矿带资料的45%；其次是区域地质矿产调查43种，占成矿带资料的22%；物化遥勘查资料3种，仅占成矿带资料的1%（表6-10）。

表6-10　东昆仑成矿带地质资料类别统计表

| 类别 | 数量（档） | 比例（%） |
|---|---|---|
| 区域地质矿产调查 | 43 | 22 |
| 区域物化探调查 | 27 | 13.5 |
| 矿产勘查 | 90 | 45 |
| 水文地质勘查 | 12 | 6 |
| 物化遥勘查 | 3 | 1 |
| 地质科学研究 | 25 | 12.5 |
| 合计 | 200 | 100 |

### 2. 矿产勘查类资料

矿产勘查类成果地质资料按工作程度统计如下（表6-11）。矿产勘查大多处于普查阶段，其中预查资料17种，占矿产勘查类资料的19%；普查50种，占矿产勘查类资料的56%；详查资料18种，占矿产勘查类资料的20%；勘探资料5种，占矿产勘查类资料的5%。因此，该区具有较大的找矿潜力。

表6-11　矿产勘查成果地质资料构成

| 工作程度 | 预查 | 普查 | 详查 | 勘探 | 合计 |
|---|---|---|---|---|---|
| 资料（种） | 17 | 50 | 18 | 5 | 90 |
| 比例（%） | 19 | 56 | 20 | 5 | 100 |

### 3. 资料形成时间

从成果地质资料形成时间分析（表6-12），该区在70-80年处于勘查高峰期，90年代

走低，2000 年以后勘查工作有了新的进展。

表 6-12　成果地质资料形成时间表

| 形成时间 | 数量（档） | 比例（%） |
|---|---|---|
| 1950～1959 年 | 21 | 10.5 |
| 1960～1969 年 | 18 | 9 |
| 1970～1979 年 | 52 | 26 |
| 1980～1989 年 | 42 | 21 |
| 1990～1999 年 | 23 | 11.5 |
| 2000 年以后 | 44 | 22 |

### 4. 区域地质调查类资料

该区区域地质矿产调查以 1∶20 万为主，共有成果地质资料 18 种，占区域地质矿产调查的 41.9%；1∶5 万区域地质矿产调查资料 11 种，占区域地质矿产调查的 25.7%（表6-13）。

表 6-13　区域地质矿产调查成果地质资料

| 比例尺 | 种类（档） | 比例（%） |
|---|---|---|
| 1∶100 万 | 2 | 4.6 |
| 1∶50 万 | 2 | 4.6 |
| 1∶25 万 | 5 | 11.6 |
| 1∶20 万 | 18 | 41.9 |
| 1∶10 万 | 2 | 4.6 |
| 1∶5 万 | 11 | 25.7 |
| 其他比例尺 | 3 | 7 |
| 合计 | 43 | 100 |

## 三、东昆仑成矿带铁矿勘查开发利用现状

东昆仑成矿带矿产资源丰富，包括黑色金属矿产、有色金属矿产、贵金属矿产、稀有、稀土及非金属矿产等。主要的黑色金属矿产矿种有铁、铬、锰；有色金属矿产矿种有铜、铅、锌、钨、锡、钼、钴、铋、锑等；贵金属金、银。本区除铁、铜、铅、锌、钴、金等优势矿产资源外，尚有稀有、稀土及白云石、晶质石墨、硅灰石等非金属矿产分布。

### 1. 铁矿资源分布

东昆仑成矿带是青海省最主要的成矿带，尤其是矽卡岩型和沉积变质型铁矿的绝大多数储量都集中在本带。该带也是青海省主要的工业矿床集中分布地区，储量大，品位较

高，矿产地集中，同时共伴生的多金属矿床也往往具有一定的规模。东昆仑成矿带铁矿资源主要分布东昆仑北带（祁漫塔格—都兰成矿带）和中带（伯喀里克—香日德成矿带）、南带次之。从行政区划上看，则主要分布于格尔木市、都兰县，乌兰县等地区。

目前，在东昆仑成矿带已发现铁矿床（点）有 186 处，其中中型矿床 7 处，占 3.76%；小型 22 处，占 11.82%；矿点 56 处，占 30.12%；矿化点 101 处，占 54.30%。铁矿共、伴生有用组分较多，可综合利用。特别是都兰、野马泉地区的铁矿多共、伴生有铅、锌、铜、金、银、锡、钴、铋、镉、硫铁矿等有益元素，需综合开发利用。

东昆仑成矿带 186 处铁矿床（点）中上储量表的矿床（点）18 处，截至 2008 年年底累计查明资源储量 191 268.28×10³t，占全省查明资源储量的 77.88%，保有资源储量 187 151.02×10³t，占全省保有资源储量的 77.55%（表 6-14）。

东昆仑成矿带铁矿资源地质勘查程度低，矿床规模小。开发利用的外部条件差，主要表现在交通不便、供电和供水困难等，特别是成矿带西段的铁矿区处于柴达木盆地西部的戈壁地区，气候干旱，供水尤其困难。

表 6-14　东昆仑成矿带上储量表铁矿情况登记表

| 序号 | 矿区名称（矿产组合） | 矿石质量 | 资源储量类型 | 截至 2008 年年底资源储量（10³t） | | 勘查阶段 | 利用情况 |
|---|---|---|---|---|---|---|---|
| | | | | 保有 | 累计查明 | | |
| | 青海省铁矿总量 | | 资源量 | 235 220.06 | 236 028.58 | | |
| | | | 资源储量 | 241 317.02 | 245 603.58 | | |
| 1 | 柴达木磁铁山磁铁矿区（单一矿产） | P　0.8700%<br>S　0.8100%<br>SiO₂ 39.9900% | 资源量 | 3394.00 | 3394.00 | 普查 | 正在工作 |
| | | | 资源储量 | 3394.00 | 3394.00 | | |
| 2 | 格尔木市群力铁矿区（单一矿产） | P　0.0280%<br>S　0.1200%<br>SiO₂ 18.4300% | 资源量 | 1010.00 | 1010.00 | 普查 | 近期不宜进一步工作 |
| | | | 资源储量 | 1010.00 | 1010.00 | | |
| 3 | 格尔木市五一河铁矿区（单一矿产） | P　0.0020%<br>S　0.0100%<br>SiO₂ 5.1800% | 资源量 | 2653.00 | 2653.00 | 普查 | 近期不宜进一步工作 |
| | | | 资源储量 | 2653.00 | 2653.00 | | |
| 4 | 格尔木市野马泉 M4、M5 异常区铁锌多金属矿（主要矿产） | P　0.0500%<br>S　0.0200%<br>SiO₂ 15.4100% | 资源量 | 8778.00 | 8778.00 | 详查 | 计划近期利用 |
| | | | 资源储量 | 8778.00 | 8778.00 | | |
| 5 | 格尔木市尕林格铁矿区东段（主要矿产） | Ag 20.8400g/t<br>Cu 0.1100%<br>Pb 2.2300% | 资源量 | 27 751.00 | 27 751.00 | 详查 | 仍在工作 |
| | | | 资源储量 | 27 751.00 | 27 751.00 | | |
| 6 | 格尔木市尕林格铁矿区西段（单一矿产） | As 0.1300%<br>Au 0.2800g/t<br>Co 0.0420% | 资源量 | 12 237.00 | 12 237.00 | 详查 | 仍在工作 |
| | | | 资源储量 | 12 237.00 | 12 237.00 | | |
| 7 | 格尔木市肯德可克铁矿区（主要矿产） | Ag 8.7000g/t<br>Cd 0.0280%<br>Cu 1.0000% | 资源量 | 71 991.00 | 71 991.00 | 详查 | 基建矿区 |
| | | | 资源储量 | 71 991.00 | 71 991.00 | | |

| 序号 | 矿区名称<br>(矿产组合) | 矿石质量 | 资源储量<br>类型 | 截至2008年年底资源储量（$10^3$t） | | 勘查<br>阶段 | 利用情况 |
|---|---|---|---|---|---|---|---|
| | | | | 保有 | 累计查明 | | |
| 8 | 格尔木市那陵郭勒河东铁矿<br>(主要矿产) | TFe 36.3800% | 资源量 | 2726.28 | 2726.28 | 普查 | 未利用 |
| | | | 资源储量 | 2726.28 | 2726.28 | | |
| 9 | 都兰县洪水河铁矿<br>(632822001)<br>(主要矿产) | P 0.3770%<br>S 0.0880%<br>SiO$_2$ 38.9900% | 资源量 | 9373.00 | 9373.00 | 详查 | 计划近期利用 |
| | | | 资源储量 | 9373.00 | 9373.00 | | |
| 10 | 都兰县清水河铁矿区<br>(单一矿产) | P 0.3900%<br>S 1.0000%<br>SiO$_2$ 34.0500% | 资源量 | 25 052.00 | 25 052.00 | 详查 | 开采矿区 |
| | | | 资源储量 | 25 052.00 | 25 052.00 | | |
| 11 | 都兰县双庆铁矿区<br>(主要矿产) | TFe 46.8300% | 资源量 | 2550.80 | 2869.00 | 详查 | 开采矿区 |
| | | | 资源储量 | 2550.80 | 2869.00 | | |
| 12 | 都兰县南戈滩铁矿区<br>(单一矿产) | P 0.0290%<br>S 0.9390%<br>SiO$_2$ 22.1200% | 资源量 | 2222.00 | 2233.00 | 详查 | 开采矿区 |
| | | | 资源储量 | 2222.00 | 2233.00 | | |
| 13 | 青海省都兰县跃进山铁矿(主要矿产) | P 0.0400%<br>S 0.7000%<br>SiO$_2$ 15.0000% | 资源量 | 517.50 | 529.00 | 普查 | 计划近期利用 |
| | | | 资源储量 | 517.50 | 529.00 | | |
| 14 | 都兰县海寺铁矿区<br>(单一矿产) | P 0.0200%<br>S 0.1300%<br>TFe 39.4500% | 资源量 | 715.00 | 715.00 | 勘探 | 开采矿区 |
| | | | 资源储量 | 1762.76 | 4217.00 | | |
| 15 | 都兰县白石崖铁矿区<br>(单一矿产) | TFe 41.6600% | 资源量 | 2229.48 | 2250.00 | 勘探 | 开采矿区 |
| | | | 资源储量 | 3979.68 | 5024.00 | | |
| 16 | 都兰县达尔乌拉铁矿<br>(单一矿产) | TFe 24.6800% | 资源量 | 2390.00 | 2390.00 | 普查 | 未利用 |
| | | | 资源储量 | 2390.00 | 2390.00 | | |
| 17 | 都兰县占卜扎勒铁矿<br>(主要矿产) | TFe 45.0500% | 资源量 | 927.50 | 1083.00 | 普查 | 开采矿区 |
| | | | 资源储量 | 927.50 | 1083.00 | | |
| 18 | 都兰县白石崖铁矿区外围(伴生矿产) | TFe 42.3400% | 资源量 | 7836.00 | 7958.00 | 普查 | 开采矿区 |
| | | | 资源储量 | 7836.00 | 7958.00 | | |

注：据青海省截止2008年年底矿产资源储量简表

## 2. 勘查现状

（1）铁矿勘查程度

从勘查程度看，东昆仑成矿带铁矿勘查程度总体偏低，186处矿床（点）中，达到勘探的仅3处，占1.63%，详查的10处，占4.89%，普查的15处，占7.61%，预查的158处，占85.87%。

东昆仑铁矿勘查自20世纪50年代开始，主要在格尔木、都兰、乌兰一带开展群众报矿、踏勘和路线地质找矿工作，工作粗略而简单，形成了一些矿点检查报告。

20世纪六七十年代主要集中于都兰、野马泉等地区，工作程度以普查为主，少量详查、勘探，这一阶段勘查成果丰硕，评价了尕林格（中型）、野马泉（中型）、肯德可克（中型）、海寺（小型）等铁矿床，并形成了较为丰富的铁矿勘查资料，如：青海省格尔木县野马泉地区铁矿地质普查报告，青海省都兰县海寺铁矿床勘探总结报告书，青海省格尔木县尕林格磁铁矿区Ⅰ、Ⅱ、Ⅲ号矿群普查地质报告，青海省格尔木市肯德可克矿区铁矿普查地质报告。

进入 20 世纪 80 年代，由于铁矿资源的开发利用条件不佳，铁矿勘查基本没有新的投入，大多为一些铁矿资源的综合研究工作。矿产勘查已由以铁为主转向以金多金属为主，同时还评价了一批非金属矿产。形成了一些以铁为主的多金属普查报告和综合研究报告，如《青海省铁矿总结》和《青海省铁矿矿产资源总量预测报告》及《青海省格尔木市东昆仑山西段铁、铜、铅、锌矿构造控制作用的研究报告》和《青海省格尔木市肯德可克铁矿区岩矿特征及矿床成因初步研究报告》等。

随着市场对铁矿资源的需求日趋旺盛，铁矿勘查又逐步兴起，但铁矿勘查基本限于商业性投资，规模较小。如青海西旺矿业开发公司于 2003～2006 年开展了青海省都兰县白石崖铁矿床勘查，青海省格尔木市新工贸矿业开发有限责任公司于 2004 年开展了青海省格尔木市乌兰夏天拜兴铁多金属矿预查，青海庆华矿业有限责任公司于 2005 年投资开展了青海省格尔木市野马泉 M4. M5 磁异常区铁锌矿详查等。

近几年基础地质工作研究所涉及的大地构造背景、区域构造演化和地球动力学环境的调查与研究，为该区成矿的地球动力学环境、成矿地质条件、成矿规律及成矿系列的研究提供了一定的理论基础，并取得了可喜的找矿成果，增加了资源储量，为资源开发提供了后备基地。如尕林格铁矿经过近几年的勘查工作，新增铁矿石资源量 4656 万 t，截至 2008 年年底累计估算铁资源量约 1.26 亿 t（未经评审），前景 3 亿 t，是近几年铁矿勘查的重大突破，改变了全省没有亿 t 级铁矿的历史，为该区和青海铁矿的开发奠定了扎实的基础。

（2）铁矿勘查新进展

自 2000 年新一轮国土资源大调查开展以来，东昆仑地区矿产勘查工作取得了突破性的进展，先后在该区开展了 13 项矿产资源评价项目，发现或证实了一大批新的矿产地。

1）尕林格铁矿

青海省有色地质矿产勘查局近几年对该矿进行了详查，矿区由 7 个矿群组成，沿北西西方向展布，东西长约 15km，南北宽 1.5～3.5km。共圈定铁矿体 50 个，矿体长 100—1350m、厚 1.64～91.66m、最大倾斜延深 560m。主要成分为磁铁矿，共（伴）生钴、铅锌、金。经 2008 年工作初步估算Ⅰ矿群可提交 333+334 铁矿石资源量 4566 万 t，其中新增 333 铁矿石资源量 2466 万 t；Ⅱ矿群可提交 333 矿石量 3200 万 t；Ⅲ矿群铁矿石量达到 1100 万 t；Ⅳ矿群矿石量为 500 万 t；Ⅴ矿群已提交 333（已评审）以上矿石量 2246 万 t；Ⅵ矿群矿石量为 500 万 t；Ⅶ矿群矿石量 500 万 t。经 2008 年工作整个矿区 7 个矿群累计铁矿石资源量 1.26 亿 t（未经评审）。

2）野马泉铁矿

青海庆华矿业有限责任公司近年通过对野马泉 M4. M5 磁异常区铁锌矿详查，在 M4. M5 异常区圈出铁、铁锌、锌矿体 57 条，提交 332+333+334 铁、铁锌矿石总量 1000.12 万 t。青海省地质调查院于 2004～2009 年野马泉矿区内铁多金属矿普查及 M9. M10

磁异常区详查工作，共完成 156 个钻探工程，其中 M9. M10 异常区 124 个，M1 异常区 15 个，M2 异常区 2 个，M3 异常区 8 个，M6 异常区 4 个，M7 异常区 2 个，M13 异常区 1 个。在 M9. M10. M1. M3. M6. M7. M13 异常区共求得 332＋333＋334 铁、铁多金属矿石总量 1772.89 万 t。在 M9. M10 详查区共求得 332+333+334 铁、铁多金属矿石总资源量 1308.17 万 t。

3）磁铁山铁矿

青海省西钢矿冶科技有限责任公司于 2004～2009 年委托青海省柴达木综合地质勘查大队开展磁铁山铁矿普查，该阶段主要完成了 9 条勘探线地质剖面和 5 个普查孔的施工，基本查明了区内地层、构造、岩浆岩、变质岩、矿体及矿区磁性分布特征，初步查明了区内成矿地质条件、控矿因素、找矿标志等，大致了解了矿体在深部的延深、产状、厚度和品位变化等特征，采集了可选性试验样，并确定矿石可选，概略了解了区内水文地质情况。最终在矿区圈定磁铁矿体 18 条，预测 334 磁铁矿石量 2503.23 万 t。

4）乌兰拜兴铁矿

青海省柴达木综合地质勘查大队于 2004～2008 年开展了格尔木市乌兰拜兴铁多金属矿普查，在嘎顺达乌—月雾山区段和 C1 磁异常区段进行了预查找矿工作。2004 年对嘎顺达乌—月雾山地段前人发现的矿（化）点作了核查，大致了解了矿体产状、品位、规模、分布特征，估算嘎顺达乌地区 334 磁铁矿矿石资源量 118 629.19t。并在月雾山地表新发现磁铁矿体 4 条，估算 334 磁铁矿矿石资源量 439 234.03t。对嘎顺达乌—月雾山地区铁矿成矿潜力有了新的认识。在 M1. M3. M4 等异常区都有 500nT 左右的低缓异常，该区地下深部可能有隐伏矿体存在，盲矿体规模应远大于地表已知矿体，有找到小—中型富铁矿的远景。2005 年共在 C1（1-7）磁异常区施工了四个钻孔，均揭露出了铁多金属矿体。估算其 333+334 资源量为磁铁矿矿石量 1073.66 万 t。2006 年度利用钻探进行了较系统工程控制，C1-2 异常区工程控制程度达详查程度，C1-1. C1-3 异常达普查程度，C1-4 进行了深部验证。共在 C1（1-3）磁异常区内揭露出铁多金属矿体 31 条，在走向上组成规模相对较大的成矿带，该成矿带与 C1（1-3）磁异常吻合程度较好，长度 1985m，宽度约 200m 左右。C1（1-3）磁异常区矿床 TFe 平均品位 34.14%，Cu 平均品位 0.44%，Pb 平均品位 0.52%，Zn 平均品位 1.00%。矿床的成因类型为矽卡岩型，赋存于岩体与围岩接触部位的矽卡岩带内。铁矿体形态多为似层状、透镜状，多金属矿体多为透镜状。利用平行断面法估算铁矿石资源量 430.44 万 t，铜金属资源量 4466.95t，铅金属资源量 321.98t，锌金属资源量 11 148.48t。在 C1 异常区西段找矿取得了重大突破，从而为在中东段及东延部分开展找矿工作提供了依据。2007 年大致查明了 C1-9. C1-10. C1-11 异常性质。除在 C1-11 异常施工的 ZK04 孔内发现一层厚度为 0.24m 的磁铁矿外，其余含矿层均为磁赤铁矿化矽卡岩，故初步认定这三处异常为低品位磁铁赤铁矿化矽卡岩所引起。通过对嘎顺达乌矿区内的 5 条矿（化）体进行槽探揭露，使其中两条铁矿（化）体（Ⅰ-8. Ⅰ-9）长度及宽度均有所增加，对四号铁矿点（Ⅰ-5）通过探槽揭露，控制矿体长约 100m 左右，最宽处 13m 左右，TFe 最高品位 54.14%。2008 年通过 ZK09 及 ZK11 的深部验证，说明月雾山地区 M4 磁异常区大理岩以顶垂体（捕房体）形式存在。大理岩局部具矽卡岩化，且存在薄层或团块状磁铁矿，异常的形成与这种分散的磁铁矿化矽卡岩及延深有限的磁铁矿透镜体有关。在 C1-12 磁异常区发现了一条倾向北东，倾角 55°左右，且向深部厚度逐渐变大的磁铁矿体，延深大于400m，厚度4.90m，平均品位29.26%。说明C1-12属矿致异常，有进一步工作的潜力。通过本年度普查工作后，乌兰拜兴铁多金属矿普查区已全面达到了普查工作程度，在全普查区共圈定铁多金属大小矿体57条。最终估算铁矿石资源量601.28万t。

5）别里塞北铁矿

青海省地质调查院于2008年开展了格尔木市别里赛北铁多金属矿普查工作，主要利用了钻探进行深部验证。ZK11201全孔岩性主要为大理岩，夹少量的矽卡岩，地质与物探结合较好，在249.92~70.40m见视厚度为20.48m的磁铁矿矿石，TFe最高品位可达44.62%，最低品位为21.05%，平均品位33.64%。ZK15001全孔为弱磁性的条带状大理岩，在568.77~661.71m磁性较强。在黑色条带中可见极细粒粒状分布的磁铁矿，目估含量在10%~15%，通过快分仪对黑色条带分析，发现有Co矿化。在黑色条纹中Co含量一般在0.043%~0.1%，含量最高可达0.245%，平均含量在0.07%，但在白色条纹中含量较低，一般小于0.02%多数为0.001%。Co的含量与Fe的含量成正比，在黑色条纹中Fe的含量大于15%，一般Co的含量就高于0.1%，其中最高的一个Co含量为0.245%，Fe的含量就达到了20.09%，同样也是Fe中最高的。黑色条纹占整个大理岩的1:3到2/3，局部黑色条纹可达80%以上。初步估算334铁矿石量219.18万t。

6）它温查汗铁矿

上海纽特电讯科技发展有限公司于2005年开展了它温查汉铁多金属矿普查工作，于2007年即转入详查。2008年10月结束野外工作，2009年提交了详查报告。经物探和钻探相结合的方法，证明了C99磁异常为矿致异常，磁铁矿体总体形态为向北倾斜延伸的薄板状体。通过以钻探为手段的勘查工作及系统的取样分析，基本控制了Fe1. Fe2号两个主矿体的矿体特征、空间分布等。详查共提交磁铁矿矿石储量4571万t，其中332级工业磁铁矿矿石量为2811万t，平均品位34.38%，333级工业磁铁矿矿石量为1735万t，平均品位34.38%，333级低品位磁铁矿矿石量为25万吨。

7）拉陵高里铁矿

青海鸿丰伟业矿产投资有限公司投资，青海省柴达木综合地质勘查大队实施，对青海省格尔木市拉陵高里河下游铁多金属矿普查。2007年通过深部工程验证，证实拉陵高里矿区M2. M3. M4的3个磁异常均为矿致异常，且主矿体向深部有一定的延伸，找矿潜力较大。在区内共圈定出24条工业矿体，其中铜锌矿体6条，铁铜矿体3条，磁铁矿体8条，铜矿体3条，铁铜锌矿体1条，锌矿体2条，铅矿体1条。估算得333+334铁矿石量518.5万t，其中333铁矿石量177.4万t。大致查明了矿体的规模、产状、品位及矿物赋存状态。对有益、有害组分进行了概略性评价。2008年通过地质正测工作并结合以往地质资料，初步查明了矿区地层、构造、岩浆岩的分布特征及其与铁、多金属矿间的关系，初步查明了区内的控矿因素及成矿地质背景；通过槽探、硐探、钻探工程对主矿体基本进行了系统控制，初步查明了矿体的形态、规模、产状等基本要素，特别是Ⅱ-6和Ⅳ-1矿体的产状、规模及矿石有益、有害组分；通过流程实验，初步查明了矿石选冶及加工技术性能；对前期圈定的矿体进行了厘定与重新圈定，在矿区内共圈出30条工业矿体，估算得333铁矿石量685.9万t，334铁矿石量296.4万t，334低品位铁矿石量2.3万t。ZK4002

钻孔中的矽卡岩可以看见星点状的闪锌矿，但其品位很低，据此可以推测 M4 异常西南部有找铜多金属矿的前景。

8）格尔木四角羊—牛苦头铁矿

通过工作，在牛苦头地区共发现有 3 个磁异常区，见有具一定规模的铁多金属矿体，分别为矿区 C3 磁异常区和矿区外围 M1、M4 两磁异常区。目前共在 C3 磁异常区圈定矿体 166 条、在 M1 磁异常区圈定矿体 10 条、在 M4 磁异常区圈定矿体 9 条。对 3 个磁异常区铁多金属矿进行资源量估算。

C3 磁异常区共有磁铁矿石量 302 万 t、硫铁矿石量 491 万 t、铜金属量 10 万 t，铅金属量 26 万 t、锌金属量 30 万 t。其中工业矿磁铁矿石量 288 万 t、硫铁矿石量 431 万 t、铜金属量 7 万 t、铅金属量 18 万 t、锌金属量 23 万 t。

M1 磁异常区共有硫铁矿石量 815 万 t，铅金属量 14.2 万 t，锌金属量 18.2 万 t。其中工业矿为硫铁矿石量 750 万 t，铅金属量 11.1 万 t，锌金属量 14.8 万 t。

M4 磁异常区共有铁矿石量 1444 万 t、硫铁矿石量 861 万 t、铜金属量 2.48 万 t、铅金属量 5.87 万 t、锌金属量 20.42 万 t。

## 3. 开发现状

东昆仑铁矿床成因类型主要是接触交代型铁矿、沉积变质型铁矿、岩浆晚期分异型、喷流沉积—叠加改造型。特别是接触交代型铁矿是目前开发的重点，此类型矿石质量较好，TFe 品位一般在 35% ~ 55%，有害杂质硫、磷一般低于工业要求。本类型铁矿一般均共生铅、锌、钴、铋、金等有益元素，其代表矿床有尕林格、肯德可克、野马泉、海寺、白石崖等。由于共、伴生组分可综合利用，极大地提高了开发价值。

1958 年"大炼钢铁"时期是青海省铁矿开发的第一个高潮期，在东昆仑成矿带交通条件较好的都兰、乌兰等地区，一些铁矿床（点）均有不同程度开采，但效果较差，大部分为土法开采和冶炼。1958 年都兰县对白石崖铁矿东区南段地表露头矿进行土法开采，开采量约 3000t 矿石，1970 年青海钢铁厂也曾露采部分矿石，之后至今再未对铁矿开采利用，但从 1982 年起，都兰县矿业开发公司对铁矿中的伴共生铅锌矿进行开采，年采矿石 2000t，自 1984 年起，都兰县铅锌选矿厂亦开采铅锌，年采矿石量 800t。

1969 年西宁钢厂及青海钢铁厂建成后，青海省铁矿开发进入第二个高潮期。先后对海寺、清水河、元石山、克素尔等铁矿进行了开发，开采高炉富矿为西钢、青钢提供原料，但因矿石供应不足、品位较低以及交通条件等因素，后均停采。

青海省第三次铁矿开发高潮期开始于 2000 年，随着都兰县西旺公司以海寺铁矿为依托的选矿厂建设，青海省铁矿开发才走入正轨。2000 年西旺公司投资开采都兰县海寺铁矿，并兴建了选矿厂，采用磁选工艺生产精矿粉，产品销往酒泉钢铁厂，随后西旺公司对都兰县境内的西台、清水河等铁矿进行了不同程度的开发。该公司于 2003 年动工兴建 140m³ 的高炉，准备就地生产生铁。与此同时，东达公司对乌兰县霍德森沟的铁矿进行了开发，并建有选矿厂，采用磁选工艺，由此带动了其他投资者对铁矿的开发。目前西钢正在建设 100 万吨/年的生铁冶炼厂，准备以铁矿资源为依托，形成生铁采、选、冶一条龙生产线。

2002年都兰宏源实业有限公司先后投资开发南戈泉、白石崖、清水河铁矿。南戈泉铁矿规模为小型，设计生产能力10万t，回采率85%，贫化率15%，2008年停采。白石崖铁矿规模中型，设计生产能力13万t，2008年实际生产1.71万t，回采率85%，贫化率15%。清水河铁矿规模中型，设计生产能力50万t，设计回采率85%，贫化率15%，为基建矿山，2002年办采矿证以来未生产。

2006年青海有色地勘局地质矿产勘查院投资开采占卜扎勒铁矿，规模小型，设计生产能力10万t，2008年实际生产2万t，总产值30万元，工业增加值20万元，综合利用产值5万元，回采率85%，贫化率15%。

2006年青海西泰矿业有限公司投资开采跃进山铁矿，规模小型，设计生产能力8万t，2008年实际生产能力1万t，总产值30万元，工业增加值25万元，综合利用产值5万元，回采率85%，贫化率15%。

2006年格尔木庆华矿业有限责任公司投资肯德可克铁矿，规模中型，设计生产能力250万t，设计回采率87%，贫化率15%。目前正在基建未投产。

截至2008年年底，东昆仑地区共有铁矿山11家（表6-15），设计生产能力为418万t，2008年生产铁矿石32.18万t。目前大部分开采矿山前期多采用露天开采，架子车、手扶拖拉机运矿，随着地表开采难度增加，逐步转入地下，采用竖井开拓或平巷开拓，崩落法采矿，一般开采回采率为84%，最高90%，最低64%，选矿回收率平均71.14%。

表6-15　东昆仑成矿带铁矿资源开发利用情况一览表

| 矿山名称 | 规模 | 回采率（%） | 贫化率（%） | 生产能力（万t） | 投资公司 |
|---|---|---|---|---|---|
| 南戈滩铁矿 | 小型 | 85 | 15 | 10 | 都兰宏源实业有限公司 |
| 白石崖铁矿 | 中型 | 85 | 15 | 13 | 都兰宏源实业有限公司 |
| 清水河铁矿 | 中型 | 85 | 15 | 50 | 都兰宏源实业有限公司 |
| 占卜扎勒铁矿 | 小型 | 85 | 15 | 2 | 青海有色矿勘院 |
| 跃进山铁矿 | 小型 | 85 | 15 | 1 | 青海西泰矿业有限公司 |
| 肯德可克铁矿 | 中型 | 87 | 15 | 250 | 格尔木庆华矿业有限公司 |
| 海寺铁矿 | 小型 | 87 | 15 | | 都兰县西旺公司 |
| 霍德森沟铁矿 | 小型 | | | | 东达公司 |
| 大海滩铁矿 | 小型 | | | 10 | 都兰县西旺公司 |
| 西台铁矿 | 小型 | | | 5 | 都兰县西旺公司 |
| 柯柯赛铁矿 | 小型 | | | 3.5 | 新开源公司 |

## 4. 存在问题

1）勘查投入不足，资源远景没有查清。依据资源潜力评价项目预测结果，目前查明的资源储量仅2亿t左右，资源潜力远没有查明。

2）地质勘查程度偏低，外部条件较差，对铁矿开发不利。东昆仑成矿带186处矿床

（点）中，达到勘探的仅 3 处，占 1.63%，详查的 10 处，占 4.89%，普查的 15 处，占 7.61%，85.87% 是预查以下程度的，多数矿区资源储量不清，无法满足开发的需要。

3）对低品位、多元素共伴生铁矿床的开发利用技术及工艺研究不足。东昆仑成矿带大多数矿床（点）均为贫矿，且勘查程度较高的矿床（点）多为多元素共伴生的铁矿床，如尕林格、野马泉、肯德可克等，这些铁矿床点不同程度与有色金属铜、铅、锌、镍、钴等有用组分共伴生。由于以往工作中缺少对共伴生组分综合开发利用技术及工艺的研究，因此，铁矿开发中一些共伴生组分的综合回收利用有一定困难，使得这些资源得不到很好的利用。部分矿床开采只回收铁，其他有用组分白白浪费。

4）基础设施差，开发利用成本较高。东昆仑成矿带交通条件较差，矿区周边均为无永久居民的牧区、戈壁沙漠，水、电、路等基础条件较差，电力缺乏，资源开发时不能就地加工利用，生产、生活物资需从外地供给，使得开发利用成本增加，造成了许多矿产地不能及时投入开发。

5）铁矿开发中，自然环境恶劣，海拔高、气候寒冷、工作时间短、工作效率低，基础设施差，增加了开发成本。铁矿开发利润空间小，导致业主采富弃贫，采易弃难。共伴生组分不能充分利用，有的矿山开采铁矿后对铜、铅、锌、镍、钴等矿体造成了破坏，严重浪费了资源。

6）铁矿开采与环境保护的矛盾逐渐显现。铁矿资源开采过程中，首先是开采对地表环境造成了破坏，其次是后期选矿冶炼为高耗能、高污染而且耗用大量的水资源，而矿区地处西部地区，水资源供应紧张，致使后期加工与水资源供应形成较大矛盾。

# 第四节　青海省地质环境与地质灾害现状研究

本产品为专业综合集成类产品，主要是在综合分析相关馆藏资料的基础上，总结地质环境与地质灾害研究成果，以方便水工环工作人员了解工作现状与基础。

自 20 世纪 50 年代成立青海地矿局，组建水文地质专业队伍以来，经历了 50 多年的发展变革，青海省水工环地质调查工作取得了较大的进展，并获得了较为丰硕的成果地质资料。

截至 2007 年年底，青海省范围内共完成各类水工环地质调查面积达 3485.19 万 km² （其中水文地质调查面积 35.89 万 km²，工程地质调查面积 432.37 万 km²，环境地质调查面积 2881.70 万 km² 等），水文地质钻探进尺 29.92 万 m。提交各类水工环地质调查及勘查报告 449 份，其中，综合水文地质调查报告 31 份、供水水文地质勘查报告 56 份、1:20 万区域水文地质普查报告 51 份，环境地质调查报告 42 份、工程地质调查、勘查报告 68 份、地质灾害调查报告 35 份、地下水资源调查报告 60 份、水源地勘查报告 29 份、地下热水和矿泉水调查 32 份。

青海省水文地质专业队主要承担全省境内各种比例尺水文地质、工程地质、环境地质调查以及城镇和工矿供水勘查、专项工程地质（水工、管线、地基等）勘查，城市地质、环境水文地质监测等。同时还配合重要矿区的地质详查、勘探工作进行了矿区水文地质调查工作。在工作选区上，全省水工环地质调查工作重点主要分布在 36°N 以北工农牧业相对集中分布区，其中以湟水、黄河谷地（青海东部农业区、西宁地区）和柴达木盆地为重点。因为这些地区在青海省国民经济发展中占着极其重要位置，如湟水流域面积 17 万 km²，占全省面积的 23%，人口达 340 万，约占全省人口的 65%，耕地 347 万亩（1 亩 ≈ 666.7m²），占全省耕地的 64%，工农业总产值占全省 56%（2007 年省统计年鉴）。同时柴达木盆地作为青海省循环经济发展的重要区域，近年来，在水文地质及工程地质调查方面也开展了大量的基础工作。

## 一、青海省水工环地质调查工作简史

青海水工环地质工作的进展与我省经济社会的发展息息相关，大致可分为如下几个发展阶段。

### 1. 综合水文地质普查阶段

该阶段自 20 世纪 50 年代中至 60 年代初，为掌握基本水文地质规律，解决国民经济建设中的急需，1958 年 8 月成立了青海省第一水文地质工程地质队。这期间主要按自然单元开展了 1:50 万和 1:20 万区域综合水文地质普查，兼作一些城镇和厂矿小水源供水勘查项目，和协同一些勘探矿区开展的矿区水文地质工作。共提交综合水文地质普查报告 31 份。

### 2. 重点开展农牧业供水水文地质勘查阶段

该阶段自 20 世纪 60 年代后期至 70 年代初期，随着全省水文地质工作重点的转移，主要开展了农牧业供水水文地质勘查工作，1973 年 11 月组建了青海省第二水文地质队，相继开展和完成了 1:10 万和 1:5 万农牧业供水水文地质勘查工作。这期间在昆仑山前、乌兰至德令哈及东部农业区的互助、乐都，民和等地区，先后进行了以农牧业供水为主题的水文地质调查，和以土壤改良、盐渍化防治的井灌井排的专题研究，这些成果取得对促进全省农业增产和东部农业区浅山治理工作发挥了一定的作用，共提交农牧业供水水文地质勘查报告 56 份。

### 3. 系统开展 1:20 万区域水文地质普查阶段

20 世纪 70 年代中期以来，原地矿部对全国地质工作进行统一部署要求，全省主要按国际图幅进行标准了 1:20 万区域水文地质普查工作。现已完成全省 1:20 万区域水文地质普查 51 图幅，调查面积 36.38 万 km²，占全省国土面积的 50.52%，开展水文地质调查钻探进尺 11.56 万 m。

### 4. 重点开展地下水资源调查评价阶段

进入 20 世纪 80 年代以来，工作重点主要为中心城市服务，相继开展了重要城镇及周边地下水资源调查评价和城市地质工作如编制了西宁市城市地质工作设计；加强了黄河流域龙羊峡至青铜峡段水文地质、工程地质勘查；为南水北调西线工程（方案）的论证部署了 1:20 万综合水文地质工程地质测绘调查等，共提交地下水资源调查评价报告 60 份，完成调查面积 28.54km$^2$，开展钻探进尺 1.76 万 m。

### 5. 水工环地质工作系统调查阶段

1988 ~ 1997 年年底，全省开展了 1：50 万，1：20 万，1：10 万，1：5 万等不同比例尺的水、工、环方面的系统调查工作，10 年期间全省共完成 1：50 万区域水文地质普查 19 815km$^2$；1：50 万区域工程地质调查 12 052km$^2$；1：20 万区域水文地质普查67 834km$^2$；1：20 万区域工程地质调查 47 900km$^2$；1：10 万水文环境地质调查 12 760km$^2$；1：10 万以县（市）为单元的区域水文地质调查 11 270km$^2$；1：5 万水文环境地质调查 3945km$^2$。勘查地下水大型水源地 3 处，中小型水源地 2 处，提交地下水可采储量 30.68 万 m$^3$／日。钻探总进尺 36 325.13m。此外，青海省第二水文地质队、柴达木综合地质大队和地质环境监测总站等单位，积极开拓地质市场，开展水源地勘探、地基勘探、厂矿环境地质评价、凿井工程、矿泉水勘查及地质灾害勘查、地质环境监测等增收工作，取得了较好的经济效益和社会效益，尤其是对地质灾害的预测、预报工作已引起了省政府和有关部门的高度重视。

### 6. 县市地质灾害调查与区划阶段

自 1998 年以来，随着我国地勘队伍的深化改革，青海省水、工、环工作得到了进一步发展，先后成立了青海省地质调查院，青海省水文地质工程地质勘查院，青海省环境地质局等单位。除全面完成国土资源部下达的指令性任务外，还根据青海省经济建设的需要和长远规划，大力开展了不同目的和不同精度的水文、工程、环境地质工作，取得了丰硕的成果。同时，积极开拓省内外地质市场，开展水源地勘探、地基勘探、公路及水电站建设用地环境地质灾害评估、县市地质灾害调查与区划、矿泉水勘查、地下热水资源调查评价、地质灾害治理可行性研究、地质灾害勘查和凿井工程等增收工作，取得了较好的经济效益和社会效益。提交的地质灾害与区域报告 35 份，调查面积 2.2 万 km$^2$，预计 2009 年全面完成省域内县市地质灾害调查与区划工作。

## 二、水工环地质调查工作重点成果

### 1. 不同比例尺的水文地质调查普查成果

（1）1：100 万区域水文地质路线调查

青海省第一水文地质大队，为配合 1：100 万地质区测分队，进行了 3 条（格尔木沿青藏公路至南部省界；共和南部经玛多、玉树、昂欠至南部省界；同仁以南经泽库、河南至班玛直至南部省界）路线的控制，初步揭示了青南地区的地质、地貌、冰川、冻土的梗概，和水文地质条件等特点，给全面认识全省水文地质特征创造了条件。编制出版了《青海省综合水文地质图（1：100 万）》，1966 年，第一水文地质大队；《青海省柴达木盆地综合水文地质图（1：100 万）》，1974 年，第一水文地质大队。

（2）1：50 万区域水文地质普查

柴达木综合地质大队，于 1980 年在柴达木盆地西北部的茫崖、甘森、马海、冷湖一带，采用以编为主、编测结合，并进行了必要的补充调查和水文地质钻探试验，完成编测面积5.45万km²，其中省内覆盖面积4.62万km²。投入钻探工作量4523.29m/27孔。基本查明了该区地下水的分布、埋藏、补给、径流、排泄条件。

1988年以来，柴达木综合地质大队在青海西部开展了1:50万区域水文地质普查工作。采取遥感图像解译、编测结合、野外路线调查等方法，初步查明了这些水文地质空白区的地貌特征，第四纪地层的分布，地下水类型及分布规律，地下水资源的分布状况以及多年冻土区的分布范围和季节性融化深度。提交的报告有：1981年的青海省海西州柴达木盆地甘森—台吉乃尔1:50万区域水文地质普查报告，1994年的青海省南八仙地区区域水文地质普查报告（1:50万），1998年的布伦台地区1:50万区域水文地质普查报告，1997年的开木棋陡里格地区1:50万区域水文地质普查报告，1999年的伯喀里克地区1:50万区域水文地质普查报告。

（3）1:20万区域水文地质普查

20世纪50年代至60年代初，在青海东部农业区和大通河流域，按国际图幅开展了1:20万区域水文地质普查，并遵照区域水文地质普查规范要求进行。截至2007年年底，全省完成了1:20万水文地质普查国际图幅48幅，以及马海、花海子盆地等9幅的区域普查工作，总面积为3638km²，约占省总面积的50.52%，钻探进尺11.56万m，多数图幅质量符合规范要求。有的并能突出图幅特点进行工作，如西宁幅突出了城市供水，对图幅内几处潜在水源地（西宁市西川的大堡子以西至扎麻隆峡口；南川河中下游古河床分布区，湟中县的青石坡、大源至斑沙尔地段等）进行了论证，经调查证实了图区内地下热矿水资源比较丰富，有不同温度，不同类型矿泉点27处，水温从小于15℃的冷泉到高达86℃以上热泉均有分布。还有些图幅，如达布逊幅［J-46-(30)］，盐胡幅［J-46-(29)］采用编测结合方法，进行了多次航片卫片判读，并使用微机进行了大量数据处理，在搞清区域水文地质条件基础上进一步阐明察尔汗盐湖、锡铁山矿区水文地质条件，初步论证了青海钾肥厂第一期工程的开采条件，并对开采后的动态变化进行了初步预测。

通过1:20万区域水文地质普查工作，阐明了区域水文地质条件和一般工程地质条件。①基本查明了各图幅区域地下水的形成、分布、埋藏、补给、径流及排泄条件；基本查明了区域地下水水化学特征；概略确定了各区岩土体类型和主要工程地质特征。②计算了区内地下水资源，指明了调查区主要富水地层、分布地段及农牧业供水方向。③查明我省多年冻土区下限为海拔3800~4300m，多年冻土厚度为6~61m。初步查明了冻结层上水、冻结层下水和冻结层间水的富水性和埋藏条件，指明冻土区具有供水意义的地段主要为构造融区，初步揭示了高海拔冻土发育区动力地质现象与海拔高程的密切关系，并大体确定了热融湖塘、冻胀丘、石川、石海及岩屑坡的发育高度。④在称多幅的珍秦盆地和阳康幅快日玛乡一带，首次发现了大厚度第四系砂砾石含水层。这一突破性成果为青南高寒地区第四纪研究和盆地水文地质条件的认识提供了宝贵的资料，同时也为研究青海湖第四纪以来的发育和变迁提供了宝贵资料。

（4）1:10万区域水文地质普查及农牧业供水勘查

自20世纪60年代开始至70年代中期先后在贵德、乐都、民和、门源、湟中、海晏、同德、格尔木、大小灶火、尕海、诺木洪、大格勒、宗家—巴隆、希里沟至德令哈、共和盆地等地区进行了 1∶10 万及 1∶5 万农牧业供水水文地质勘查。为治理浅山地区扩大农田灌溉面积，发展草场，增加牧草资源，改良草原做出了贡献。

为进一步了解青海省地下水资源的分布及开发利用情况，为地下水资源管理提供基础资料，从 1996 年开始我省开展了以县（市）为单元的 1∶10 万区域水文地质调查工作，现已完成平安县、乐都县、民和县、互助县和西宁市（含大通县）及天峻县野马滩等地区 1∶10 万区域水文地质区调工作，并提交了相应的成果报告 7 份。进一步查明了区内地下水天然资源量、开采资源量和现状开采量，确定了区内尚有开采潜力的地段，为我省地下水资源规划提供了基础资料。

### 2. 地下热水及矿泉水勘查成果

青海省境内有较丰富的地下热矿水资源，据不完全统计，至 2007 年底全省已发现地下热水点 74 处，经勘查评价的地热田和热矿泉 27 处，共探明地下热水资源量 25 802m³/日，其中温度 25～40℃的 6444m³/日，40～60℃的 10 921m³/日，60～90℃的 8437m³/日；按储量级别划分，B 级 649m³/日，C 级 6371m³/日，D 级 18 782m³/日。全省开发利用的地下热水两处，即贵德县扎仓和西宁市青海宾馆。

2007 年青海省环境地质勘查局在共和盆地恰卜恰镇实施的 1 眼探采结合井，井深 1203.48m，井底温度 83℃，水位埋深 73.62m，降深 37.22m 时井出水量 1136m³/日，井口水温 72.5℃，矿化度 1.4g/L，pH 值 8.43。首次探明共和盆地恰卜恰地共地下热水具有水温高、水量丰富、水质优，热储条件具有埋藏浅、厚度大、易开采的特点。提交地下热水报告 6 份，提交矿泉水报告 16 份。

（1）青海省贵德地区地下热水初步勘查

贵德盆地分别与共和盆地、西宁盆地、尖扎盆地构成天然分界，属青海贵德县所辖。由青海省第二水文队三分队承担，任务是地下热水初步勘查。完成主要工作量：路线调查面积 312km²，钻探 1609m 5 个孔，水样 19 个，剖面长 9km。热矿泉区域分布为北北西向同河西系延伸方向一致，并追踪着印支期花岗岩体，足见其三者的依存关系，河西系北东东向张裂带为控热导热构造。中生代印支期花岗岩岩浆余热，是热能的重要供给来源。贵德沉陷区构造层型热自流水，其热量是由基底隐伏断裂、引通深部热源以混合作用和"洪烤"作用而供给，主要含水层为上新统中、下组；晚近地质时期以来经历了不同的发展阶段，所以形成了彼此毫无关系的热异常区。孔底实测温度达 64℃，孔口水温达 28℃。

（2）青海省西宁市地下热水资源调查评价

青海省西宁市地下热水资源调查由青海省水文地质工程地质勘查院承担，调查区为西宁盆地，面积为 9500km²，其中西宁市区约 500km² 为重点调查区。目的是为本区热水资源开发利用提供依据，确定地下热水开采靶区。完成主要工作量：1∶5 万地质修测 520km²，民井调查 113 个，泉水调查 83 个，地热孔复查 6 个，钻探水样 95 件，物探剖面 20.88km/5 条。通过资料收集、地质遥感解译、水文地质调查、物探等手段，取得的成果表明西宁盆地地热区热储分布范围广、厚度大、性能好，具有较大的开发价值。报告在论述了调查区有关的地层、岩性、地质构造及地热矿水分布后，将地下热水分为断裂构造型和断陷盆地型两个类型和门旦峡、药水滩、子沟峡、冷岭山、小峡、西宁 6 个地热异常区。进一步划分了双树凹陷区、西宁凸起区、总寨凹陷区和韵家口—曹家沟凹陷区四个亚区，其热储层为白恶系及侏罗系中统的泥岩、砂岩、砂砾岩。概算地热区天然资源量 105.48 百万 $m^3/a$，推断西宁凸起区预可开采量为，热量 102.93 万亿 kJ/a，水量 64.5 百万 $m^3/a$；基础储量为热量 25.53 百万亿 kJ，水量 53.15 百万 $m^3/a$；其余 3 个亚区预测资源量为热量 213.16 百万亿 kJ，水量 235.12 百万 $m^3/a$。同时根据西宁盆地地下热水弹性储量小的特点，预测和评价了与地热开发有关的环境问题及解决方法。

（3）青海省湟中县拉鸡山断裂带地下热水资源评价

湟中县位于青海省东部，湟水流域中上游，属西宁市管辖，交通方便。由青海省水文地质工程地质勘查院承担，本次工作完成主要工作量为 1∶5 万综合水文地质调查 510km²，水文地质剖面 3.05km，水质全分析 13 组，矿泉分析 6 组。通过资料收集、水文地质调查、物探等手段，基本查明了湟中县拉鸡山断裂带区域地质及水文地质条件，地下热水、矿泉水露头特征及利用现状；地下热水、矿泉水形成的地质构造，地下水的补、径、排条件，地下热水的动态特征。本报告在分析了解区域地质水文地质及地下热水形成的构造地质条件下的基础上，对门旦峡和药水滩两个地热异常区的控热条件、热储温度和形成特征进行了较详细的阐述，大致圈定了地热异常区范围，对地热及饮用天然矿泉水的资源量进行了概算。门旦峡和药水滩异常区均属中低温小型地热田，主要特征为热储呈带状，受构造断裂控制，地热区规模较小，异常显示以地面出露温泉为特征。门旦峡异常区范围面积为 0.35km²，热储温度为 41.5～62.3℃，水质较好，水量丰富，地热资源量为 $4.46\times10^{16}$ J，可采量为 $8.92\times10^{15}$ J，可采年限为 686 年，可采水量 1198.54m³/天；药水滩异常区范围面积为 1.4km²，热储温度为 42.47～70.15℃，地热资源量为 $8.19\times10^{16}$ J，可开采量 $1.64\times10^{16}$ J，可采年限为 199 年，可采水量 864m³/日。

（4）青海省西宁北川地区地下热水资源勘查开发前期评价

由青海省水文地质工程地质勘查院承担。通过本次对工作区地面地热地质调查、综合物探地热地质调查、遥感解译和浅层地温调查及基础资料综合研究分析，北川地区共圈定两个地热异常区，其中，生物园—二十里铺地热异常区（Ⅰ）面积为 32.32km²，后子河—长宁地热异常区（Ⅱ）面积为 17.35km²。工作区基底总体呈现"一凹一凸"的次级起伏状态，由南北总趋势逐渐抬升，由深 3000m 渐变为 1100m。热储层岩性为白垩系及侏罗系中统的泥岩砂岩、砂岩及砂砾岩。其中生物园—二十里铺地热区推测热储温度平均值为 71℃。是最适宜开采区。后子河—长宁地热区推测热储温度平均值为 45℃，是适宜开采取。旱台—赵家磨区上部热储厚度薄，为差的开采区。

（5）西宁市城南新区地下热水普查

2004 年由青海省地质调查院承担的西宁市城南新区地下热水普查，调查区地处青藏高原东北部的西宁盆地南部地带，北起南川谷口的胜利公园，南止拉鸡山前的药水滩，东西两侧以南川河分水岭为界，交通方便。完成主要工作量为 1∶5 万地热地质调查 150km²，调查点、地质点、构造点 75 个，地热井 7 眼，采集水样 2 组，搜集利用水点 30 个，1∶1万构造剖面 12.54km。基本查明了上新庄—胜利公园一带的地热地质结构，将全区分为两个地热异常类型：即隆起带断裂型地热异常区和沉降盆地型地热异常区，并初步建立了构造热储概念模型；通过地面调查和综合分析，提出城南新区一带发育有浅层淡承压自流水，有望凿成一眼涌水量为 800m³/日、孔口水温为 45℃ 左右的地热井，进而为探采结合井的实施提供了依据，并确定了具体井位。以所建立的构造热储概念模型为指导，总结出的深层地下热水系统基本合理；利用瞬变电磁测深、电测深、可控源大地电磁测深地热物探勘查成果，确定的控热、控水断裂构造和热储赋存部位基本合理，为探采结合地热井井位确定提供了充分的依据。

（6）矿泉水调查评价

自 1998 年以来，青海省对平安县开然矿泉水（3 处）、海晏县天然矿泉水（3 处）、民和县七里寺矿泉水、互助县巴扎乡药水沟矿泉水、河南县曲海矿泉水、化隆县昂思多乡、门源狮子沟口、格尔木市野牛沟等天然矿泉水水源进行了评价，为当地地热资源和天然矿泉水的开发利用，提供了有力的依据。青海东部为一良好的矿水地，矿泉广布于东部七万多平方千米范围内，东起乐都西至茶卡，北达刚察，南至兴海，交通不便。调查矿泉 10 个，1∶5 万矿泉调查面积 105km²，1∶2.5 万矿泉调查面积 40km²，水样全分析 19 个，简分析 35 个。矿水主要有深部裂隙循环水和以岩浆活动为背景的断裂带深部裂隙循环水两种基本类型，主要受北北西—南南东、北西西—南东东两组断裂所控制。矿泉浅出及其径流条件直接受近期侵蚀切割作用的强度所控制。矿泉的化学成分表明，它们是溶溜形成的，水化学作用过程经历了一系列变质、混合等更加复杂的过程。

截至 2007 年年底省内已发现和认定的饮用天然矿泉水水源地有 31 处，已进行勘查评价的有 21 处，经省储委审批的有 18 处，共批准饮用天然矿泉水开采量 19 589.88t/日，其中 B 级为 7712.28t/日。全省开发利用矿泉水水源地 4 处，可开采总量为 6260m³/日。

### 3. 城镇及厂矿等供水水文地质勘查成果

自 20 世纪 60 年代初期至 80 年代后期，青海省先后在西宁、格尔木、乐都、大通、互助、平安等地区，完成了 10 多个县市、厂矿企业和城镇供水水文地质勘查约 37 处，水文地质钻探 3.7 万 m，基本扭转了城市供水紧缺的局面。提交了塔尔、丹麻寺、多巴 3 个大型水源地详勘报告，为西宁市的发展提供了后备资源。

（1）青海省西宁市塔尔水源地水文地质勘查

青海省第二水文地质队承担，任务是水文地质勘查提交储量。完成主要工作量为冲击钻 467m，回旋钻 516m，抽水试验 12 孔 24 次，地面测绘 103km²，水文地质点 96 个，各种水样 176 个。塔尔地区地下水资源丰富，有多组具有不同供水意义的含水岩组，其中北川河谷全新统砂卵砾石及中新统含泥质砂砾石含水岩组最好。地下水主要补给来源是宝库河、黑河、北川河河水，水化学性质类型属重碳酸–钙型、矿化度小于 0.5g/L，总硬度小于 14 德国度（1 德国度 = 10mg/L CaO）。近期开采地段可开采量为 119 017.73t/日，径流量为 100 440.12m³/日，调节量为 22 838.9m³/日，有补给保证。

（2）青海省湟中县丹麻寺水源地水文地质详勘

该项目由地质二队承担。丹麻寺水源地位于青海省湟中县西川河一级支流——西纳川下游河谷中，东距西宁 25km，交通方便。为查明详勘区水文地质条件，该队在河谷不同地段分别进行了 1∶5 万、1∶2.5 万、1∶1 万水文地质测绘，实测了各河流量，作了一年的动态观测，打了大口径水文地质钻探 423.55m/11 孔。普通口径水文地质钻探 860m/21

孔，群孔抽水试验 144 小时/1 组，多孔抽水试验 108 小时 40 分/5 组，单孔抽水试验 24 小时 20 分/2 孔。查明了西纳川河谷平原含水层厚为 20～30m，渗透系数为 121～260m/日，给水度为 0.18，地下水埋深小于 10m，地下水位年变幅 0.5～2m，水质优良。拦隆口至丹麻寺地段河水补给地下水，丹麻寺以南地段地下水补给河水。自合尔营至油坊台为该处地下水最有利的开采地段，地下水储存量为 0.87 亿 m³，可开采量为 8 万 m³/日。

（3）青海省湟中县多巴水源地水文地质初勘

该项目由第二水文地质队一分队承担，任务是查明多巴地区水文地质条件，为进一步详勘提供水文地质依据。多巴水源地位于西宁市以西 25km 处，交通方便，属湟中县所辖。完成 1：2000 水文地质测绘 47.5km²，钻探大小口径 13 孔 538 米，水样 56 个。基本查明了区内含水层特征、地下水补、径、排条件及地下水化学特征；采用多种方法计算水文地质参数及地下水资源量，并初步论证了开采资源的保证程度。计算出地下水天然补给增量为 13.17 万 m³/日，开采量为 12 万～13.3 万 m³/日，开采补给增量 5.22 万 m³/日，资源计算精度达到 B 级。

（4）青海省海北州西海电厂供水马匹寺水源地水文地质详查

为了满足青海省海北州拟建西海电厂用水需求，提供 C 级地下水允许开采量 2.7×10⁴m³/日。2000 年，青海省水文地质工程地质勘查院在青海省海北州包忽图河河谷区进行了供水水文地质详查工作，取得的主要成果：①基本查明了含水层的空间分布及水文地质特征，地下水的补、径、排条件及动态变化规律，确定了有代表性的水文地质参数，圈定了富水地段。②计算了天然补给量并结合开采方案，初步计算了允许开采量，指出新增开采井 10 眼，开采量为 2.88×10⁴m³/日，开采区井群中心枯水期水位最大下降值为 5.94～8.30m，不会影响下游现有水源地的开采。解决了该工程的用水问题。

（5）格尔木二期供水水源地勘探

该项目由局属青海省柴达木综合地质勘查大队承担。水源地位于格尔木市南格尔木河冲洪积扇中部，勘探工作从 1998 年 10 月至 2000 年 10 月，勘查面积为 178km²，共完成水文地质钻探 1769m。勘探区为大厚度潜水含水层，富水性特强，单井涌水量为 9000～19 000m³/日，水位埋深为 36～38m，地下水资源量大于 4.8 亿 m³，最终提交 B 级可采储量 10 万 m³/日，探明大型水源地一处，为格尔木市的可持续发展提供了保证。

（6）青海锶业科技股份有限公司茫崖供水水源地勘探

项目由青海省柴达木综合地质勘查大队承担。该水源地位于祁漫塔格山北麓，老茫崖冲洪积扇前缘。勘查工作从 2001 年 8 月开始，到 2003 年 9 月结束，勘探面积为 100km²，共完成大口径水文地质探采结合孔 11 孔，普通口径勘探孔 14 孔，总进尺为 3545m。基本查明了含水层的空间分布及水文地质特征，地下水的补、径、排条件及动态变化规律，确定了有代表性的水文地质参数，圈定了富水地段，计算了天然补给量并结合开采方案，初步计算了允许开采量。探明地下水资源量为 9.83×10⁸m³，允许开采量可达为 20 000m³/日，解决了大风山锶业科技有限公司天青石矿选厂建设和本区居民生活用水问题。

（7）那陵郭勒河水源地勘查

该项目由局属青海省柴达木综合地质勘查大队承担。水源地位于那陵郭勒河冲洪积扇前缘，勘查工作 2002 年 3 月开始，2003 年 10 月结束。通过水文地质钻探等工作，查明了水源地范围内含水层的岩性、结构、厚度、分布规律等。该区潜水含水层富水性特好，通过抽水试验单井涌水量可达 5000～10 000m³/日。共完成大口径水文地质孔 16 孔，探明该地区地下水资源量大于 10 亿 m³，可采储量为 8 万 m³/日。为西台锂矿开发提供了保证。

（8）大水沟水源地

该项目由局属青海省柴达木综合地质勘查大队承担。水源地位于大水沟冲洪积扇前缘细土平原带，勘查工作 2000 年开始，至 2004 年结束，共完成大口径水文地质勘探孔 16 孔，勘查面积 50km²。本区地下水为承压自流水区，含水层主要为含砾中粗砂、细粉砂，厚 3～15m，水头 8～15m，单井涌水量 800～2000m³/日，为察尔汗地区部分盐化企业提供了生活用水。

现在，尚有青海省水文地质工程地质勘查院承担的青海省海西州鱼卡煤矿塔塔棱河水源、青海省华电大通有限公司供水堡子水源地扩大开采等水源地项目正在紧张实施中。

### 4. 水工环综合勘查评价工作成果

自 1988 年以来，青海省先后开展的水工环综合勘查评价工作有西宁地区水文、工程、环境地质综合勘查评价、黄河上游河湟谷地经济开发区和柴达木盆地重点经济开发区水资源与地质环境综合调查评价、德令哈农场尕海灌区水文地质环境地质勘查等。通过工作取得如下成果：

1）进一步查明了勘查区地下水的形成、贮存和分布规律，详细论述了水化学成分的形成条件和演化规律。

2）对工农业和生活需水量进行了预测，指明了区内有开发潜力的地段和水资源供需矛盾突出的地区。

3）通过试验得出大厚度潜水区地下水富水性、径流强度与其所在深度的关系，指出在同一含水层中随深度的增加，富水性变弱，渗透系数变小，并得出了上、中、下段渗透系数之比值。

4）查明湟水流域和柴达木盆地的主要环境地质问题，对各种环境地质问题进行了深的探讨，并初步提出了防治对策建议。

5）查明了西宁地区的工程地质条件和不同岩土体的工程地质性质。指出适宜、有条件限制的适宜和不适宜规划建设的地段。

为了探讨激化开采和人工回灌增大地下水开采量的可能性，还开展了西宁市供水西纳川地下水回灌水文地质勘查试验工作，得出只要对回灌水略加处理或在河水高混浊度期停灌，并对渗坑定期清淤，完全可以在西纳川引河水进行人工回灌的结论。

在实施"西北地区地下水资源勘查特别计划"过程中，开展了格尔木东部（格尔木—诺木洪）地区地下水勘查和乐都盆地黄土红层缺水区地下水勘查工作，查明了格尔木以东山前冲洪积扇的含水层结构及富水性，并初步查明了扇前细土平原盐渍土分布规律；查明了湟水河谷潜水的分布、富水性及化学特征。在严重缺水的乐都县高庙地区找到了淡承压水，解决了当地一千八百多人的饮水问题。

1987～1994 年为南水北调西线工程规划研究，提供区域性、基础性地质资料；为引水工程规划、部署、引水线路比选提供区域工程地质，特别是区域稳定性评价依据。青海省第二水文地质队，开展了《南水北调西线工程超前期工作区域工程地质及区域稳定性评价》课题的科研工作。报告在多项专题研究成果的基础上，通过对构造应力形变场特征、现代块断活动性等，特别是对断裂的活动性进行了深入分析研究，对区域稳定性作出了综合评价；系统全面地论述了工作区的区域地质、工程地质条件，对引水工程规划的区域工程地质条件和主要工程地质问题等进行了深入分析研究和探讨，为下一步工作奠定了基础；编制地质图、区域工程地质图、区域稳定评价图等有关图件，内容丰富，较好地反映了该地区的客观实际，是一份较好的系列性图件。经审查，认为该成果是一份优秀的报告。南水北调西线工程超前期工作区域工程地质和区域稳定性评价。取得的主要成果为：

1）对区域性断裂的活动性进行了深入的分析和研究，对区域稳定性作出了综合评价。

2）查明论证区南部冻土下限为4250～4350m，北部下限为3900～4000m，冻土层厚40余米，地表季节性融化层厚1.1m。

3）查明了论证区岩土体力学性质和外动力地质现象，并对工程地质条件和主要工程地质问题进行了深入分析和探讨。

4）论证了西线调水在地质条件上的可能性，特别提出和推荐多河一线和通雅联合调水方案作为西线的代表方案。

### 5. 环境水文地质调查工作成果

环境水文地质工作的开展是随着城市生产建设的发展和矿产资源的开发而逐渐进行的，在20世纪50年代末至60年代初，在西宁地区开始以地下水动态观测工作为主，建立井、泉观测点，此后中断。至70年代初在西宁南川水源地首先开展了地下水动态观测工作，之后随着新水源地的建成和后备水源的勘查，相继在北川塔尔水源地（1982年）、西川丹麻寺水源地（1984年）、黑磷河—宝库河地区，平安白沈家沟（1985年）和西川多巴水源地开展了地下水动态观测工作，总计水位观测点139个。北川和南川水源地为建长观孔，投入钻探工作量2084m/58孔；格尔木为建长观孔投入的钻探工作量2937.74m/54孔。通过井、泉、钻孔观测工作，了解地下水年与多年的变化规律，应用各种方法核实地下水资源量，挖掘地下水开采潜力。

为了掌握盐湖地表卤水及晶间卤水动态变化规律，20世纪60年代中期就在察尔汗盐湖矿区，建立了观测网进行了水温、水位与水质监测，为该钾盐矿床的开发提供了必要的资料。1969年该项工作移交给矿床开采部门。

（1）环境地质调查工作

随着国民经济的发展，环境地质工作的重要性和紧迫性日益突出。1988年以来青海省先后安排了河湟谷地及柴达木盆地环境地质监测评价、乐都县七里店地区地下水位上升灾害治理试验、海南州河卡塘格木地震地质调查、格尔木流域及察尔汗盐湖矿产开发区环境地质调查、青海省地质灾害现状调查等工作。

通过工作初步查明了我省地质灾害的主要类型及分布特征。指出：青海东部地区是斜坡变形、水土流失严重地区，其中以湟水流域灾害损失最大，发生率最高；黄河龙羊峡以下段水能开发区是大中型崩塌和滑坡体分布集中地段，大量不稳定边坡的存在，给大型水利枢纽带来巨大的隐患；柴达木盆地以风沙灾害为主；青海南部地区以冻融灾害为主。

阐述和探讨了格尔木及察尔汗地区主要环境地质问题的成因、演变和危害；初步评价了重点工程的环境影响；初步圈定了格尔木地区地下水主要污染组分、污染范围和污染源；初步查明了锡铁山选矿废水中重金属在包气带中滞留和被吸附的基本情况，并初步认定近期不会对盐湖资源造成危害；查明了塔尔寺古建筑群地基变形的原因；基本查清了七里店地区地下水位上升的原因，提出了灾害治理方案和建议；初步查明了河卡塘格木地震震中位置和发震原因。

（2）地质环境监测工作

地质环境监测工作是一项公益性事业，是为政府职能服务的，青海省从70年代初开始这项工作。1986年2月成立了青海省环境水文地质总站简称总站，标志着青海环境水文地质工作进入了一个新的阶段。总站的任务是负责全省和重点城市的环境水文地质工作，进行地下水动态监测，不断对开采水源地的资源量进行核算，实施对地下水资源开采的科学管理；开展环境地质方面的科研和情报工作。了解和掌握各种环境因素对地下水化学元素迁移变化的影响，调查研究与地方病有关的水文地球化学问题；进行全省环境地质的协调工作等。

根据地下水动态监测资料，进一步评价了各水源地地下水允许开采量和可靠程度；圈定了地下水污染范围，确定了污染程度和污染源，提出了防治措施；每年以季报、年报和水情通报的形式向有关部门提供了情报和决策依据。

从1991年开始青海省地质环境监测又增加了地质灾害的调查、巡测和监测工作。通过此项工作，较全面地掌握了我省东部地区地质灾害的类型、特征和分布、发生状况。对突发性地质灾害的调查、统计工作和对危险灾害体的监测、预测、预报工作已取得了较好的社会效益。

### 6. 地质灾害与防治调查成果

（1）县市地质灾害调查与区划

1998年以来，青海省地质调查局先后在青海省民和县、互助县、湟中县、尖扎县、贵德等县开展了县市地质灾害调查与区划工作，进行了1：5万灾害地质调查，面积覆盖各县所有的乡镇、行政村、厂矿、公路及水库水电站等对国家、人民生命财产可能造成损失的地点，查明了各县范围内的地质灾害的类型、分布、规模、形成条件等特征，通过分析确定了各类地质灾害隐患点，并基本查明了各类地质灾害隐患点的基本特征、形成条件、诱发因素、稳定状态、发展趋势、危害程度及危险性，对危险性大的地质灾害隐患点建立了防灾预案，并协助当地政府建立地质灾害群测群防网络，对危险性大的地质灾害点做了险情专报，并上报上级主管部门，采取了相应的应急措施。

（2）公路建设用地、水电站工程建设用地地质灾害危险性评估

随着国家西部大开发战略的实施，青海省基础设施的投资力度不断加大，面临的环境地质问题也越来越突出。自1998年以来，青海省共完成公路建设用地地质灾害危险性评估30项，基本查明了评估区内地质灾害的类型、分布、规模、形成条件等特征，合理界定了地质灾害危险性评估区的范围，对公路建设本身、工程建设诱发或加剧地质灾害的可能性进行了预测评估，水电站工程建设用地地质灾害危险性评估两项，阐述了基础地质环

境条件，说明了地质灾害现状，进行了地质灾害预测评估和综合评估，提出了地质灾害的防治措施。

（3）西宁市北山寺滑坡地质灾害勘查及地质灾害治理可行性研究

2002 年，青海省水文地质工程地质勘查院受西宁市政府委托，对西宁市北山寺滑坡进行了地质灾害勘查及地质灾害治理可行性研究，通过工程地质测绘、工程钻探、山地工程、工程测量、物探、动态观测等方法，查明了作为青海省重点文物保护单位北山寺地区滑坡的类型、分布范围、规模以及形态特征，滑坡区地层结构、地下水赋存及滑坡体结构特征，滑坡体岩土物理性质、滑带及重要结构面物理力学性质，建立监测网进行滑坡变形监测，提出了滑坡治理工程方案及建议。

（4）长江三峡库区三期地质灾害防治工作

2003 年，青海省水文地质工程地质勘查院拓宽市场范围，承担了三峡库区三期地质灾害防治规划重庆市涪陵区、武隆县共 26 处（其中涪陵区 22 处、武隆县 4 处）库岸地质灾害规划阶段调（勘）查工作。通过工程地质测绘、实地剖面测量、槽探、实物指标调查等手段，初步查明了库岸的地质环境、规模、结构、蓄水前后的稳定性、可能成灾范围及该范围内的主要实物指标，对地质灾害的危险性、危害性和防治的必要性作出了初步评价，提交了防护工程和防护方案意向分析，对搬迁和工程治理的经费进行了初步估算及比选，提出了意向性防治对策和防治方案，提出了防治规划建议，报告一次通过"三峡库区地质灾害防治工作指挥部"组织的专家评审。

## 三、2000 年以来水工环地质调查与研究工作成果

### 1. 青海省湟中县区域水文地质调查

1998～1999 年，青海省水文地质工程地质勘查院，在湟中县开展了 1：5 万区域水文地质调查工作，采取资料收集、地面测绘、典型地段调查、开采井施工等方法，基本查明了湟中县全县的地貌特征、第四纪地层分布、地下水类型及分布规律，地下水天然资源量、开采资源量和现状开采量，区域含水层系统因地下水开采和工程建设引起的补给、径流、排泄条件的改变，开采量衰减、水质变异以及由此产生的地质环境变化情况，确定了区内尚有开采潜力的地段，为地方政府贯彻执行取水许可制度和进行综合规划、合理开发地下水资源，为地矿部门确定地下水允许开采总量、井点总体布局和取水层位、地下水资源开发利用实施监督管理提供了依据。

### 2. 青海省柴达木盆地地下水资源调查

2001～2002 年，青海省水文地质工程地质勘查院开展了柴达木盆地地下水资源调查工作，通过资料收集、水文地质遥感解译、水文地质调查、水环境质量调查、两次瞬时测流、建立长观点、水样采取等方法，取得了以下成果。

1）认定柴达木盆地是一封闭的中新生代断陷盆地，全区地形由四周山区向平原区依次为山地、戈壁、风蚀丘陵、沼泽和盐湖等地貌形态。

2）认定柴达木盆地地下水类型主要为松散岩类孔隙水、碎屑岩类孔隙裂隙水、碳酸盐岩类裂隙岩溶水、基岩裂隙水和多年冻结层水。

3）对盆地地下水天然补给资源量、可开采资源量和水资源利用现状进行了复核调查复核结果为山区地下淡水分布面积 128 120.10km$^2$，天然资源 36.8063×10$^8$m$^3$/日；平原区地下淡水区面积 44 055.93km$^2$，天然资源 38.366×10$^8$m$^3$/日；全盆地天然资源 45.0852×10$^8$m$^3$/日；其中山区与平原区重复量为 30.0871×10$^8$m$^3$/日。盆地内潜水可开采资源17.7486×10$^8$m$^3$/日，承压水可开采资源 2.6659×10$^8$m$^3$/日；微咸水分布面积 1687km$^2$，容积储存量 145.272×10$^8$m$^3$/日，可开采资源 0.4285×10$^8$m$^3$/日。

4）寻找并圈出了一批地下水资源开采远景区和尚有开采潜力的地段，并对可开采资源量进行了初步评价，提出合理利用与保护盆地地下水资源的建议，为柴达木盆地资源的合理开发，经济社会的可持续发展提供了地下水资源开发利用依据。

### 3. 柴达木盆地地下水资源及其环境问题调查评价

此项目是中国地质调查局根据国家经济建设重点西移和实施西部大开发的宏伟战略，结合柴达木盆得天独厚的资源优势和盆地内社会经济发展需要而部署的一项高起点地下水资源及其环境问题调查评价项目。2001~2003 年，青海省地质调查院开展了此项目的调查评价工作，通过水文地质调查、水文地质钻探、遥感解译、数据库建设等方法，取得了以下成果。

1）查明了柴达木盆地地下水系统的空间分布与结构以及重点地区地下水补给、径流、排泄条件及其变化特征，并建立了水文地质参数序列。确定柴达木盆地为一个封闭内陆干旱盆地，山区是盆地内地下水资源补给区，山前戈壁砾石带是地下水径流区，盆地中心为地下水排泄区；区域上柴达木盆地分为 3 个水文地质区：南盆地、北盆地和西盆地；山区流入盆地的河流径流量，基本代表了全盆地的总水资源；查明了山区河流对平原区地下水的入渗补给量为 41.28 亿 m$^3$/日；精确圈定了农田分布范围，调查了农灌区包气带岩性结构；初步查明全区地下水开采量为。10 263.976 万 m$^3$/日，其中人畜饮用水 5758.823 万 m$^3$/日（包括城镇供水）；工业用水 2348.782 万 m$^3$/日；农灌用水 447.413 万 m$^3$/日；草场灌溉用水 36.5 万 m$^3$/日。基本查明了柴达木盆地地下水的分带特征。横向上：含水层在山前带自成体系，相互间无水力联系，水资源分布极不均匀，贫富相差甚大；在冲洪积扇前缘—冲湖积平原区，含水层相互联通，形成大范围分布、相互间具有水力联系的统一的多层含水层系统。纵向上：具体表现为由山前到湖盆中心，由单一的潜水层变为多层的承压—自流水，含水层岩性由粗到细，厚度由大变到小，富水性由强到弱，径流条件表现为强—弱—停滞，水化学作用也相应出现盐分的溶滤、搬运、积聚等。

2）通过不同流域的水文地质钻孔，得出了咸潜水自上至下垂向分布规律为顶部咸潜《或承压）水系统，中部淡承压（或自流）水系统，深部咸（苦）自流水系统。

3）开展了与地下水相关的环境地质问题调查，初步查明工作区存在的与地下水有关的环境问题有六大类：①地下水污染；②过量开采或不合理开发利用地下水引起地下水位持续下降导致的咸水入侵、区域降落漏斗、水质咸化；③人为造成的水资源衰减；④土壤次生盐渍化；⑤治理环境问题措施不当，而引起新的环境问题；⑥深层承压水自流井成井后未封口，长年自流，水资源浪费严重。

4）在格尔木河流域平原区等重点地区建立了地下水系统数值模型，准确评价了地下水资源的生态功能与环境功能。指出地下水在柴达木盆地的生态、社会环境功能具体表现为养育绿洲、泄出成湖等特殊景观的旅游价值、观赏价值，同时以"以自然属性为主，兼顾社会属性；突出主功能，兼顾其他功能，着眼于维持生态平衡和生态环境保护"的基本原则，将柴达木盆地划分为 4 个功能区：①山前戈壁带地下水补给、径流功能区；②砂砾石带地下水开发利用功能区；③冲湖积平原细土带地下水排泄功能区；④盆地中心地下—地表咸卤水（盐类矿产）资源功能区。

5）建立了地下水资源及其环境问题空间数据库，为区内重大工程建设、地下水资源合理开发利用及生态环境保护提供了科学依据，也为全国地下水资源及环境地质问题调查评价项目提供了数据。

### 4. 柴达木盆地南缘地下水勘查

此项目是中国地质调查局紧密结合新一轮国土资源大调查，围绕地方经济发展而部署的一项勘查评价项目，1999～2000 年，青海省地质调查院开展了此项目的工作。通过资料收集、水文地质测绘、水文地质钻探、水文地质调查、探井等方法，基本查明了区内地下水的赋存条件及分布规律，分别对地下水类型和含水岩组的富水性，补给、径流与排泄条件作了系统的分析总结，并对地下水水化学的形成演变及水质进行了评价；采用补给量综合法计算全区地下水天然资源量为 132 200 万 $m^3$/日，其中河水补给量 11.67 亿 $m^3$/日，占总补给量的 88.3%，渠道、田间渗入补给量 0.79 亿 $m^3$/日，占总补给量的 6.0%，山区基岩裂隙水补给量 0.02 亿 $m^3$/日；对各冲洪积扇的潜水和承压水的储存量进行了概算，同时将各地区地下水可开采资源也进行了评价。指出地下水资源在近期内可满足目前工农业生产之需；较详细介绍了测区细土带土壤盐碱化的类型特征与分布规律，对盐碱土及次生盐渍化的形成原因进行了论述，提出了盐碱土改良的水文地质途径；结合测区地下水资源的分布特征、各地对地下水开发利用程度与地区经济发展，指出了各农业开发区及城镇供水水源地远景地段，提出了对地下水开采利用的建议。

### 5. 21 世纪初期格尔木水资源可持续利用规划研究

2001 年，青海省柴达木综合地质勘查大队承担了该项目工作，基本查明了含水层的空间分布及水文地质特征，地下水的补、径、排条件及动态变化规律，确定了有代表性的水文地质参数，为格尔木水资源可持续利用提供了依据。

### 6. 黄河源区 1∶25 万生态环境地质调查

该项目是中国地质调查局下达的集科研、生产于一身的部级大型项目。由青海省地质调查院与中国地质大学（北京）联合实施。其主要任务是在补充调查基础地质条件的基础上，重点调查晚更新世以来的地质环境变化，区域水文地质状况及其历史变化，主要生态环境地质的历史和现状变化。主要目标是提高黄河源区生态环境调查研究程度，查明黄河源区黄河断流和生态环境变化的地质原因和发展演化趋势，探讨黄河源区黄河断流和区域地下水位下降对中下游水资源和地质环境变化的影响，为黄河源区的生态环境保护和治理黄河提供科学依据，为当地农牧业布局和经济可持续发展提供决策依据。经过项目组全体工作人员近三年的野外和室内工作，圆满完成或超额完成了任务。在第四纪与生态环境、黄河源区区域水文地质的演变历史与变化、沼泽湿地的演变历史与变化等方面进行了较深入的研究。经地调局组织的专家组综合评定，认定成果报告是一份高水平的生态环境地调查研究报告，达到了国内同类成果的领先水平，具有较高的科研价值，成果质量为优秀级。

1）首次在黄河源区发现扎根加陇早更新世湖相地层及其中的数层植物大化石，表明当时黄河源区主体为草原–灌丛草原植被景观；确立了查拉坪冰碛层、绵沙岭沙丘、查涌泥炭层、茶木措砂砾堤等一批具古生态环境演变意义的特殊成因、特殊形态的第四纪地层。拟建正式组级地层单位——黄河源组（早更新世扎根加陇湖相地层）和非正式地层单位查拉坪冰碛层、绵沙岭沙丘、查涌冰碛层等特殊成因、特殊形态的第四纪地层非正式填图单位。

2）通过对冰川地貌–冰碛物的调查，否定了早更新世冰期的存在，并首次发现了该期冲湖相地层；建立了本区冰期—间冰期气候旋回序列；通过对湖泊地貌-湖相地层的调查建立了本区高湖面—湖泊萎缩旋回；通过对古、今风成活动的调查建立了风成活动序列；通过对流水地貌–冲洪积物调查解决了河流演变与黄河贯通源区等热点问题。

3）基本查明了黄河源区第四纪地层的时空分布规律和成因类型，建立了第四纪地层层序，弄清了气候事件、环境事件、隆升事件等第四纪生态环境地质事件的时空分布及其特征。

4）查明了黄河源头地区黄河断流是内、外地质作用的结果，归纳起来其原因有三：一是气候变异（蒸发量多年变差大—蒸发量大的年份，蒸发失水量增加；降水频数少，年内分布不均，丰水期河水暴涨暴落，水资源流失严重—枯水期河水补给源不足；气温持续上升—蒸发失水量增大）；二是荒漠化加剧（下垫面对水资源的含蓄功能降低，径流及蒸发失水增加）；三是水环境变异（水文网发育，河流侵蚀下切作用强烈，地下水含水系统破坏严重—地下水对地表水的调节作用降低或丧失；年内地下水位变幅大，枯水期地下水位下降—地表水与地下水的补排关系倒置；区域地下水位下降—地下水资源衰竭，地下水对地表水的调节功能降低；湖泊退缩或干枯，导致湖泊对黄河的调节作用减弱或丧失，黄河流量减少或断流）。

5）查明了黄河源区生态环境恶化、沼泽湿地面积萎缩的地质原因：一是现代地质作用（水、风、冻融等的剥蚀、搬运、沉积作用和内动力地质作用）增强，形成了以荒漠化为主的草地资源退化与下垫面改变，地区水-气-热平衡破坏；二是因多年冻土退化、萎缩（永冻层上限下移、下界上移）引起水环境变异（区域地下水位下降、水均衡失调、沼泽湿地萎缩、河湖干涸）导致多层面与综合成因的生态环境恶化；三是人为及生物活动（超载过牧、露天采矿、城镇化和交通，尤以超载过牧和露天采矿为甚）对源区生态环境恶化起到了推波助澜的作用。

6）查明了黄河源区土地资源利用现状。调查表明：源区总的土地资源面积为22 923 km²，可利用土地面积。16 393.28km²，占土地资源总面积的71.51%。其中沼泽湿地面积为 5725.03km²，占整个土地资源总面积的 24.98%；高盖度天然草场（不包含沼泽湿地面积）为 1904.48km²，占土地资源总面积 8.31%；中等盖度的退化草场面积为 7484.07km²，占土地资源总面积的 32.65%；水域面积为 1234.13km²，占土地资源总面积的 5.38%；工矿建设用地（包括城镇、道路、采矿开挖区）为 45.57km²，占土地资源总面积的 0.20%。未利用土地共 6529.72km²，占土地资源总面积的 28.49%。其中，砂质荒漠：1089.98km²，占土地资源总面积的 4.75%；砾质荒漠 1326.65km²，占土地资源总面积的 5.79%；砂砾泥混合质荒漠 2622.35km²，占土地资源总面积的 11.44%；泥质荒漠 160.16km²，占土地资源总面积的 0.70%；寒冻风化岩屑坡及裸岩分布面积为 1221.95km²，占土地资源总面积的 5.33%；沙丘、沙垄等风积沙地面积为 108.63km²，占土地资源总面积的 0.47%。不能利用的土地北部地区主要为风蚀型土壤母质暴露的砂质荒漠和砾质荒漠以及湖泊干涸后形成的泥质荒漠，南部主要为寒冻风化岩屑坡，即贫瘠土地在南部地区是纯自然因素形成，在北部地区不排除其他作用（主要指过牧、鼠虫害）影响加快了土地贫瘠化进程。地表水域中，44 个主要湖泊的区内水域面积为 1170.30km²，占区内水域面积的近 95%。其中，内陆湖 34 个。仅占区内水域面积的 2.55%，外流湖 10 个，占区内水域面积的 92.45%，青藏高原的重要淡水湖鄂陵湖、扎陵湖的主体位于本区，分别占区内水域面积的 42.86% 和 40.38%。

7）查明了黄河源区存在的主要生态环境地质问题为多年冻土退化与区域地下水位下降问题。多年冻土退化与区域地下水位下降致使沼泽草甸退化与荒漠化加剧、岩土失稳与坡面过程加剧、冻胀丘、热喀斯特、冻融蠕移等表生冻融地质作用对土壤和植被的破坏和草场退化、沙化、生物多样性减少加剧。

## 四、专项找水工作

为了解决和缓解缺水地区和一些工程生产、生活用水困难，加快各地群众致富奔小康的步伐，青海省水文地质工程地质勘查院、青海省地质调查院等单位，自 1998 年以来，采用新技术新方法，利用"3S"技术、综合物探等先进技术，先后在青海省共和县沙珠玉乡、青海省贵德县尕让乡、青海省西宁市城南高新开发区、青海省青海湖"151"旅游基地、青海省赛什塘铜矿、青海省东部等地区开展了水文地质勘查、水文地质凿井等工作。2001～2003 年，又承担了中国地质调查局部署的"西部严重缺水地区人畜饮用水地下水紧急勘查工程"，在青海省乐都、民和、平安、互助和乌兰等 5 个县的严重缺水地区分别实施了青海省乐都、民和等严重缺水地区地下水勘查、青海省乌兰县严重缺水地区地下水勘查、青海省互助、平安严重缺水地区地下水勘查和青海省共和盆地龙羊峡库区生态环境建设地下水资源勘查等 4 个项目。基本查明了这些地区地下水的分布特征、富水性及化学特征，含水层结构及分布规律，找到并打出了优质的淡水井，解决了缺水地区和一些工程、厂矿生产、生用水困难；同时，也对一些地区和工程的水资源问题进行了可行性论证，为该地区和工程的水资源问题的解决，提出了有效途径和有力的依据；2002 年，我省又在青海省全境开展了第二期人畜饮水工程水资源调查工作，查明了现阶段随着经济的发展和人口的增长而出现的新的人畜饮水问题，并在青海省的 8 个地点实施了凿井工程及配套工程。

### 1. 乐都、民和、乌兰县严重缺水地区地下水勘查

该项目是中国地调局下达给青海省地调院的地下水紧急勘查项目。历时一年于2002的5月完成。共完成实物工作量包括1：10万水文地质调查600km²，1：5万水文地质调查2790km²，1：25 000水文地质调查50km²，水文地质钻探1703.79m/13孔。报告名为民和、乐都地区及乌兰地区两部分。通过工作，对缺水地区自然地理、社会经济、区域地质及水文地质情况进行了了解，对不同的含水类型及不同的地貌部位，成功的利用探采结合成井13眼；对重点勘查区供水水文地质条件进行了充分的了解与分析，不仅为缺水地区解决了人畜饮水提供了水源，解决了当地群众的燃眉之急，而且实现了在不同地区地下水类型上找水的突破，为今后在同类地区找水积累了经验。

### 2. 互助、平安县严重缺水地区地下水勘查

该项目是中国地调局下达给青海省地调院的地下水紧急勘查项目，于2003年10月完成。互助、平安两县位于青海省东部湟水流域中游地区，勘查区隶属于青海省海东行署管辖，交通便利。完成主要工作量包括1：5万水文地质测绘200km²，1：5万水文地质编测400km²，1：5万遥感解释600km²，水质简分析23件；水质全分析17件，地面物探27点/18.8km，水文测井175.8m，水文地质钻探802.8m/11孔，浅井307.2m。报告论述了互助、平安地区地下水资源的形成条件、分布规律、时空变化、黄土缺水、红层缺水区和岩溶石山缺水区的水文地质规律、找水途径与勘查方法。通过找水实践取得了一系列重大突破，所成的8眼探采结合井总进尺802.8m，累计涌水量2438.12m³/日，可解决互助、平安两县近六万余人，两千余头牲畜的饮水极度困难问题，得到了地方政府的高度肯定，荣得了"为民造福""功在千秋"大额牌匾的褒奖，并就地树碑立传，社会影响深远。

### 3. 湟源县严重缺水地区地下水勘查

该项目由青海省地质调查院，于2006年7月完成。湟源县行政区划隶属青海省西宁市管辖，县府驻地为城关镇。勘查示范区交通较便利。青藏铁路、109国道、215国道、青新公路、西湟高速公路穿境而过，素有"海藏通衢""海藏咽喉"之称，湟源县城驻地城关镇距省会西宁市51km。本报告论述了湟源地区地下水资源的形成条件、分布规律、时空变化、严重缺水区缺水现状及开发利用状况。并重点分析了施工的4处供水工程（GK01、GK02、GK03、GK04）的勘查程序与方法、找水实效和示范意义。报告充分论证了黄土缺水区、红层缺水区和基岩缺水区的水文地质规律、找水途径与勘查方法。依靠科技进步和创新，通过找水实践取得了一系列突破，所施工的4处供水工程可直接解决和缓解湟源县和平乡、申中乡、日月乡一万余人、五千余头牲畜的饮用水极度困难问题，得到了地方政府的高度肯定，社会影响深远。

### 4. 共和县严重缺水地区地下水勘查

该项目由青海省地质调查院，于2006年7月完成。共和县隶属青海省海南藏族自治

州管辖。共和县政府驻地恰卜恰镇，距省会西宁 144km，既是海南藏族自治州政府所在地，也是本县及海南藏族自治州政治、经济、文化、交通的中心。境内有 109 国道和 214 国道横穿，交通较为便利。共和县现辖 12 个乡镇，92 个村民委员会。居住着汉、藏、回、蒙、土、撒拉等多种民族，全县总人口为 119 630 人。其中，农牧民总人口为 77 592 人。本报告充分论述了共和地区地下水资源的形成条件、分布规律、时空变化、严重缺水区缺水现状及开发利用状况。重点分析了本项目实施的 3 处供水示范工程（GK01、GK02、GK03）的勘查程序与方法、找水实效和示范意义。报告全面总结了共和县严重缺水区的水文地质规律、找水途径与勘查方法。依靠科技进步和创新，通过找水实践取得了一系列突破，所施工的 3 处供水示范工程可直接解决和缓解共和县东巴乡、铁盖乡和龙羊峡镇 1.4 万人、七万余头（只）牲畜的饮用水困难问题。得到了地方政府的高度肯定，社会影响深远。

### 5. 共和盆地龙羊峡库区生态环境建设地下水资源勘查

该项目由青海省地质调查院承担，于 2002 年 5 月完成。工作区位于青海湖南共和盆地，以平原区为主，面积 13 585km²，交通便利。目的旨在为龙羊峡水库北岸护岸林建设灌溉用水指明地下水开采方向，并复核盆地地下水资源量，提出开发利用建议。完成 1：10 万水文地质测绘 500km²，山地工程 59.55m，水文地质钻探 502.90m/1 孔，物探剖面 3 条 39km，物探测井 499.80m 等。报告详细地阐述了共和盆地地下水的赋存条件及分布规律，复核计算了地下水天然资源量为 22 434.02 万 m³/a，地下水可开采资源量为塘格木地区 266.22 万 m³/a、沙珠玉河谷区 1575.5 万 m³/a，恰卜恰河谷区 879.12 万 m³/a，塔拉滩地区 1605.74 万 m³/a。总开采资源量 4326.58 万 m³/a，对西盆地沙漠化现状、危害及发展趋势进行了评价，提出了防治方案，估算了生态环境建设对水资源总需求量 3423.6 万 m³，开采地下水作为防风固沙林灌溉用水是有保障的。提出了地下水合理开发利用建议。

### 6. 青海省地下水资源评价

2002 年青海省开展了新一轮地下水资源调查评价工作，由青海省环境地质监测总站承担。"青海省地下水资源评价"项目是"全国地下水资源评价"项目的组成部分。其主要内容为：重新评价青海省地下水资源；编制青海省地下水资源分布图、开发利用状况图和地下水环境图；建立地下水资源评价空间数据库。重新评价出全省地下水天然补给资源量 265.8151 亿 m³/a，全省地下水可开采资源量 98.2916 亿 m³/a，是第一轮地下水可开采资源量的 4.26 倍。全省地下水天然补给资源重复量 46.5910 亿 m³/a，全省水资源总量 672.22 亿 m³/a。广泛分布的高寒地区冻结层水，是青藏高原独特的一种地下水类型，也是一种地下水资源。本次评价中，计算出了 124.4386 亿 m³/a 的天然补给资源量，该成果填补了青海省区域地下水资源评价的一项空白。首次对全省碳酸盐岩类岩溶水进行了区域地下水资源评价，计算的天然补给资源量达 56.7250 亿 m³/a。对 2005～2050 年全省及各行政区地下水资源开发前景做出了预测，对全省地下水环境质量进行了评价。

## 五、地质遗迹保护

国土资源部于 2005 年 8 月 3 日和 9 月 19 日分别以国土资发〔2005〕102 号和国土资发〔2005〕187 号文，正式批准建立格尔木察尔汗盐湖国家矿山公园和久治年保玉则、格尔木昆仑山、互助北山国家地质公园，于 2008 年年底前完成各公园"揭碑开园"工作。

2005 年"揭碑开园"尖扎坎布拉国家地质公园一处。坎布拉"丹霞"地貌遗迹以其雄、险、奇、秀、美和形成演变历史，显示其他学价值。

1）坎布拉地层：新生界下第三系松潘分区上覆上第三系中新统西宁组为区内"丹霞"景观地层，与结晶基底呈不整合接触。

2）瑶池仙境：由二十余个塔状峰林构成，塔尖向西北方向偏离，致使塔林东南侧下陡上缓，这是区内"丹霞"峰林普遍形态特征。

3）群峰竞秀：结晶基底上顶托起的数十个大小不等的峰林构成。这里能看到垂直节理及卸荷裂隙对"丹霞"形成作用。

4）擎天一柱：高 35m 西北面较光滑，东南面凹凸不平，泥钙质层形成凹槽，铁，硅质层形成凸檐，这是东南季风雨系作用留下的遗迹。其下方仍残留有峰林形成过程中的陡倾角裂隙。

5）阳起峰：挺立于瑶池仙境内，高达 20 余米，由柱状塔峰沿裂隙风化剥落而浑圆化及缩小逐步形成目前的石柱形态。

6）驼峰：层状岩层沿裂隙风化剥落垮塌而成高低不平的峰林。

## 六、水工环地质调查成果利用社会效益概述

青海省水工环地质工作取得的丰硕成果归纳起来，可分为：①基础性成果；如中小比例尺测绘；②实用性成果，如供水水源地勘查和水工建筑物基础勘查、环境水文地质中的水源地水资源核算和预测评价、地方病调查与防治（从水、土角度）；③综合性成果，如全省和地区性中小比例尺编图、全省和地区性水文地质工程地质规划、全省和地区性地下水资源评价等。

### 1. 基础性成果应用

通过基础性调查资料，初步查明了青海省境内，内陆干旱盆地型、半干旱山间盆地型、基岩山地型与低纬度高海拔多年冻土型的水文地质结构与特征；根据这些不同的水文地质结构与其规律性，对专门性的工作开展与勘探工作量的部署起到了宏观控制作用，为编制各种规划提供了基础素材。

1985 年，青海省地下水资源评价是青海省科委下达的省重点科研任务之一，由青海省地矿局第一地质水文地质大队承担。该评价报告对全省地下水资源的资料进行了系统收集整理及综合研究。根据自然特点，地下水资源分布规律，补、径、排条件，划分了 7 个水文地质大区和 44 个计算区，分区进行了地下水天然资源的计算，对柴达木盆地、湟水流

域、青海湖盆地等进行了地下水开采资源预测。报告评审认为是一份比较系统、全面地反映全省地下水资源研究评价报告，可供国民经济规划使用。

## 2. 实用性成果应用

从供水角度分析，并经多年工作证实，在河谷地带第四系沙砾层中埋藏有潜水，多呈线状分布，其富水程度及补给源与河流规模有关。青海省的城镇多居于山间盆地或河谷两侧，省内县以上城镇人畜和工业用水，以地下水为主。以西宁市为例，西宁第一个自来水厂是1963年建立的（南川新安庄水源地），日产水量2.7万 $m^3$/日；第二水厂于1970年供水，是西川地表水，供水量3.5万 $m^3$/日；第三水厂在塘马坊，1976年投产日产水量仅0.8万 $m^3$。可见：在1976年以前，西宁地区地下水供水量仅3.5万 $m^3$/日。随着工农业的发展和人口的增长，用水问题日趋严重，青海省自1973～1986年相继开展了大通塔尔、石家庄、西纳川丹麻寺、西川多巴等水源地勘探工作，提交A2级地下水开采资源25.9万 $m^3$/日，据1986年调查资料，西宁地区地下水日开采量为36.59万 $m^3$，是1976年的10倍，年开采量约1.3亿 $m^3$，相当一个大型水库的库容量。对解决城市居民饮用水，工业和绿化及部分农业用水，取得了明显的社会经济效益。

青海省地下水开发主要开采区位于青海东部地区的湟水谷地及青海省西部的柴达木盆地，以开采松散岩类孔隙水为主。2007年地下水开采现状开采量 $3.6146\times10^8 m^3$，上全省地下水开采资源量 $98.29\times10^8 m^3$ 的3.68%，其中城市生活用水量最高，为（$1.5564\times10^8 m^3$/a，占总开采量的43.06%，工业用水量和农业用不量分别为 $1.1364\times10^8 m^3$/a 和 $0.8947\times10^8 m^3$/a，各占总开采量的32.19%和24.75%（表6-16）。

表6-16　青海省2007年地下水开采利用情况统计表

| 地（市） | 总开采量（万 $m^3$/a） | 城市生活及其他用水 | | 工业用水 | | 农业用水 | | 备注 |
|---|---|---|---|---|---|---|---|---|
| | | 利用量（万 $m^3$/a） | 占总开采量百分数（%） | 利用量（万 $m^3$/a） | 占总开采量百分数（%） | 利用量（万 $m^3$/a） | 占总开采量百分数（%） | |
| 西宁市 | 13 479.85 | 5532.16 | 41.04 | 7901.29 | 58.62 | 46.40 | 0.34 | 含三县 |
| 海东地区 | 4021.96 | 2038.14 | 50.68 | 770.53 | 19.15 | 1213.29 | 30.17 | |
| 海北州 | 1607.65 | 1216.96 | 75.70 | 280.28 | 17.43 | 110.41 | 6.87 | |
| 海南州 | 7757.63 | 2047.72 | 26.40 | 28.32 | 0.37 | 5681.59 | 73.23 | |
| 海西州 | 8355.08 | 3748.92 | 46.07 | 2446.02 | 31.67 | 1860.14 | 22.26 | |
| 黄南州 | 271.38 | 231.14 | 85.17 | 4.96 | 1.83 | 35.28 | 13.00 | |
| 玉树州 | 342.46 | 342.46 | 100 | 0.00 | 0.00 | 0.00 | 0.00 | |
| 果洛州 | 310.49 | 307.49 | 99.04 | 3.00 | 0.96 | 0.00 | 0.00 | |
| 全省合计 | 36 146.5 | 15 564.99 | 43.06 | 11 634.40 | 32.19 | 8947.11 | 24.75 | |

在水利建设上，地质成果的作用也是明显的，如青海省于1966～1967年在巴音河水库黑石山坝址的地质勘探工程，事隔20年后至1986年省水利设计部门采用全部坝址地质资料，设计部门认为坝址选择合理，地质条件论证充分，参数可信。此外，场址勘查与热

矿水地质成果等，也为地方和专业部门所利用，地质成果在国民经济建设中发挥了充分作用。

在地质勘探矿区中，如柴达木盆地中的鱼卡煤矿、大煤沟煤矿、大小柴旦硼矿区、察尔汗钾镁盐矿区、锡铁山铅锌矿区等，按当时规范与设计要求，与地质工作的同时进行了矿区水文地质工作，满足各相应地质勘探阶段的矿山开采技术条件，预测坑道涌水量，指出今后开发矿山时供水方向。1982年地矿部颁发《矿区水文地质工程地质勘探规范》以来，对矿区工程地质开始重视，大部分矿区做了工程地质测绘与岩石物理力学性质样品的采集测试，保证了矿山建设需要。如互助与平安的芒硝，祁连小八宝石棉矿的开采投产，都取得了较好的经济效益，对青海省的国民经济建设和支援地方致富起到了促进作用。

盐湖水文地质工作方面，随着察尔汗盐湖的开发和盐化工业的发展，青海省在察尔汗地区做了大量的水文地质工作。开展了青海省察尔汗盐湖首采区水文地质参数及卤水动态研究、察尔汗盐湖别勒滩区段首采区抽卤试验、察尔汗盐湖钾盐矿床卤水钾盐开发区水文地质环境地质调查等工作，取得了大量的试验数据，为盐湖开发工程设计提供了参考资料。查明了采卤漏斗的分布及其特征，并得出漏斗具有恢复能力的结论。初步查明了井采卤水结盐区的分布范围，查明了不同层位的结盐规律；为项目可行性论证报告提供了水文地质基础资料。

青海省柴达木盆地地下水资源及其开发利用研究，工区位于青海省西部柴达木盆地，面积12.9km$^2$，行政区划属乌兰县、都兰县、格尔木市和大柴旦镇、茫崖镇、冷湖镇管辖。课题由青海省地质第一水文队负责，省水电局水科所协助，要求为工农牧业生产发展，提供地下水资源概况及开发利用规划图。成果着重对盆地淡地下水的形成、埋藏、富集规律进行了分析论述，结事淡地下水特点，提出"地下径流扇""潜流谷地"的概念，在理论上和生产实践中均有一定意义。在地下水资源评价中，重新计算了区内浅层地下水天然资源为57.03t/s，深层地下水天然资源为31.9t/s。在地下水开发利用方面提出了"集中开采""合理远浇"等数种布井方案，指出"开采深层承压水，以灌代排"改良盐碱土的方案。上述工作经评审认为可作为该区发展农田灌溉的规划依据。

青海省海东地区湟水流域地下水资源分布规律及开发利用研究，该项目是青海省1976年科学技术发展计划第11项，"湟水流域灌溉水源的研究"的第四项重点科研项目，青海省第二水文地质队按局统一部署在工作区16 097km$^2$范围内，开展"湟水流域地下水资源分布规律及开发利用研究"工作。报告对流域内地下水形成的自然条件及其分布规律做了全面的简述。通过区域概算得出湟水流域多年平均的地下水补给量为9.31亿t/a，地下水以河谷潜水资源最丰富，对地方水资源的分布及其开发利用做了较详尽的论述，对地下水储量和水土平衡做了相宜计算。评审认为，在勘探程度较高的主要地段，可作为农业区划、综合规划的水文地质依据，其他地段则作为参考。

### 3. 综合研究成果应用

青海省水文地质科研成果，取得的成绩是显著的，《全省和地区性水文地质工程地质区划》、《全省水资源评价》，以及各种比例尺的专业图件，已被国土部门、工农牧业及科技交流与教学、国防建设等广泛采用。根据野外取得的大量测绘与试验资料，多年来陆续编制成一些全省和地区的图件如表 6-17 所示。

表 6-17　出版的各类综合水文地质图

| 序号 | 图　　　名 | 比例尺 | 出版日期 | 备　　注 |
|---|---|---|---|---|
| 1 | 青海省东北部综合水文地质图 | 1：50 万 | 1966 年 | |
| 2 | 柴达木盆地综合水文地质图 | 1：100 万 | 1966 年 | |
| 3 | 青海省综合水文地质图 | 1：100 万 | 1974 年 | |
| 4 | 青海省水文地质图 | 1：350 万 | 1979 年 6 月 | 辑入"中华人民共和国水文地质图集" |
| 5 | 青藏高原冻土区水文地质图 | 1：650 万 | 1979 年 6 月 | 辑入"中华人民共和国水文地质图集" |
| 6 | 柴达木自流盆地水文地质图 | 1：180 万 | 1979 年 6 月 | 辑入"中华人民共和国水文地质图集" |
| 7 | 柴达木自流盆地地下水水化学图 | 1：180 万 | 1979 年 6 月 | 辑入"中华人民共和国水文地质图集" |
| 8 | 柴达木盆地地下水资源分布图 | 1：75 万 | 1980 年 | |
| 9 | 柴达木盆地地下水开发利用图 | 1：75 万 | 1980 年 | |

进入 20 世纪 80 年代，水文地质综合研究工作，已进入地下水资源评价与专题研究阶段，工程地质、环境地质也开始起步，先后完成 16 项研究报告。青海省地下水资源表的编制、西宁市地下水资源对国民经济保证程度论证、西宁市城市编图、青海省水资源开发利用研究、柴达木盆地昆仑山前平原地下水资源研究等工作。完成了西宁市水文地质图、工程地质图、环境地质图、地貌图及市区现状图的编制；对全省城镇供水水源地的分布、开采量和全省可供利用的后备水源地及其允许开采量进行了详细的统计，并对其前景做了评价；对地下水资源的评价方法、开发利用程度、开发利用方案和保护工作做了深入的研究和探讨。柴达木盆地昆仑山前平原地下水资源研究报告还应用地下水系统理论、环境同位素和地下水数值模拟等技术方法对研究区地下水进行了深入细致的研究，实用价值高，达到了国内同类研究成果的先进水平。其中湟水流域地下水资源分布规律及开发利用研究报告、青海省水文地质远景区划、青海省地下水资源评价等报告，分别获得了国家科委和青海省科委的奖励。这些研究成果反映了当前我省水文地质科研水平，对我省与国内交流水文地质成果和科研、教学提供了资料，对省内制定各种规划和工农牧业发展也起到了积极作用。

自 2000 年以来，青海省地质调查院承担了《青海省国土资源遥感综合调查》项目，包括了土地利用、森林草地、金银铜铅锌及钾盐资源、地表水、旅游、地质灾害、生态环境、城市以及国土资源与环境基础信息数据库等 9 个二级课题。2003 年 12 月通过中国地质调查局和青海省国土资源厅验收，其总体成果达到国内同类成果先进水平，部分成果达到国际先进水平。项目内容突出了全省国土资源遥感综合调查的系统性，同时首次完成了全省卫星影像图的镶嵌，在此基础上所建立的基础信息数据库，对全省国土资源状况具良好的查询、数字输出功能，为政府资源管理、开发应用决策提供了科学平台。

2002～2003 年由青海省地质调查院承担并完成了《青藏高原南部遥感工程地质环境及公路地质灾害调查研究》项目，并经由西藏、四川、云南三省（区）交通厅委托的专家组评审，获优秀级成果。该项目利用航天和航空技术快速、大面积获取丰富信息的优势，通过遥感解译，结合现场地面调查，对工程地质环境和各类地质灾害进行了综合研究和分析评价，为公路灾害整治和未来的公路建设、规划提供了科学依据，对藏区经济社会发展，特别是我国西南边陲的稳定具有重要意义。

科研成果中获奖成果报告如下。

《青海省大煤沟矿区石泉煤矿供水水文地质勘探报告》，于 1984 年，获原地矿部地质找矿四等奖。

《青海省水文地质远景区划报告》，于 1986 年，获青海省首届科技进步三等奖。

《青海省柴达木盆地水文地质区划报告》，于 1985 年获全国农业区划三等奖；于 1986 年，获青海省首届科技进步三等奖。

《青海省地下水资源评价报告》，于 1986 年，获青海省首届科技进步四等奖。

《青海湖盆地环湖地区地下水分布规律及开发利用研究报告》获省政府科技研究成果二等奖。

《青海省东北部水文地质区划报告》获省政府科技研究成果三等奖。

《青海省海晏县草原畜牧业现代化甘子沟试点区地下水勘查报告》获原地矿部地质科技成果三等奖。

《青海省湟水省流域地下水资源分布规律及开发利用研究报告》和《青海省乐都县努木池沟地下水开发利用研究报告》，获省农牧业区划委员会地质科技成果四等奖。

《青海省丹麻寺供水水文地质详勘报告》获地矿部地质找矿二等奖。

《青海湖地区生态环境地质遥感分析报告》，1992 年，获地矿部科技成果四等奖。

《青海省西宁市塔尔水源地河流补给和管理模型研究报告》，1994 年获地矿部科技成果三等奖。

《青海省地下水资源评价报告》，2002 年 1 月，获国土资源部优秀奖。

# 第七章 地质资料信息服务产品

对地质资料服务情况进行详细分析研究，甚至综合评述，有利于资料人员和地质科技人员了解当前大家关心的重点领域、范围等信息，可以及时调整工作方向甚至重点，避免重复。因此这也是一种重要的服务产品，本次对此进行研究，形成初步模式，供大家参考。

2008～2010年，全国地质资料馆及西藏自治区国土资源资料馆、青海省国土资源资料馆、新疆维吾尔自治区国土资源信息中心地质资料馆以提高服务能力和服务水平为目标，努力做好传统服务、大力增强信息服务、积极推进开发服务、及时开展应急服务，在地质资料服务中取得明显成效。

## 第一节 窗口借阅服务统计产品

2008～2010年，共接待8335人次到馆借阅地质资料，累计提供58 008份次地质资料，在青海玉树地震抗震救灾、全国双保工程、西南抗旱找水、重大工程建设、西部地区区域地质矿产调查、矿产勘查等工作起到了突出作用。

### 一、全国地质资料馆地质资料信息服务

#### 1. 窗口接待阅者情况

2008～2010年，全国地质资料馆共接待来馆阅者8687人次（表7-1），从2008～2010年，接待单位及阅者人数持续降低，但全国地质资料馆网站访问量却大幅度提高，访问次数由2008年的112 721次，上升到2009年的125 380次，2010年更是达到139 222次，分别较2008年、2009年上升23.51%和11.04%。传统窗口借阅人数的减少及网站访问量的大幅度增加，与全国地质资料馆馆藏地质资料信息化水平的持续提高和大量公益性地质资料提供网上服务有很大关联。表7-2为全国地质资料馆三年来的馆藏资料数字化率和网上提供资料服务数量。由表可见，全国馆的馆藏资料数字化率由2008年的37.76%，网上提供资料服务数量由2008年的8274种提高到2010年的54.30%、14 274种，日益丰富的网上资料信息，为用户提供了方便的检索和获取资料的途径，也致使到馆借阅人数的持续下降。

**表7-1 全国地质资料馆2008~2010年窗口接待阅者一览表**

| 年度 | 单位（个） | 阅者（人次） | 全国馆网站访问量（人次） |
|---|---|---|---|
| 2008 | 313 | 2959 | 112 721 |
| 2009 | 266 | 3166 | 125 380 |
| 2010 | 234 | 2562 | 139 222 |

**表7-2 2008~2010年馆藏资料数字化率及网站提供浏览资料数量**

| 年度 | 馆藏资料（种） | 数字化资料（种） | 数字化率（%） | 数据量（TB） | 网站提供浏览资料数量（种） |
|---|---|---|---|---|---|
| 2008 | 107 167 | 40 466 | 37.76 | 9.28 | 8274 |
| 2009 | 107 572 | 46 259 | 43.00 | 11.82 | 11 274 |
| 2010 | 113 811 | 61 802 | 54.30 | 15.00 | 14 274 |

2008~2010年，借阅次数超过100次的14个单位如表7-3所示。由表可见，14家单位共借阅4021人次，占全年借阅总次数的45.76%，表明借阅单位较为集中。14个单位中有13家位于北京市，借阅次数最多的单位是中国地质大学（北京），3年共借阅862次，占全部到馆借阅总次数的9.81%，其次为中国地质科学院矿产资源研究所、中国科学院地质与地球物理研究所、中国矿业大学（北京）、中国地质调查局发展研究中心等单位。借阅次数最多的前14家单位以地质院校、地质科研单位和地质调查系统单位为主。

**表7-3 2008~2010年借阅次数超过100次的单位统计表**

| 序号 | 单位 | 借阅次数（次） | 比例（%） | 行业或部门 |
|---|---|---|---|---|
| 1 | 中国地质大学（北京） | 862 | 9.81 | 院校 |
| 2 | 中国地质科学院矿产资源研究所 | 640 | 7.28 | 地矿 |
| 3 | 中国科学院地质与地球物理研究所 | 342 | 3.89 | 中国科学院 |
| 4 | 中国矿业大学（北京） | 321 | 3.65 | 院校 |
| 5 | 中国地质调查局发展研究中心 | 288 | 3.28 | 地矿 |
| 6 | 国土资源航空物探遥感中心 | 220 | 2.50 | 地调 |
| 7 | 中国地质科学院地质研究所 | 209 | 2.38 | 地矿 |
| 8 | 广东省有色金属地质勘查局935队 | 199 | 2.26 | 有色 |
| 9 | 中化地质矿山总局地质研究院 | 175 | 1.99 | 化工 |
| 10 | 中国地质科学院地质力学研究所 | 169 | 1.92 | 地矿 |
| 11 | 北京大学 | 164 | 1.87 | 院校 |
| 12 | 核工业北京地质研究所 | 162 | 1.84 | 核工业 |
| 13 | 北京市地热研究所 | 155 | 1.76 | 其他 |
| 14 | 中国地质调查局水文地质调查中心 | 115 | 1.31 | 地调 |
| | 合计 | 4021 | 45.76 | |

（1）阅者地区分布

表7-4列出了2008~2010年阅者的地区分布及借阅次数。由表可见，阅者分布于全国

31 个省（市、区），分布范围广泛。主要集中于北京市、河北省、广东省、湖北省、江苏省等省（市、区），特别是北京市，占 67.90% 的借阅次数，表明阅者在地区分布方面极端不均衡。

表 7-4　2008～2010 年全国地质资料馆阅者地区分布一览表

| 序号 | 借阅者分布 | 借阅次数（次） | 比例（%） |
|---|---|---|---|
| 1 | 北京 | 5966 | 67.90 |
| 2 | 河北 | 470 | 5.35 |
| 3 | 广东 | 246 | 2.80 |
| 4 | 湖北 | 241 | 2.74 |
| 5 | 江苏 | 214 | 2.44 |
| 6 | 陕西 | 144 | 1.64 |
| 7 | 天津 | 129 | 1.47 |
| 8 | 山东 | 126 | 1.43 |
| 9 | 河南 | 119 | 1.35 |
| 10 | 四川 | 101 | 1.15 |
| 11 | 辽宁 | 65 | 0.74 |
| 12 | 安徽 | 60 | 0.68 |
| 13 | 吉林 | 49 | 0.56 |
| 14 | 湖南 | 47 | 0.53 |
| 15 | 内蒙古 | 43 | 0.49 |
| 16 | 新疆 | 42 | 0.48 |
| 17 | 广西 | 36 | 0.41 |
| 18 | 黑龙江 | 36 | 0.41 |
| 19 | 贵州 | 31 | 0.35 |
| 20 | 山西 | 31 | 0.35 |
| 21 | 青海 | 27 | 0.31 |
| 22 | 云南 | 19 | 0.22 |
| 23 | 上海 | 15 | 0.17 |
| 24 | 甘肃 | 12 | 0.14 |
| 25 | 福建 | 10 | 0.11 |
| 26 | 浙江 | 10 | 0.11 |
| 27 | 西藏 | 8 | 0.09 |
| 28 | 江西 | 6 | 0.07 |
| 29 | 宁夏 | 6 | 0.07 |
| 30 | 重庆 | 3 | 0.03 |
| 31 | 海南 | 1 | 0.01 |
| 32 | 部队 | 61 | 0.69 |
| 33 | 个人 | 41 | 0.47 |
| 34 | 国外 | 1 | 0.01 |
| 35 | 地址不明 | 371 | 4.22 |
|  | 合计 | 8687 | 100.00 |

（2）阅者行业部门分布

表7-5列出了全国馆2008~2010年的借阅人次行业分布情况。由表可见，各行业的借阅次数年度变化规律呈现较大差异。地调局所属单位在3年中都在总借阅次数中维持了稳定的较高比例，分别为24.84%、29.25%和22.37%，体现了全国馆的资料服务对于地调局系统工作的常态化的支撑作用。院校的借阅次数逐年均有较大的提升，从2008年的457人次增加至2010年的700人次，所占比例也逐步提升，由2008年的15.44%增加至2010年的27.32%，并在2010年成为全国馆最主要的借阅行业，反映了全国馆的资料服务逐步深入到高校的教学科研之中。重点做好对高校的地质资料服务，也应当是未来全国馆的一个工作方向。科研单位、地勘单位、政府部门的借阅次数年度变化基本稳定。企业的借阅次数有一定下降，可能是涉密工作的要求限制了企业对地质资料的进一步利用。

**表7-5 全国地质资料馆2008~2010年借阅人次行业分布表**

| 序次 | 行业或部门 | | 2008年 | | 2009年 | | 2010年 | | 合计 | | | |
|---|---|---|---|---|---|---|---|---|---|---|---|---|
| | | | 单位（个） | 借阅次数（次） | 单位（个） | 借阅次数（次） | 单位（个） | 借阅次数（次） | 单位（个） | 比例（%） | 借阅次数（次） | 比例（%） |
| 1 | 地调局所属单位 | | 21 | 735 | 34 | 926 | 23 | 573 | 78 | 9.59 | 2234 | 25.72 |
| 2 | 企业 | 合计 | 106 | 605 | 69 | 326 | 61 | 310 | 236 | 29.03 | 1241 | 14.29 |
| | | 国有或国有控股 | 65 | 510 | 35 | 219 | 23 | 197 | 123 | 15.13 | 926 | 10.66 |
| | | 私营企业 | 29 | 65 | 30 | 103 | 32 | 88 | 91 | 11.19 | 256 | 2.95 |
| | | 外资或外商控股 | 12 | 30 | 4 | 4 | 6 | 25 | 22 | 2.71 | 59 | 0.68 |
| 3 | 科研机构 | | 55 | 580 | 50 | 626 | 33 | 343 | 138 | 16.97 | 1549 | 17.83 |
| 4 | 地勘单位 | 合计 | 72 | 479 | 55 | 480 | 83 | 590 | 210 | 25.83 | 1549 | 17.83 |
| | | 地矿系统 | 39 | 253 | 23 | 75 | 37 | 137 | 99 | 12.18 | 465 | 5.35 |
| | | 有色系统 | 12 | 112 | 10 | 218 | 5 | 40 | 27 | 3.32 | 370 | 4.26 |
| | | 核工业部门 | 4 | 32 | 6 | 68 | 7 | 168 | 17 | 2.09 | 268 | 3.09 |
| | | 冶金地质 | 6 | 30 | 4 | 10 | 6 | 39 | 16 | 1.97 | 79 | 0.91 |
| | | 煤田地质 | 5 | 31 | 8 | 34 | 8 | 32 | 21 | 2.58 | 97 | 1.12 |
| | | 化工 | 3 | 12 | 1 | 56 | 3 | 67 | 7 | 0.86 | 135 | 1.55 |
| | | 石油 | 2 | 7 | 2 | 17 | 6 | 29 | 10 | 1.23 | 53 | 0.61 |
| | | 建材 | 1 | 2 | 1 | 2 | 1 | 1 | 3 | 0.37 | 5 | 0.06 |
| | | 地震 | | | | | 10 | 77 | 10 | 1.23 | 77 | 0.89 |
| 5 | 院校 | | 27 | 457 | 28 | 592 | 22 | 700 | 77 | 9.47 | 1749 | 20.13 |
| 6 | 政府部门（含部队） | | 15 | 86 | 16 | 61 | 11 | 34 | 42 | 5.17 | 181 | 2.08 |
| 7 | 个人 | | 16 | 16 | 1 | 29 | 1 | 12 | 18 | 2.21 | 57 | 0.66 |
| 8 | 其他 | | 1 | 1 | 13 | 126 | | | 14 | 1.72 | 127 | 1.46 |
| | 总计 | | 313 | 2959 | 266 | 3166 | 234 | 2562 | 813 | 100 | 8687 | 100 |

## 2. 窗口借阅地质资料情况

由表7-6可得，2008～2010年的窗口借阅资料种数、份数以及每种资料的平均借阅次数都有稳步的增长，全国馆窗口借阅服务的规模不断增加。

**表7-6 全国资料馆2008～2010年窗口借阅情况表**

|  | 2008年 | 2009年 | 2010年 |
|---|---|---|---|
| 借阅资料数（种） | 10 037 | 13 080 | 13 154 |
| 借阅资料份次 | 24 975 | 34 716 | 35 688 |
| 每种资料平均借阅次数 | 2.49 | 2.65 | 2.71 |

（1）资料借阅次数

表7-7为2010年地质资料借阅次数统计表。

**表7-7 地质资料借阅人次数统计表**

| 序号 | 借阅人次数（次） | 资料（种） | 比例（%） | 借阅份次数（次） | 比例（%） |
|---|---|---|---|---|---|
| 1 | ≥20 | 18 | 0.14 | 390 | 1.09 |
| 2 | 19～15 | 57 | 0.43 | 932 | 2.61 |
| 3 | 14～10 | 373 | 2.84 | 4141 | 11.61 |
| 4 | 9～8 | 436 | 3.31 | 3637 | 10.19 |
| 5 | 7～6 | 579 | 4.4 | 3737 | 10.47 |
| 6 | 5 | 515 | 3.92 | 2575 | 7.22 |
| 7 | 4 | 819 | 6.23 | 3276 | 9.18 |
| 8 | 3 | 1685 | 12.81 | 5055 | 14.16 |
| 9 | 2 | 3273 | 24.88 | 6546 | 18.34 |
| 10 | 1 | 5399 | 41.04 | 5399 | 15.13 |
| 11 | 合计 | 13 154 | 100 | 35 688 | 100 |

从表7-7可见，借阅次数超过20的资料有18种，41.04%的资料仅借阅一次。表明资料重复利用率还处于较低水平。表7-8为借阅次数在20次以上的地质资料，共18种，基本为1∶20万的地质矿产类资料，表明1∶20万区域地质矿产调查报告是全国馆馆藏资料中利用率最高的地质资料。

**表7-8 借阅20次以上的地质资料统计表**

| 序号 | 档号 | 题名 | 借阅次数（次） | 资料类别 | 比例尺 | 地区 |
|---|---|---|---|---|---|---|
| 1 | 43041 | 广灵幅 J-50-1 1∶20万地质图说明书及矿产图 | 27 | 区域 | 1∶20万 | 山西 |
| 2 | 43036 | 阜平幅 J-50-7 1∶20万矿产图地质图说明书 | 25 | 区调 | 1∶20万 | 河北 |
| 3 | 43529 | 阳泉幅 J-49-24 1∶20万地质图矿产图说明书 | 24 | 区调 | 1∶20万 | 山西 |
| 4 | 43588 | 吉首幅 H-49-32 1∶20万地质图矿产图及其说明书 | 22 | 区调 | 1∶20万 | 湖南 |

| 序号 | 档号 | 题名 | 借阅次数（次） | 资料类别 | 比例尺 | 地区 |
|---|---|---|---|---|---|---|
| 5 | 44480 | 安庆幅 H-50-16 1：20 万区域地质测量报告 | 22 | 区域 | 1：20 万 | 安徽 |
| 6 | 47492 | 沿河幅 H-49-31 1：20 万区域地质调查报告 | 22 | 区域 | 1：20 万 | 贵州 |
| 7 | 63757 | 准格尔旗幅 J-49-3 1：20 万区域地质调查报告 | 22 | 区域 | 1：20 万 | 内蒙古 |
| 8 | 43074 | 高邑幅 J-50-19 邢台幅 J-50-25 1：20 万矿产图、地质图说明书 | 21 | 区调 | 1：20 万 | 河北 |
| 9 | 48274 | 涞水幅 J-50-2 1：20 万地质图及矿产图及其说明书 | 21 | 区调 | 1：20 万 | 河北 |
| 10 | 50315 | 辽宁省白塔子庙幅 L-50-35 林西县幅 K-50-5 1：20 万地质图矿产图及其说明书 | 21 | 区域 | 1：20 万 | 辽宁 |
| 11 | 50539 | 浑源幅 J-49-6 1：20 万地质图、矿产图及其说明书 | 21 | 区调 | 1：20 万 | 山西 |
| 12 | 54008 | 清水河幅 J-49-4 1：20 万区域地质测量报告 | 21 | 区域 | 1：20 万 | 内蒙古 |
| 13 | 54518 | 左权幅 J-49-30 长治幅 J-49-36 1：20 万地质图矿产图及其说明书 | 21 | 区调 | 1：20 万 | 山西 |
| 14 | 40623 | 海晏幅 J-47-29 1：20 万地质图矿产图说明书 | 20 | 区调 | 1：20 万 | 青海 |
| 15 | 41233 | 洛阳幅 I-49-11 1：20 万矿产图和地质图说明书 | 20 | 区域 | 1：20 万 | 河南 |
| 16 | 42940 | 宝鸡幅 I-48-18 1：20 万地质图矿产图说明书 | 20 | 区域 | 1：20 万 | 陕西 |
| 17 | 50537 | 原平幅 J-49-11 忻县幅 J-49-17 1：20 万地质图、矿产图说明书 | 20 | 区调 | 1：20 万 | 山西 |
| 18 | 62237 | 韩城幅 I-49-3 侯马幅 I-49-4 1：20 万区域地质调查报告 | 20 | 区域 | 1：20 万 | 陕西 |

（2）窗口借阅地质资料的地区分布

2010 年，借阅的地质资料分布于全国除澳门以外的所有省（市、区）（表7-9）。其中新疆维吾尔自治区最多，共有 1400 种、4425 份次资料被借阅，其次为内蒙古自治区，有 1399 种、4537 份次资料被借阅，二者在全国所在比例均超过 10%。借阅的地质资料分布较多的还有山东省（808 种，1492 份次）、江西省（696 种，1312 份次）、甘肃省（622 种，1813 份次）、河北省（587 种，1370 份次）、青海省（561 种，2097 份次）等。另有台湾省和香港特别行政区还分别有 7 种和 2 种资料被借阅，使得借阅地质资料地区进一步扩大，基本完全覆盖全国。

表 7-9　2010 年借阅地质资料的地区分布统计表

| 序号 | 地区分布 | 资料数（种） | 比例（%） | 借阅次数（次） | 比例（%） |
|---|---|---|---|---|---|
| 1 | 安徽 | 372 | 2.83 | 832 | 2.33 |
| 2 | 北京 | 231 | 1.76 | 594 | 1.66 |
| 3 | 福建 | 239 | 1.82 | 561 | 1.57 |
| 4 | 甘肃 | 622 | 4.73 | 1813 | 5.08 |

| 序号 | 地区分布 | 资料数（种） | 比例（%） | 借阅次数（次） | 比例（%） |
|---|---|---|---|---|---|
| 5 | 广东 | 254 | 1.93 | 674 | 1.89 |
| 6 | 广西 | 239 | 1.82 | 716 | 2.01 |
| 7 | 贵州 | 213 | 1.62 | 584 | 1.64 |
| 8 | 海南 | 109 | 0.83 | 184 | 0.52 |
| 9 | 河北 | 587 | 4.46 | 1370 | 3.84 |
| 10 | 河南 | 414 | 3.15 | 992 | 2.78 |
| 11 | 黑龙江 | 366 | 2.78 | 963 | 2.7 |
| 12 | 湖北 | 340 | 2.58 | 877 | 2.46 |
| 13 | 湖南 | 559 | 4.25 | 1484 | 4.16 |
| 14 | 吉林 | 211 | 1.60 | 615 | 1.72 |
| 15 | 江苏 | 228 | 1.73 | 456 | 1.28 |
| 16 | 江西 | 696 | 5.29 | 1312 | 3.68 |
| 17 | 辽宁 | 229 | 1.74 | 526 | 1.47 |
| 18 | 内蒙古 | 1399 | 10.64 | 4537 | 12.71 |
| 19 | 宁夏 | 126 | 0.96 | 409 | 1.15 |
| 20 | 青海 | 561 | 4.26 | 2097 | 5.88 |
| 21 | 山东 | 808 | 6.14 | 1492 | 4.18 |
| 22 | 山西 | 206 | 1.57 | 766 | 2.15 |
| 23 | 陕西 | 495 | 3.76 | 1426 | 4 |
| 24 | 上海 | 45 | 0.34 | 83 | 0.23 |
| 25 | 四川 | 520 | 3.95 | 1273 | 3.57 |
| 26 | 台湾 | 7 | 0.05 | 21 | 0.06 |
| 27 | 天津 | 51 | 0.39 | 130 | 0.36 |
| 28 | 西藏 | 330 | 2.51 | 922 | 2.58 |
| 29 | 香港 | 2 | 0.02 | 9 | 0.03 |
| 30 | 新疆 | 1400 | 10.64 | 4425 | 12.4 |
| 31 | 云南 | 420 | 3.19 | 1507 | 4.22 |
| 32 | 浙江 | 163 | 1.24 | 382 | 1.07 |
| 33 | 重庆 | 111 | 0.84 | 235 | 0.65 |
| 34 | 跨省区 | 601 | 4.58 | 1421 | 3.97 |
|  | 合计 | 13 154 | 100 | 35 688 | 100 |

（3）借阅资料的类别

2010 年借阅的资料包括区域地质矿产调查、矿产勘查、科学研究、水工环勘查等 15 类资料（表 7-10）。以区域地质调查、矿产勘查、物化遥勘查、地质科学研究类资料为主，这 4 类资料占借阅资料种数的 76.81%、占借阅次数的 89.77%。借阅资料种数最多的是矿产勘查类，共 5319 种，占总数的 40.44%；借阅次数最多的是区域地质矿产调查类，共 14205 份次，占总数的 39.8%。区域调查类资料（包括区域地质矿产调查、区域水工环调查、区域物化探调查、区域遥感调查）共 4083 种、15 900 份次，分别占总数的 31.04%、44.55%。表明区域调查资料是阅者借阅的最主要地质资料，主要目的用于找矿、国家重大工程建设等。

其他如数据库、技术方法、信息工程/技术、仪器设备、标准规范、应用研究、软科学研究等类资料借阅数量较少。

表 7-10　2010 年借阅地质资料的类别分布统计表

| 序号 | 资料类别 | 借阅资料（种） | 比例（%） | 借阅次数（次） | 比例（%） | 平均次数（种） |
|---|---|---|---|---|---|---|
| 1 | 区域地质矿产调查 | 3321 | 25.25 | 14 205 | 39.8 | 4.28 |
| 2 | 区域物化探调查 | 386 | 2.93 | 892 | 2.5 | 2.31 |
| 3 | 区域水工环调查 | 376 | 2.86 | 803 | 2.25 | 2.14 |
| 4 | 海洋地质调查 | 17 | 0.13 | 26 | 0.07 | 1.53 |
| 5 | 矿产勘查 | 5319 | 40.44 | 11 954 | 33.5 | 2.25 |
| 6 | 水工环勘查 | 623 | 4.74 | 1197 | 3.35 | 1.92 |
| 7 | 物化遥勘查 | 1078 | 8.2 | 2084 | 5.84 | 1.93 |
| 8 | 地质科学研究 | 1700 | 12.92 | 3792 | 10.63 | 2.23 |
| 9 | 数据库 | 61 | 0.46 | 156 | 0.44 | 2.56 |
| 10 | 软科学研究 | 40 | 0.3 | 88 | 0.25 | 2.2 |
| 11 | 信息工程技术 | 51 | 0.39 | 116 | 0.33 | 2.27 |
| 12 | 应用研究 | 30 | 0.23 | 60 | 0.17 | 2 |
| 13 | 技术方法 | 76 | 0.58 | 155 | 0.43 | 2.04 |
| 14 | 标准规范 | 61 | 0.46 | 135 | 0.38 | 2.21 |
| 15 | 其他 | 15 | 0.11 | 25 | 0.06 | 1.67 |
| | 合计 | 13 154 | 100 | 35 688 | 100 | |

区域地质矿产调查资料按比例尺统计，以 1:20 万地质矿产调查报告为主，共有 1160 种、7953 份次资料被借阅利用，其次为 1:5 万地质矿产调查报告，共有 1815 种、4457 份次资料提供利用（图 7-1）。表明，社会需求大、中比例尺的地质资料，而 1:5 万、1:25 万地质资料较少且分布不均，影响了用户借阅使用。

矿产勘查类资料累计借阅 5319 种、11 945 份次。按勘查程度（图 7-2）分，以普查类资料所占比例最大，共有 1755 种资料被借阅利用，占矿产勘查类资料的 33%，预查、详查、勘探类资料分别占 12%，12% 和 14%；按矿产类型：能源矿产、黑色金属矿产、有

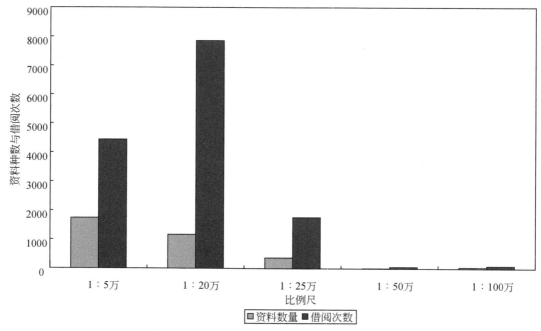

图7-1 区域地质矿产调查资料借阅利用情况图

色金属矿产类勘查资料所占比例较大（图7-3）。

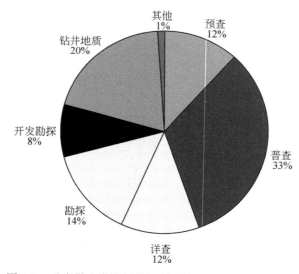

图7-2 矿产勘查类资料借阅利用情况图（按勘查程度）

（4）资料形成时间

图7-4和图7-5分别为2008～2010年三年间的借阅地质资料形成时间种数和借阅次数的折线图。从图7-4和图7-5可以得到，2008年和2009年的借阅地质资料形成时间分布规律基本相同。20世纪80年代形成的地质资料最多，70年代和90年代形成的资料次之；

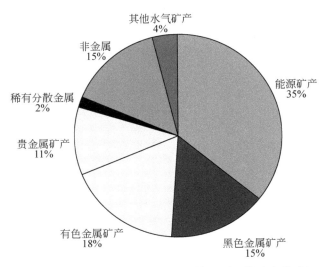

图 7-3　矿产勘查类资料借阅利用情况图（按矿产类型）

产生于 2001 年以后的资料较少被借阅和利用。在 2010 年这一规律有了很大改变，2001 年以后产生的地质资料成为借阅资料的主题，而产生于 20 世纪 70 年代、80 年代和 90 年代的资料次之。

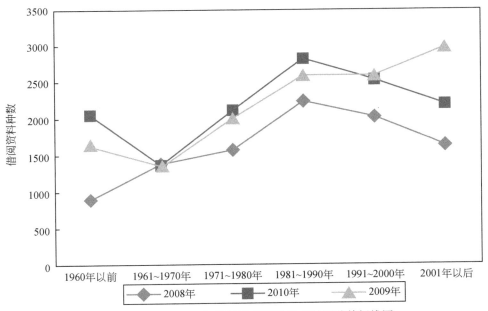

图 7-4　2008～2010 年借阅地质资料形成时间种数折线图

## 3. 窗口借阅服务的特点及存在问题

1）从资料类别看，用户对基础地质资料需求大，尤其是系统的中大比例尺的区域地

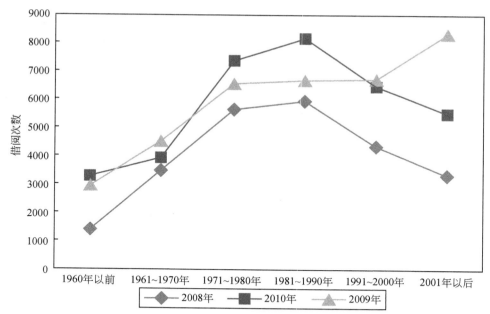

图 7-5    2008～2010 年借阅地质资料形成时间借阅次数折线图

质矿产调查、区域水工环调查、区域物化遥调查资料等需求强劲，矿产勘查类资料需求量也较大。2010 年，借阅的资料以区域地质矿产调查资料和矿产勘查类资料为主。对区域地质矿产调查资料的需求以 1：20 万和 1：5 万为主。由此可以看出，矿产资源的开发利用仍是地质资料借阅的第一需求。

2）从服务对象看，地质资料借阅以专业技术人员为主，地区分布集中，具有典型的专业内部服务特点。2010 年，全国各地到馆借阅地质资料 2562 人次，阅者分布于 234 个单位，地质调查部门、地勘单位、地质科研机构和与地质有关院校占绝大多，表明阅者的行业分布狭窄，政府部门及社会大众的阅者较少。对比 2008～2010 年的借阅人员行业分布，还可以看到院校在借阅资料种数和次数上均有持续的和较大幅度的增长，院校成为全国馆的主要服务对象之一，也成为 2010 年的一个重要特点。从地区看仅北京市就占借阅单位的 46.58%、借阅次数的 65.69%。表明阅者以到馆查询、借阅的传统方式为主，其他地区的单位或个人因信息不畅、交通等条件限制不愿到馆借阅，表现出传统窗口借阅服务的局限性。

3）从借阅目的看，以地质找矿为目的借阅是重点，其次是为国家重大工程的立项、设计、勘查服务。到馆借阅资料以与找矿有关的区域地质调查、矿产调查、矿产勘查为主，其中借阅种数最多的是矿产勘查类，共 5319 种，占总数的 40.44%。表明阅者主要目的用于找矿。但全国地质资料馆缺少与地质找矿更紧密更具指导意义的原始地质资料，仅能为地质找矿提供区域性资料。

4）从借阅量看，服务量及范围逐步扩大。但是，服务量与资料占有量不能比例，服务水平仍可大幅提升，截至 2009 年年底，全国地质资料馆馆藏成果地质资料 113 811 种。2010 年，阅者共借阅了 13 154 种资料，仅占馆藏成果地质资料 11.55%。尚有 88% 以上的资料没有利用。

5）从借阅资料的形成时间看，2010 年借阅资料中 2000 年以后产生的地质资料达到 2978 种，借阅次数达到 8308 份次，均占借阅资料形成年代中的第一位，从而一改 2009 年以前借阅资料以 20 世纪七八十年代形成资料为主的状况。这说明 2000 以后国家逐步加大对地质行业的投入，产生了一批新的重要成果和地质资料，为地质资料的开发利用提供了新鲜血液，也为后续的地质行业发展提供了更坚实的基础。

### 4. 建议

1）全国地质资料馆加强宣传和推介，特别是让外地阅者充分了解全国地质资料馆的馆藏资料及服务方式，充分发现国家馆的功能。并针对全国馆用户中院校增加的趋势，在 2011 年全面开展地质资料进校园活动，重点走访在京以及部分外地的地质类相关院校，开展全国馆的宣传，促进地质资料在高校教学科研中的利用。

2）针对全国馆窗口服务对象集中于北京及周边身份的特点，进一步拓展服务领域，延伸服务距离，促进借阅服务方式特别是远程借阅方式的多样化，如代借阅、保密邮寄、网上服务等。

3）加强地质资料的开发利用。针对矿产开发对地质资料的较高需求，针对性的开发相应资料产品，加强对矿产开发的服务。另一方面，向政府部门、社会大众推介地质资料，吸引各级政府、各行业及社会大众查询借阅地质资料，发挥地质资料中含有丰富的信息，为政府决策、其他行业及社会大众提供支撑。

4）推进地质资料的数字化，建设共享服务平台，大力推进地质资料服务的信息化和网络化。推进非涉密地质资料的在线浏览。为社会提供方便快捷的服务。

## 二、西藏自治区国土资源资料馆地质资料信息服务

2008～2010 年，西藏自治区国土资源资料馆成果地质资料借阅情况如表 7-11 所示。

这里所统计的地质资料借阅份次，包括 2008～2009 年对开展"青藏高原矿产资源潜力评价"项目进行的资料借阅。其中西藏自治区地质矿产勘查开发局工作人员和参与项目的西藏地勘局第二地质大队、地热地质大队、第六地质大队人员均分别按借阅单位统计。根据统计结果可以看出，地质资料借阅单位以区外地勘单位、矿山企业为主，其次是区内矿山企业和地勘单位，社会人员使用地质资料较少；所借阅的地质资料以矿产勘查为主，基础地质资料为次，查阅其他资料的单位较少。

表 7-11　成果地质资料借阅份次统计表

| 年度 | 份次 | 审批（页） | 正文（页） | 附图（张） | 附表（页） | 附件（页） | 其他（页） |
|------|------|-----------|-----------|-----------|-----------|-----------|-----------|
| 2008 | 2084 | 17 | 2130 | 22 257 | 695 | 461 | 977 |
| 2009 | 1064 | 0 | 973 | 11 440 | 323 | 341 | 739 |
| 2010 | 198 | 0 | 198 | 2674 | 119 | 26 | 50 |

2008～2010 年，西藏自治区国土资源资料馆成果地质资料纸质复印服务情况如表 7-12 所示。其中较少包括 2008～2009 年开展"青藏高原矿产资源潜力评价"项目进行的资料复印，主要是针对区外地勘单位、矿山企业的资料复印。从总体情况看，地质资料的复印量与 2007 年及以前相比，有所减少，这主要与西藏自治区进行矿权整顿和停办探矿权登记手续有关，其次与涉密地质资料管理有关。

表 7-12　2008～2010 年纸质地质资料复印服务统计表

| 审批（页） | 正文（页） | 附图（张） | 附表（页） | 附件（页） | 其他（页） |
|---|---|---|---|---|---|
| 42 | 10 459 | 669 | 1047 | 108 | 80 |

2008～2010 年成果地质资料电子档案的浏览复制情况如表 7-13 所示。

表 7-13　电档浏览复制统计表

| 年度 | 审批（页） | 正文（页） | 附图（张） | 附表（页） | 附件（页） | 其他（页） |
|---|---|---|---|---|---|---|
| 2008 | 98 | 3943 | 817 | 4182 | 819 | 379 |
| 2009 | 138 | 8144 | 2333 | 6903 | 2137 | 1234 |
| 2010 | 73 | 4370 | 1490 | 2113 | 1664 | 1018 |

2007 年及以前，西藏自治区尚没有开放对外地质资料电子文档浏览复制服务，自开放以来，正赶上西藏自治区开展"青藏高原矿产资源潜力评价"项目，因此，电档浏览量较小，以对区内外矿山企业为主，主要是电档复制，主要对象是"青藏高原矿产资源潜力评价"项目工作人员，其次是区内外地勘单位和矿山企业。

## 三、青海省国土资源资料馆地质资料信息服务

2008～2010 年，青海省国土资源资料馆加大了地质资料的社会化服务力度，先后编印了《馆藏成果地质资料目录手册》《馆藏成果地质资料矿产信息查阅利用服务指南》《青海省主要金属矿产勘查成果信息检索图册》《青海省公益性基础性地质调查成果资料目录检索图册》等，改变了服务方式和手段，实现了网上地质资料目录查询，提高了服务效率。同时充分利用已数字化地质资料，提高了服务质量和效果，有效地保护了纸介质档案，加速了青海省地质资料现代化管理进程。热情接待电话咨询、网上在线咨询服务及地质资料的邮寄等业务，受到社会各界的好评。

### 1. 提供社会化服务

根据《国土资源部办公厅关于切实为扩大内需课题做好地质资料信息服务工作的通知》（国土资厅〔2009〕37 号文）的要求，积极进行了需求调研及重点服务工作。本着"为扩大内需做好地质资料服务工作"的理念，主动向国家及省级重点发展和建设项目对地质资料的需求利用提供服务。针对青海省矿业权招牌挂项目 43 项、矿产资源潜力评价项目、青藏高原地质矿产调查与评价项目、中铝公司投资项目、青海省矿产资源规划、青

海省国土资源"十一五"科技规划、青海省果洛大武机场选址、青海省海西州太阳能发电项目选址、青海乌兰500万kW太阳能光伏发电等项目做了大量的地质资料利用服务工作。通过搭建网络服务平台，建立资料快速服务机制，开展需求调研和填写资料服务信息反馈表等方式来提高服务质量和效率。

三年共提供社会化服务1553人次、10 372份次、165 225件次（表7-14），其中为中铝1:5万区域地质矿产项目，提供资料服务7人次，49份次，899件次；为青海省矿产资源潜力评价项目，提供资料服务8人次，99份次，2213件次；为省厅规划院地质勘查项目数据库建设项目，提供资料服务129人次，1324份次，18 923件次。

**表7-14　2008～2010年地质资料服务情况统计表**

| 时　　　　间 | | 2008年 | 2009年 | 2010年 | 合计 |
|---|---|---|---|---|---|
| 借阅人次 | 人次 | 750 | 519 | 284 | 1553 |
| 借阅份次 | 份次 | 5956 | 2898 | 1120 | 9974 |
| 借阅件次 | 报告 | 5956 | 2898 | 1120 | 9974 |
| | 图数（件） | 60 221 | 56 368 | 22 965 | 139 554 |
| | 附件（件） | 3317 | 3925 | 2266 | 9508 |
| | 其他（件） | 3298 | 3385 | 2310 | 8993 |
| 电档浏览 | 人次 | 76 | 101 | 197 | 374 |
| | 份次 | 552 | 631 | 804 | 1987 |
| 加工份次 | 份次 | 436 | 615 | 634 | 1685 |
| 加工件次 | 件次 | 2151 | 3685 | 5227 | 11 063 |
| 纸质复印量 | 报告（页） | 42 891 | 52 598 | | 95 489 |
| | A3（张） | 3874 | 3956 | | 7830 |
| | A4（张） | 39 017 | 48 642 | | 87 659 |
| | A0（张） | 1166 | 1678 | 664 | 3508 |
| | A1（张） | 85 | 322 | 53 | 460 |
| 电子文档 | 报告（页） | 18 377 | 32 114 | 89 394 | 139 885 |
| | A0（张） | 49 | 130 | 152 | 331 |
| | A1（张） | 577 | 897 | 2695 | 4169 |
| | A3（张） | 831 | 158 | 5019 | 6008 |

### 2. 地质资料利用单位

三年来来馆的单位有592家（表7-15），其中2008年309家，2009年298家，2010年255家，来馆交次数最多的有青海省环境局18次，其次是青海省核工业局12次，青海省建材总队8次，青海省有色矿勘院7次。

表7-15  地质资料借阅单位信息表

| 来馆次数 | 2008 年单位数量（个） | 2009 年单位数量（个） | 2010 年单位数量（个） |
|---|---|---|---|
| 1 次 | 159 | 160 | 132 |
| 2 次 | 45 | 36 | 29 |
| 3 次 | 7 | 7 | 7 |
| 4 次 | 2 | 1 次（青海汇诚矿业） | 4 |
| 5 次 | 1 次（青海赢信矿业） | 2 | 2 |
| 6 次 | 1 次（环境地勘局） | | |
| 7 次 | | 1（青海有色矿勘院） | |
| 8 次 | 1 次（省建材总队） | 3 | |
| 12 次 | 1 次（核工业地质局） | | |
| 18 次 | | | 1 次（环境地勘局） |

## 3. 地质资料利用情况

据统计（表7-16），全省三年来共利用地质资料 1144 种，其中 2008 年 398 种，2009 年 369 种，2010 年 377 种。馆藏地质资料利用 10 次（表7-16）以上的有"10-46-（19）土窑洞幅、10-46-（20）茫崖幅 1：20 万区域地质调查报告（地质部分）"18 次；"10-46-（19）土窑洞幅、10-46-（20）茫崖幅 1：20 万区域地质调查报告（矿产部分）"17 次；"青海省柴西缘 1：20 万地球化学图说明（水系沉积物测量）""青海省茫崖镇小盆地地区金异常二级查证报告""青海省茫崖镇小盆地南—土房子沟脑金异常查证报告"各 14 次；"青海省天峻县聚乎更煤矿区二、三露天详查报告"13 次、"青海省刚察县热水矿区牡丹沟井田煤矿建井补充勘探地质报告""青海省茫崖镇大浪滩钾矿矿田详细普查地质报告""青海省重要金属矿产资源潜力分析及找矿靶区预测小盆地—野马泉成矿远景区研究报告""青海省 J46E010018（高泉煤矿幅）J46E011018（宗马海湖幅）、J46E0110199（嗷唠山幅）1：5 万区地质调查报告（矿产部分）""青海省柴北缘二旦沟—云雾山 1：5 万区域地球化学调查报告""青海省大柴旦镇火烧泉—海合沟金异常查证报告"各 12 次；"青海省刚察县外力哈达煤矿区曲古沟井田精查地质报告""青海省柴达木盆地赛什腾山独龙沟矿化带地质报告""青海省大柴旦镇赛什腾山东段紫石沟—中间沟物（化）探异常验证地质报告""青海省马海幅 10-46-（17）区域地质调查报告（地质部分）""青海省茫崖镇大浪滩钾矿矿田详细普查地质报告"各 11 次。

表7-16  地质资料借阅次数信息表

| 利用次数 | 2008 年借阅资料（种） | 2009 年借阅资料（种） | 2010 年借阅资料（种） |
|---|---|---|---|
| 1 | 269 | 235 | 246 |
| 2 | 78 | 80 | 47 |
| 3 | 31 | 24 | 31 |
| 4 | 8 | 11 | 12 |

| 利用次数 | 2008 年借阅资料（种） | 2009 年借阅资料（种） | 2010 年借阅资料（种） |
|---|---|---|---|
| 5 | 13 | 4 | 16 |
| 6 | 7 | 5 | 6 |
| 7 | 1 | 5 | 6 |
| 8 | 3 | 2 | 4 |
| 9 | | 1 | 1 |
| 11 | | 2 | 4 |
| 12 | | 4 | 3 |
| 13 | | 1 | |
| 14 | | 3 | |
| 17 | | 1 | |
| 18 | | 1 | |

## 四、新疆地质资料信息服务

2009～2010 年新疆维吾尔自治区国土资源信息中心资料馆累计向 3220 人次提供资料 8602 份次，提供件次 16 116 件（表 7-17）。

表 7-17　2009～2010 年地质资料服务情况统计表

| 时间 | | 2009 年 | 2010 年 | 合计 |
|---|---|---|---|---|
| 借阅人次 | 人次 | 1909 | 1311 | 3220 |
| 借阅份次 | 份次 | 4504 | 4102 | 8602 |
| 借阅件次 | 件 | 82 281 | 78 888 | 16 116 |

# 第二节　应急地质资料服务产品

## 一、青海玉树地震灾区地质资料服务

2010 年 4 月 14 日，青海玉树发生 7.1 级地震，灾情严重。为支援抗震救灾和灾后重建，全国地质资料馆立即启动应急预案，在作好抗旱救灾服务的同时，为青海玉树地震救灾提供应急地质资料信息服务。开展的主要工作有以下几方面。

1）网站发布"全国地质资料馆启动应急预案为青海玉树 7.1 级地震救灾提供 24 小时地质资料信息应急服务"的公告，并公布服务电话。

2）整理并公布全国地质资料馆和青海国土资源博物馆馆藏的与灾区有关的地质资料信息。

3）整理并全面公布与青海玉树有关的地学文献信息，供广大用户免费查询。

4）联合青海国土资源博物馆、中国地质调查局西安地调中心和成都地调中心，编制了地质工作程度图、青海玉树灾区地质构造图、地质图、40种元素的地球化学异常图、水文地质图、灾害地质图、工程地质图、交通位置图等图件，紧急加工并公布供救灾应用，为救灾及灾后重建提供支撑。

5）建立救灾应急服务绿色通道，优先服务于抗震救灾需求，以最快速度做好资料数据的复制加工处理。

6）减免抗震救灾服务的有关费用。

中铁第一勘查设计院集团有限公司承担了西宁铁路北货运中心、格尔木至玉树、西宁至玉树等抗震救灾应急工程的选址设计等工作，全国地质资料馆了解到中铁第一勘查设计院集团有限公司急需灾区相关地质资料后，立即开展相关区域地质资料复制、加工和开发利用，仅用一天时间就向其提供了玉树地震灾区大地构造图、青海省活动断裂分布图、玉树地震灾区综合水文地质图等地质专题图件及资料，共计报告76份，复制文字17 833页，图件171幅，数据3.61GB，为其工作开展提供了有力支撑。

2010年6月29日，中铁第一勘查设计院集团有限公司致函全国地质资料馆，对全国地质资料馆热忱、周到的服务表示感谢，并称这些珍贵的地质资料和开发利用成果为该院在灾区进行的路网规划研究和灾区重建发挥了重要的作用，同时也将为青、川、藏地区的铁路建设和我国西部大开发建设继续发挥重要作用。

## 二、西南抗旱救灾地质资料服务

2009年秋冬到2010年初夏，我国西南地区遭受到百年不遇的严重旱灾。面对灾情，全国地质资料馆及时启动西南抗旱救灾地质资料应急服务，收集西南旱情发展和抗旱找水工作情况，设立24小时值班服务电话，主动到抗旱一线为抗旱打井队伍提供区域地质、水文地质资料。在了解到河南省地质矿产勘查开发局负责的旱情严重的云南省楚雄彝族自治州找水打井工作中，遇到了缺乏当地地质资料，没有"红层"施工经验的情况后，全国地质资料馆立即组织人员加班加点开展相关区域地质资料的复制和加工，先后向其提供了大姚幅、楚雄幅、新平幅等1∶20万区域地质普查报告，区域水文地质普查报告和楚雄彝族自治州其他有关资料。在这些珍贵资料的帮助下，该局超额完成了国土资源部下达的各项任务指标，为云南省的抗旱找水打井工作做出了应有贡献，赢得了灾区人民的满意和赞扬。

2010年6月15日，河南地质矿产调查开发局致函全国资质资料馆，对全国地质资料馆热情、及时、主动的服务表示感谢。

# 第三节 "双保工程"地质资料服务产品

全国地质资料馆在为"双保工程"提供支撑中，主动将公共服务窗口前置到需求点，通过回访调查了解需求，抽调力量开发资料，仅用10天时间就将总数据量达490GB的地质资料送到了用户手中，受到用户高度赞扬。

2010年12月2~3日，全国地质资料馆在对"双保工程"重点用户——中铁第一勘查设计院集团公司进行回访调查，了解到其急需格尔木至库尔勒新建铁路沿线地质资料的情况后，立即组织技术人员开展新建格尔木至库尔勒铁路沿线地质资料集成开发。在确定格尔木至库尔勒新建铁路地质资料集成开发的基本思路后，及时与青海、新疆地质资料馆沟通协调相关地质资料目录和数据，并在第二天就讨论形成了工作方案，确定了工作的范围、依据、方法、成果表达，明确了人员分工。

格尔木至库尔勒新建铁路是连接青藏铁路和南疆铁路的一条铁路干线，是我国西北路网骨架的重要组成部分。线路东起青海省格尔木市，西抵新疆库尔勒市，中间经过茫崖行委（驻花土沟）、若羌县、尉犁县3个县级行政单位。线路全长约1180km，途经昆仑山麓、柴达木盆地、阿尔金山脉、塔里木盆地、罗布泊等地，沿线地质地貌类型复杂，地质灾害严重，铁路选线十分困难。针对这一情况，全国地质资料馆在编研中主动为自己加压，兼顾北、中、南3个选线方案，编研工作涉及面积达到20万$km^2$。

开发工作中，全国地质资料馆克服区域内地质资料繁杂，系统性不强、时间紧等困难，经过近10天努力，全面完成了格尔木至库尔勒新建铁路沿线地质资料信息集成编研。收集拟建铁路周边全部的区域地质、区域矿产、区域水文地质、地质灾害调查、工程地质勘查、地下水调查、矿产勘查等各类地质资料，其中1：20万水文地质图27幅，1：20万地质图40幅，1：25万遥感影像图37幅，矿产地数据库数据20条，其他图文数据34 094页，图3684幅。开发形成了1：50万区域地质图、1：20万区域地质图、1：20万区域水文地质图、1：50万区域矿产图、1：50万地下水地质图、1：50万地质灾害区划图等系列图件及集成开发说明，建立了基于MapGIS的基础地质资料信息服务数据库，数据量达490GB。将相关成果赠送给中铁第一勘查设计院集团公司。

中铁第一勘查设计院集团公司非常感谢全国地质资料馆的高效主动服务，专门派寇玉诚馆长到全国地质资料馆表示感谢，认为这些编研成果为新建格尔木至库尔勒铁路选线提供了重要的参考资料，减少了工作量，加快了工作进度；并希望继续加强合作，邀请全国地质资料馆提前介入拉萨—日喀则铁路建设。

# 第八章 结 语

## 一、取得的主要成果

（1）初步建立了地质资料开发利用与服务的理论体系

在系统分析总结我国地质资料汇交、保管、服务工作及地质资料开发利用现状的基础上，对地质资料的概念、分类、价值、功能进行了深入探讨，提出了地质资料开发利用的概念、主要任务、开发利用的原则、方法和程序，利用公共服务产品理论研究了地质资料公共服务产品的属性，提出了地质资料服务产品的分类，从服务对象、服务方式、服务内容、服务机构等方面阐述了地质资料服务的核心，提出地质资料服务应加强公共服务体系建设、基础保障体系建设、评价体系建设。

（2）首次建立了青藏高原地质资料信息数据库

收集整理了1918年以来的17 707种成果地质资料信息。

1）系统收集整理了分散在全国地质资料馆，西藏、青海、新疆、云南、四川、甘肃6省（区）和中国地质调查局成都、西安地质调查中心馆藏的全部青藏高原地质资料，建立了青藏高原地质资料信息数据库。包括自1918年以来的17 707种地质资料信息。

2）编制了青藏高原地质资料信息图集。包括区域地质矿产调查、区域水工环地质调查、区域地球物理调查、区域地球化学调查、区域遥感地质调查、水工环勘查、矿产勘查（分矿种）、物化遥勘查、物化探异常查证等12大系列200张地质工作程度图。

3）从地质资料的地区分布、时间分布、资料类型、工作程度、工作方法、矿产类型等方面进行了综合评述。

（3）初步建立了以青藏高原为例的地质资料开发利用与服务体系

以地质资料开发利用理论为指导，以青藏高原地质资料信息数据库为基础，编制了系列地质资料服务产品，初步建立了以青藏高原为例的地质资料开发利用与服务体系。

1）编制了地质资料检索图集，为用户快速查找地质资料提供了工具。编制了全国地质资料馆馆藏区域地质调查资料检索图集、青海省公益性基础性地质资料检索图集、青海省矿产勘查地质资料检索图集、青海省重要成矿带地质信息图集、新疆公益性基础性地质调查成果资料目录检索图集、西藏基础地质资料检索图集等。

2）对青藏高原地区地质调查研究工作进行了综合评述，统计了青藏高原地区完成的主要实物工作量。对青藏高原地区区域地质调查，区域物化探地质调查，水文地质、环境地质调查，地质科学研究、矿产勘查等工作进行了综合评述。根据馆藏成果地质资料，提取、整理、汇总在青藏高原地区完成的主要实物工作量。包括区域地质调查、矿区大比例尺地质填图、各种探矿工程、各类样品等 115 种工作量的数据。

3）开展了重点成矿区（带）地质资料资料开发工作。选择国土资源大调查重点工作区西藏雅鲁藏布江成矿区、西昆仑成矿带、东昆仑成矿带为试点，在全面收集整理成矿区（带）地质、物探、化探、遥感、矿产勘查开发及科研成果地质资料的基础上，编制成矿带矿产勘查开发现状图、矿床（点）信息登记表、成果地质资料信息表，对成矿带矿产勘查工作程度进行了分析和评估，总结了成矿带矿产勘查开发现状，提供了工作区地质资料及勘查开发的总体信息。

4）开展了水工环地质资料产品开发工作。选择青海省水工环地质和灾害地质成果地质资料，对资料进行了系统整理、分析、归纳和总结，对全省地质环境背景、工程地质条件，地质灾害现状进行了总结。编制了《青海省地质环境及地质灾害现状编研报告》、青海省水工环成果地质资料目录、青海省环境地质图、青海省地质灾害分布图、青海省地下水环境监测现状图、青藏铁路沿线地质图等。

5）开展了地学文献开发利用工作。其中中文文献收集了新中国成立以来国内 587 种重要学术类期刊，累积学术期刊文献总量超过 21 890 篇。其中包括核心期刊、SCI、EI 等重要评价性青藏高原地质文献。青藏高原外文地质文献数据库共收录来自 GeoRef、GSW、SpringerLink、AGU 四大数据库中的约 1650 种期刊，共计 24 904 条数据，全文数 4073 篇。提取了题名、作者、发表期刊、发表时间、期刊号、页码、摘要、关键词、支撑项目等重要信息，是青藏高原地质调查科研学术成果文献的集大成，为开展青藏高原地质调查和研究提供了一本有价值的、方便高效的检索工具。

（4）开展地质资料服务，取得了显著社会效益

全国地质资料资料馆和西藏、青海、新疆地质资料馆积极开展面向政府、企业和公众的服务，为青藏专项、双保工程、西南抗旱找水、青海玉树地震灾区抗震救灾、重大工程建设等方面提供了大量的地质资料借阅服务，取得了显著社会效益。此外，西藏开展原始地质资料汇交管理工作，协助收集大量原始地质资料；新疆基本完成了青藏高原潜力评价项目组资料的收集。全国地质资料馆网站开设"地质资料开发利用专栏"，对青藏高原地质资料开发利用与服务项目有关工作进展进行了全程报道。上网了一批青藏高原 10 个公开数据资料。包括青藏高原及邻区 1∶150 万地质图；西藏、青海、新疆三省区的地下水资源分布图、地下水资源开发利用状况图、地下水环境图等。项目组将开发形成的全部产品，分别赠送给在青藏高原开展地质工作的单位和个人，得到好评。

## 二、问题与建议

1）研究工作仅限于全国地质资料馆及西藏等 6 省（区）地质资料馆馆藏成果地质资料，其他工业部门、中科院等科研部门及院校形成的地质资料及科研成果尚无法获得，影响了研究成果的完整性，特别对青藏高原地区地质工作程度图的编制、完成的主要实物工作量及探明的资源/储量的汇总影响较大。

2）地质资料开发利用是项探索性的课题，虽然工作中取得了一些成绩或进展，但距政府、地勘单位、社会大众的需求还有很大差距。需要进一步开展研究，以期更好地满足

社会需求。

3）项目理论研究方面还存在不足，建议进一步安排开展工作，形成较为完善的地质资料服务产品体系与模式，不断拓展服务领域，提升服务能力。

# 参 考 文 献

程裕淇，崔克信．1942．西康道孚县菜子沟铁矿山铁矿．地质汇报，（35）：29-44．

崔克信．1954．康藏地质图（1：500000）．[3]

甘肃省地矿局．1989．甘肃省区域地质志．北京：地质出版社．

国土资源部储量司，全国地质资料馆．2002．全国地质资料工作大事记（1952-2002）．北京：海洋出版社．

李承三，袁见齐，郭令智．1939．西康东部地质之检讨．地质评论，（5）：69-84．

李承三，周廷儒．1944．甘肃青海地理考察纪要．地理，4（1-2）：1-14．

李承三．1943．青海茶卡之盐矿．地理，3（1-2）：5-9．

李璞．1954．康藏高原自然情况和资源的介绍．科学通报，（2）：47-54．

李璞．1955．西藏东部地质的初步认识．科学通报，（7）：62-71．

李香凤，曹健．2008．图书借阅统计分析．农业图书情报学刊，20（9）：83-84．

梁文郁．1949．祁连山西段之近代运动．地质论评，14（4-6）：184．

刘宏伟．2000．浅谈撰写档案统计分析报告的方法与要求．山东档案，（2）：24．

罗文柏．1944．青康游后刍言（地质部分由曾鼎乾代为整理）．手抄本．

庞振山．颜世强，丁克永，等．2010．全国地质资料馆地质资料服务现状综合分析—传统窗口借阅服务情况分析．中国矿业，19（11）：26-29．

青海省地矿局．1991．青海省区域地质志．北京：地质出版社．

全国地质资料馆．2009．全国地质资料馆馆藏区域地质调查资料检索图集．北京：地质出版社．

四川省地矿局．1991．四川省区域地质志．北京：地质出版社．

孙健初．1941．祁连山一带地质史纲要．地质评论，（7）：17-25．

孙健初．1937．青海湖．地质论评，3（5）：507-511．

谭锡畴，李春昱．1935．西川西康地质志附图．地质专报，（15）．

谭锡畴，李春昱．1931．西康东部矿产志略．地质汇报，（17）：1-42．

谭锡畴．1837．四川西康地质发育史．北京大学地质研究录，（16）．

吴江．2009．关联规则挖掘在高校图书借阅统计分析中的应用．龙岩学院学报，27（1）：131-136．

姚华军．2009．关于推进地质资料公共服务问题的思考．地质通报，29（z1）：359-366．

云南省地矿局．1990．云南省区域地质志．北京：地质出版社．

曾鼎乾．1944．西藏地质调查简史．地质论评，（9）：339-334．

曾鼎乾．1946．西藏及金沙江以西区域之地质学及其有关科学参考文献目录：1-114．

张兴辽，豆敬磊，郑亚琳，等．2010．强化地质资料编研开发，为实现地质找矿新突破提供信息未支撑．地质通报，29（4）：622-626．

章浩，庞振山，丁克永，等．2010．全国地质资料馆网站访问分析．地质通报，29（4）：616-621．

赵凡．2007．永远的诱惑-青藏高原地质调查扫描．国土资源，（10）：8-17．